文化景观设计

赵学强　宋泽华　王云飞/著

中国纺织出版社有限公司

图书在版编目（CIP）数据

文化景观设计/赵学强，宋泽华，王云飞著. --北京：中国纺织出版社有限公司，2022.4

ISBN 978-7-5180-9352-6

Ⅰ. ①文… Ⅱ. ①赵… ②宋… ③王… Ⅲ. ①景观设计 Ⅳ. ①TU986.2

中国版本图书馆CIP数据核字（2022）第027537号

责任编辑：余莉花　　特约编辑：王晓敏

责任校对：王花妮　　责任印制：王艳丽

中国纺织出版社有限公司出版发行

地址：北京市朝阳区百子湾东里A407号楼　邮政编码：100124

销售电话：010—67004422　传真：010—87155801

http://www.c-textilep.com

中国纺织出版社天猫旗舰店

官方微博http://weibo.com/2119887771

唐山玺诚印务有限公司印刷　各地新华书店经销

2022年4月第1版第1次印刷

开本：787×1092　1/16　印张：16.75

字数：271千字　定价：98.00元

前　言

景观设计无处不在，综观中国当代景观设计大多以自然景观为主，人文景观更多的是被融入景观项目的某个节点。随着对实践的深入，笔者发现人们过度追求自然景观，而弱化了景观的文化特征，而文化景观恰恰是人类文化作用于自然景观的结果。在城市，人们看到钢筋水泥的都市景观；在田野，人们看到山清水秀的自然景观，或是与历史有渊源的文化景观。

《系辞》中曰："物相杂，故曰文。"《童子问易》说：在原始蒙昧时期，人们始终认为"天道左行，地道右迁，人道尚中"，天、地、人是各行其道的。《易经》中阐述了天、地、人三才之道能够融汇贯通，人们可以向天道与地道学习，从中体会得以改变自身命运的奥秘。以法天正己，遵时守位，知常明变，居安思危，建功立业。"相杂""人文"一词最早出现在《周易》"贲"（六十四卦之一）卦："文明以止，人文也"，意指修饰。修饰出美，故曰"美在其中"。

中国传统文化倡导人们在尊重宇宙乾坤秩序的前提下，实践人道与天道、地道，趋利避害，开物成务。需要特别说明的是，景观文化和文化景观是两个不同的概念，本书中的人文是人类所涉及的全部文化中的先进部分和核心部分，集中体现为重视和尊重人、关爱和关爱人，是人类社会的各种文化现象的综合，是先进的价值观和规范。本书中将人文景观也称为文化景观，文化景观就是在日常生活中，在已经拥有了自然景观的基础上，为了得到物质和精神等方面的需要，特意添加了文化特质而构成的景观，我们称为文化景观。因此，笔者认为二者是一致的——受到人为干预的景观就是文化景观。无论是什么景观，自然或人造，只要有了人的认知，就沾上了文化的意蕴，所以景观文化指的是人类生活赋予景观的文化解读，不是景观本身所固有的东西。学界也有人认为具有文化内涵的景观都是文化景观。这似乎有些泛化，少了点逻辑，本书在这个问题上暂不做深入探讨。笔者认为自然并不需要人类，而人类却离不开自然，相信人类是自然的，自然也是人类的，两者不可分，这并无逻辑可循。天人合一的思想理念，实际上也是一种泛化的认知，我们需要抓住问题的关键在于，什么样的认知能指导我们更好地处理人与自然的关系，这里涉及生态文化的问题。

“聚落”是文化景观最主要的体现。文化景观是伴随着人类历史发展形成与人的社会性活动有关的景物构成的风景画面，因此说文化景观是社会、艺术、文化以及历史的综合性产物，本身有其形成时期的历史演变环境、文化艺术思想和审美视觉标准的印记。它包括城市建筑（城堡、宫殿、宗教建筑等），村落，壁画石刻，语言文字，音乐戏剧以及非物质文化等，具体包括山川名胜、历史遗迹、文物艺术、民风民俗、服装服饰等。

本书以文化景观为概念，以中国文化景观遗产以及当代优秀文化景观为研究范畴，以地域景观单元的地理特征以及地区文化现象复合体为范例，以地域文化与景观设计关系为纽带，以构建当代文化景观设计理论为核心思想，试图在地域文化语境下阐述人地关系、传统文化与当代景观构建的内在逻辑和结构关系。对文化景观的人文现象、构建方法、设计要素、发展趋势以及文化景观的未来进行深入研究，剖析文化景观所承担的文化意图与美学功能。本书在反思中西方文化在遗产保护理论与实践中的差异，尊重历史、尊重文脉地脉，在国际语境、全球文化比较中，确立中国文化价值，增强文化自信，形成中国特色的文化景观保护理论体系，自信地走出一条适合中国的实践道路，在全球人类命运共同体的大家庭中，为保护自然文化多样性、为生态文明建设贡献中国价值。本书以文化景观设计为研究方向，涉及设计学、地理学、民族学、历史学等多种学科背景，综合研究景观设计提供场所予人们聚集、互动、联结及参与塑造社会群体的本质问题。希望本书对提升专业设计人员、民众的文化自信、文化内涵和审美精神对于当代景观设计思路等方面提供参考。

赵学强

2021年11月17日

目　录

第一章　景观概述

1

秦牧《长街灯语·寄北方》："南北省份距离这么遥远，风物景观相差之大就不言而喻了。"景观指自然景色及景象，是一定区域呈现的视觉效果，在东西方文化体系中"景观"的含义更多具有视觉美学方面的意义。中文文献中最早出现景观一词还没有人给出确切的考证。北京大学俞孔坚教授认为："文学艺术界以及绝大多数的园林风景学者所理解的景观也主要是这一层含义。"在西方，"景观"这一词汇最早是在《圣经》旧约全书中出现，在希伯莱文本中的观点与它的犹太文化背景有关。文献中"景观"用于对圣城耶鲁撒冷包括所罗门寺庙、城堡、宫殿在内总体美景的描述。"景观"在英语中为"scenery"，在德语中为"Landschaft"，在法语中为"payage"，荷兰语词源"Landschap"含义同中文的"风景"相近。德国地理植物学家亚历山大·冯·洪堡将景观的概念引入地理学科中，解释为"一个区域的总体特征"。在牛津英语词典、辞海等词典中对"景观"的解释也是把"自然风景"的含义放在首位。随着时代的发展和人们物质生活的丰富，当今社会的景观对于人文方面的渴求日益增多，已经涉及地理环境、生态园林、建筑规划、文化艺术、哲学美学等多种学科。

第一节　关于景观与文化景观的理解

"景观"一词不存于传统文献，人们对"景观"的研究历史不长。自然景观是自然的状态，是具有审美特征的自然和人工的地表景色。美国风景园林建筑师学会认为："它是一门对土地进行设计、规划和管理的艺术，它合理地安排自然和人工因素，借助科学知识和文化素养，本着对自然资源保护和管理的原则，最终创造出对人有益、使人愉快的美好环境。"景观作为人类文化不可分割的一部分，也是人及其活动的主体。"文化景观"是文化领域中的用词，是人类在地表上的活动产物，是人类文化作用于自然景观的结果。文化景观可以分为有意识设计建筑景观、有机进化景观和关联性文化景观三种类型。要理解“景观”，可以与另一个相关概念“环境”进行比较。环境是指与人类分开的，由物质构成的世界。“景观”概念一般来说不仅指自然、建筑等物质本身，还强调一处景观对不同人而言、在不同环境中的意义，所涉及的内容众多。文化景观嵌入人类的历史记忆、价值观、感情（包含认同感）的场所、空间。人们所处的环境或许是同样的，但每个人眼中的景观却往往不同。如竹子，本来只是一种我们周围的环境（要素），有1200多个种类。但在我国古代文化和生活实践中，竹子被嵌入了特别意义，“宁可食无肉，不可居无竹”，竹子成为中国传统文人的一个象征符号。由此我们可以说，竹子是被嵌入特别意义的景观。

从以下三个方面来对景观实践进行思考：

第一，我们如何将历史记忆、价值观、哲学观、宇宙观等嵌入景观；通过景观，人类想起自己的历史记忆、感情等。

第二，人类与景观的联系密切，在中国传统文化中，古人对传统风水的信仰就是非常鲜明的说明，我们认为生存环境（景观）的好坏会影响命运。

第三，人们对环境的认知是多样性的，景观可以影响人们在日常生活中的认知、实践。如城市双修，可以有效地改善人居环境、转变城市发展、生态修复、废弃地再利用等。

景观原指人类所有的一片土地，意味着从某个地点凝视的土地，在具体的实践中，文化景观在一定程度上“脱离”了过去的视觉导向。“景观”根据菲利普·德斯寇拉的理论划分为两大潮流，整理出两条清晰的脉络：

其一，景观是西方社会脉络中发展出的概念，在西方，不适合将它作为分析非西方社会的工具。那么如何分析非西方社会呢？那就是对人类和景观之间的相互关系的认知。

其二，关注在西方社会的脉络中发展的景观（凝视土地、场所）。解读他人怎么看景观，而后怎么物理地建设景观，研究人对景观的视觉、权力方面的议题。

一、景观基本概念的扩展

景观是复杂的自然过程和人类活动在大地上的烙印，是土地及土地上的空间和物质所构成的综合体。

当我们第一次睁开眼睛，就通过视觉逐渐认知周边的环境。当我们从第一次走出家门开始接触外界，这一切都属于小尺度的景观。从我们的第一次走路、第一次爬山、第一次下河，我们就这样地成长和不断地对这个世界进行认知，我们不断地改变周边的环境和被周围的环境所改变。最终随着不断地自主学习以及被动学习，使我们对几十亿人赖以生存的地球有了每一个人的理解和认知。景观（Landscape）是一个美丽而难以说清的概念，对于任何国家和民族以及每一个人来说都是这样。在本书中景观被认为：能在某一视点上可以全览画面的景象。美国地理学家唐纳德·梅尼格说“同一景象的十个版本”，说的就是人们在欣赏自然景象时，哪怕是同一景象，不同的人也会有很不同的理解。每一个不同专业、不同身份的人都可以根据个人的观点对景观提出大胆的、合理的设想。例如，地理学家把景观定义为一种科学名词或是一种类型单位的通称，即地表景象或综合自然地理区，例如，森林景观、城市景观等；建筑师将建筑与景观相互搭配，缺一不可；生态学家将景观定义为生态景观学、生态系统或生态系统的系统；美国景观设计之父奥姆斯特德在*Design with Nature*1969中就奠定了景观生态学的基础；旅游学家则把景观当作资源，认为景观是旅游的基本元素，是人类社交和创造创造性的舞台；艺术家或画家把景观等同于风景作为描绘或二次创作的对象；城市设计师将景观等同于城市的街景立面，如园林绿化、公共艺术或城市家具。

（一）特定区域的景观概念

景观是大地环境的综合体，特定区域景观是指一个地区的景观，其中一个地区是发生相对一致和形态结构同一的区域，专指自然地理区划中起始的或基本的区域单位。根据国外的一些划分方法，区域景观可以根据地区的最基本景观因素区分为主要区域的景观特征与次要区域的景观特征。区域有一定的界限和优势特征，区域内部的景观表现出明显的相似性和连续性，不同区域景观应该有着明显的差异性。区域景观分为主要景观和次要景观。主要景观特征是该地区景观要素的最主要反映，包括最基本的不可动摇的自然景观和人文景观要素，以及自然环境和人工环境的综合反映。次要景观特征是一个变量，是该地区相对活跃的景观要素，在实践中可以根据要求适当地改变和转换，不影响特定区域的主要景观特征。这种区域景观是综合自然区划等级系统中相对一致发生和形态结构同一的区域，是等级划分中最小一级自然区的个体区域单位。

（二）景观类型的概念

景观分类是按照既定的分类系统对类型单位进行划分，类型单位指按其外部特征的相似性，把相对隔离的地段划为同一类型单位。我们通常认为类型分类是一系列满足确定约束条件的元素，更抽象的方式可以把一个类型当作规定一个约束条件。如荒漠景观、草原景观、山地景观、河流景观、森林景观等在景观学中都指特定的区域景观概念。这种归类方式可以用于所有区域分类单位，但是，这一概念认为区域单位不等同于景观，而是景观的有规律组合。

（三）对景观的一般理解

（1）景观是某一区域的综合性特征，包括自然、经济、人文诸方面。

（2）一般自然综合体是指地理各要素（如水体地貌、土壤植被、交通路网等）的相互联系制约、有规划的设计形成可分为不同等级的区域或类型单位，是具有内部一致性的整体。

（3）景观作为视觉审美的对象，表达了人与自然的关系、人对土地的和谐、人对城市建设的态度，在空间上与人、物、我分离，同时也反映了人的理想和信念。

（4）景观作为人类生活的栖息地，既是人在空间中的定位和对场所的认同，也是景观与人、物、我一体的体验空间。

（5）景观作为符号，是审美的、是体验的、是科学的、是有含义的、是人文的，也是人与历史的、人与理想的、人与自然的、人与人之间的相互作用与关系在大地上的印记。

（6）作为生命系统，景观成为科学客观的解读对象从而使物我彻底分离。

二、国家劳动和社会保障部对景观的定义

（1）景观是复杂的自然过程和人类活动在大地上的烙印，是土地及土地上的空间和物体所构成的综合体。

（2）景观设计学（Landscape Architecture）强调对土地的设计，使其更加适合人类生存。景观设计学的核心是协调人与自然的关系，是一门建立在广泛的自然科学和人文艺术学科基础上的应用学科。它通过科学理性的分析，找到对有关土地及一切人类户外空间规划设计问题的解决方案和解决途径，通过规划设计的实施，对大地景观进行维护和管理。

（3）景观设计学根据解决问题的性质、内容和尺度的不同，划分为两个专业方向：景观规划（Landscape Planning）与景观设计（Landscape Design）。景观

规划是在较大尺度范围内对自然和人文过程的认识的基础上协调人与自然关系的过程，具体而言是为某些使用目的安排最合适的地方和在特定地方安排最恰当的土地利用；而景观设计是对特定地方的设计（相对景观规划的范围较小）。

（4）景观设计师（Landscape Architect）是多方专业知识及技能的复合型人才，是运用专业知识及技能对景观的规划设计的专业人员。目标是将城市、建筑、园林、乡村等和人有关的一切活动与人类生存的地球和谐相处。

第二节　景观对于当下人类的意义

“如果那里有一片天空，那一定是属于我的。”——凯瑟琳·古斯塔夫林（景观设计师）。中国历史上的景观园林类型中，如皇家园林景观、私家园林景观，除了审美因素之外，还包含着很多政治因素、文化因素和游憩的内容。其他的还有宗教园林景观以及风景文化名胜。20世纪50年代以后，我国所涉及的园林景观进入城市绿地系统层次，景观的功能主要是美化生活环境和改善生态环境，以及方便人们的休闲娱乐休息等；70年代开展了风景名胜区工作，打造了一批风景优美的景观公园等；80年代以后的景观改造更加拓展；90年代城市建设快速发展；如上海东方明珠、新外滩等。进入21世纪以来，可持续发展理念延伸到社会经济的各行各业，景观设计业深受影响。随着社会的发展以及人们生活的改善，人们越来越渴望走出钢筋混凝土的房屋，亲近自然、亲近生态。近年来，我国现代城市景观设计中引入了低碳理念、人性化理念，这也将成为我国现代景观设计的核心内容。

一、文化与自然共同创造了文化景观

文化与自然两种景观是相互照应的两种概念。自然环境大多具有地域特点，自然景观是高山、河流、彩云、瀑布、沼泽、草原、沙漠等自然环境中原来事物的一种自然综合体，又称原始景观。文化景观也称人文景观，是指如城市、村庄、园林、寺庙、农田、工厂、道路等人们利用自然物质加以创造并附加在自然景观上，或是各种人类活动形态上使自然面貌发生明显变化

的景观环境。文化景观是基于经济与社会等因素相互交替影响，从而使外在表征与载体在驱动中产生持续的状态。自然景观因素的独特性促使许多人文因素造成了明显的地域特色文化景观，为文化景观的构建、发展与传承提供了有利要素。包括植被、动物、地形、水文、气候和土壤等在内的自然因素在文化景观中的作用各不相同，各种因素构成了文化景观的根本。需要说明的是，生物因素在文化景观中仍然是重要要素，其中诸如森林景观、草原景观、沙漠景观、海洋景观、江河景观等地貌因素对文化景观的宏观特征产生巨大作用，极大程度地影响文化景观的进程，从而创造出延续性关联状态下的文化与自然景观。

二、时间与空间的相互作用在文化景观中的体现

时间与空间对于文化景观的发生、发展是离不开的两个要素。文化在时间上不断出现又随之消失，在消失中演化交替、更迭从而产生新的文化现象。同时，文化在空间上不断产生与交流、发散与融合，就是在这样的历史发展过程中产生了文化景观的分布特征。在时间方面，因生活环境的演变与文化变化自身规律不同，而同一地区的人群又具有共性特征，从而使文化景观在不同的历史阶段形成了不同形态；在空间方面，不同生存环境中由不同地区的人群共性特点形成不同特点的生产生活等方式，造就了不同的文化景观类型。因此，要更加明确了解该地区文化景观的发展过程，就必须回归本源到川流不息的历史长河中寻求人们在不同历史时期、某一地区节点产生的文化贡献。若要更加明确不同时代文化景观的历史创造价值，就要着眼于范围更加广大的地区，来探究人们在某一时代位于不同地理环境中的文化贡献。文化景观具有不同功能和类型，这些不同功能和类型的文化景观相互联系在一定区域范围内构成了大文化景观体系，总结起来，这就是时间过程和空间过程相互作用的结果。

三、多维度系统综合价值在文化景观中的体现

文化景观反映不同区域的社会、文化、宗教等独特的文化内涵受不同环境的影响，并且与环境共同形成独特的文化多样性系统。文化景观的这种特性可以明显反映于区域特征，并且显现出越来越多的精神内涵和文化底蕴。文化景观作为一个完整的系统，代表和反映了其所体现的文化区域特定的文

化要素的整体。文化景观体现的是一种整体性，它超越了其他组成整体的各部分要素的总和，即使文化景观中任何景观要素并不突出，但是加以系统性、整体性创造就会被整体有意义地接受。这就意味着文化景观中的任何要素，会由于它的场所位置不同以及与其余要素的相互构建形成一处独特意味的文化景观。可见，对于文化景观的判断与评价只能从整体的、系统的、多维的角度来看待和认识，不能就某一地点论地区地点，就节点景观论整体景观，如此才能使其独特地位和突出价值得以彰显出来。文化景观的构成系统必然造成局部微观的多样性、复杂性、系统性、个体性、整体性、协调性相统一，共同体现文化景观特征的主旋律。

四、历史演进互动在文化景观中的体现

文化景观的内涵将过去、现在及未来的可持续发展联系在一起。在文化景观的历史长河中可以得出一个结论：文化景观发展史就是和人类活动相伴相长的同步史。不同的人群所创造的文化景观具有明显的地域性特征，这是由于不同人群具有不同的文化背景和社会需求。文化景观的价值也是在人类与自然的不断协调、呼应和互动中得到体现的，并成为不断变化的、始终鲜活的文化形态。由于文化景观研究的局部区域文化以及具体事物文化均属于开放性系统，这样的系统虽在一定语境下保持一定的均衡和稳定状态，但是随着新旧平衡的不断被打破、物质和能量不断地发生变化，并且经受外界各种力量的作梗，所以不能认为文化景观是静止和固定的。文化景观是在自然环境中被发现，不断地被提炼、创造而成，这不仅是在一定的文化理念指导下，也反映了文化的进程和人类对自然的态度。文化景观是人类文明的起源、传播和延续价值的重要证据，同时它就如同一面镜子折射出国家、地区和民族的发展历史和物质以及精神文明的水平。我们应当认识到文化景观随着历史演进会呈现出特定的时代特征，使历史与现代之间的时代传承性被悉心保护。文化景观充分体现出特定时期里，在不同的物质条件和自然环境提供的机会的影响下赖以维系的这种互动的关系，在内部和外部连续的社会、经济以及文化力量的作用下，随着人类社会的演变进程造就了不同的文化现象与文化成就。这些成就不仅在过去发挥重大作用，在现在和未来仍将发挥重大作用。

第三节　景观设计范畴

景观设计最通俗的解释，即美化环境景色。它服务于城市和乡村，是以创造高质量的建筑外部的空间视觉形象以及有序空间为主要内容的艺术设计。它是广泛地建立在自然学科和人文学科基础之上的应用学科，也是横跨在艺术与科学之中综合性和边缘性很强的环境系统设计。可以说，环境系统涵盖了园林专业所包含的内容并以此为基础；它的设计概念是以城乡规划总揽全局的综合思维为主导，以视觉艺术与建筑规划的构成要素为主体。景观设计是时间与空间艺术的综合，设计的对象涉及自然生态环境、人工建筑环境、人文社会环境等各个领域。

设计师通过使用诸如线、造型、材质和颜色等视觉构成元素来表现这些物象，设计过程中既能与大地交流，也能与使用人群交流，更能使场地变得形象化，使得土地与人类更加和谐。景观系统设计中的自然科学知识涵盖了对自然环境系统的理解，其中包括地理学、土壤学、植物学、地形测量学、水文学、气象学和生态学。这其中也涵盖了有关结构方面的知识，例如，道路、桥梁、墙体、铺装、地下空间以及临时性建筑的建造方法。景观设计学逐渐地为我们开辟了一个新的专业领域，并对世界生生不息的一切事物兴致勃勃，对于那些渴望变化和挑战并从事景观规划设计工作的人来说再好不过了。对于景观设计师而言，设计范围主要涉及以下诸多方面（表1–1）。

表1–1　设计范畴

领域	范围	备注
日常场所	校园、公园、街道、社区、家居	
公共空间	奥林匹克会场、大型公共广场、大型商业空间、公共绿地、商业街区	
游憩场所	旅游地、高尔夫球场、活动场所、主题和娱乐区、公园滨水区	
自然场所	国家公园、湿地、森林、环境保护区	
私密场所	私密花园、私家庭院、公司园区、工业园区	

续表

领域	范围	备注
历史场所	历史纪念碑、世袭景区、城市历史地段、红色文化场馆、工业遗址	
学习场所	大中小学、幼儿园区、植物园、树木园	
沉思场所	康复花园、感官花园、墓地	
生产场所	社区花园、雨洪治理、农耕用地、乡村建设	
工业场所	工业公司、矿业与矿石开采、水库、水力发电站	
交通场所	高速公路、运输通道、交通建筑、桥梁	
宏观场所	新城镇、城市规划、住宅社区、田园综合体、特色小镇	
医疗康养	医院、养老院、康养中心	

第四节　景观发展史概述

一、中国园林景观发展概况及特点

从中国园林起源开始探讨景观的问题，具体的时间虽然难以考证，但是可以肯定的是，我们的景观设计起源以及发展始终伴随着人类文明的发展。根据形式可以分为整形式、自然风景式和混合式三种；根据所有形式又可以分为皇室园林、私宅（文人）园林、寺庙园林及自然风景式园林几种；根据地域可以划分为北方园林、南方园林、岭南园林。从有关记载与汉字探知，中国园林景观的出现与狩猎、祭祀、种植有关，凝聚了中国古典哲学、宗教思想、山水画、田园诗等传统文化艺术，中国传统园林景观师法自然、融于自然、顺应自然、表现自然，是中华文化体系中一颗璀璨的明珠。人类文明如大浪淘沙不断地产生、消失、变化与发展，随着农业生产的出现和进步，逐步产生了种植园、种植圃。由人群围猎的原始生产，到选择山林圈定狩猎范围，产生了自然山林苑囿；古人由群居到独居产生了早期的庭院概念，古人为祭上天、观天象、识四季、推时历而堆土筑台，从而产生了以台为主体的台圈或台苑，园林伴随着建筑同时产生（图1-1）。

图1-1　八达游春图　赵嵒（五代）

中华文明源远流长，有文字记载的历史已达五千年，在甲骨文、糟文、金文中出现了有关景观的文字“因、眺（囿）”“鉴、翻（圃）”等字。我国园林兴建于公元前11世纪，是从奴隶经济较为发达的殷商后期开始的，最早的园林历史记载见于三千六百年前的商周时期，最初的形式为“圈”，即猎园。最早史籍记载的园林形式是“囿”，而景观的主体建筑是“台”。中国早期园林景观生成于先秦与两汉（公元前11世纪—220年）。

（一）商、周时期的“囿”

“囿有林池，从从木有介”——《国语·周语》。商代在解决了基本的劳务活动之后就产生了供帝王贵族们狩猎和游乐之用的“囿”。“囿”是划定一定地域并在范围内进行人工建造，其可供天然动植物以及鸟兽生长生活。“囿”的三个最主要的特征：一是面积足够大，方圆上百里；二是工程体量足够大，边界有界桓，内有高台建筑；三是有人为的建造设施，如挖池筑台，建造殿宇。当社会经济以及生产力发展到一定的历史阶段时，技术、材料达到一定的水平，特殊阶层脱离生产劳动后的社会意识形态发生变革，开始对文化艺术有了比较高的追求，从而开始兴建以游乐休憩为主的园林建筑。这些园林建筑供脱离生产劳动的奴隶主以及贵族们在其中进行游憩、祭祀、礼仪等活动。综合分析“囿”的精神因素有天人合一思想、君子比德思想和神仙思想。在囿中的娱乐活动不只是供狩猎，同时也是欣赏自然界动植物活动的一种审美，因此，“囿”也成为他们精神享受的场所。

史料记载了从殷周到秦汉时期这种“囿”的存在和发展。《诗经·大雅》中记述了周文王灵囿，其中不少篇幅描绘了周朝山山水水以及动植物的美。“王在灵囿”——《诗·大雅·灵台》中开始有了园林的概念物的场所。

中国古典园林的起步伴随着人类社会的进步以及发展，也离不开人们对“园囿”“猎园”等精神享受空间的追求，因此说“囿”为中国园林之祖。

我们可以从大量的文献记载中领略中国早期传统园林建筑的宏大壮美。《路史》《春秋命历叙》：“人皇氏依山川地土之势，裁度为九州，谓之九囿。”有“时台”以观四时，有“围台”以观走尊值整。

（1）商之鹿台。刘向《新序·刺奢》：“纣为鹿台，七年而成，其大三里，高千丈，临望云雨。”

（2）楚之章华台。《左传》中记载楚灵王七年，“成章华之台，与诸侯落之。”章华台“举国营之，数年乃成”。

（3）赵之丛台。赵国武灵王时期（前325—前299年）。台上原有天桥、雪洞、花苑、妆阁等景观，结构严谨，装饰美妙，名扬列国。丛台公园现为河北省文物保护单位，百家“全国名园”之一。

（4）吴之姑苏台。《述异记》上记载：“吴王夫差筑姑苏台，三年乃成，周旋诸屈、横亘五里，崇饰土木，殚耗人力，宫妓千人，又别立春宵宫”。李白诗曰“姑苏台上乌栖时，吴王宫里醉西施”。姑苏台穿沿凿池，构亭营桥，所植花木多茶与海棠，此台规模宏大，制作精巧，奢美华丽。这说明当时造园手法已经有了相当高的水平，上古朴素的圈的形式在春秋战国时期得到了进一步的发展。

（二）秦汉时期的宫苑和私家园林——中国传统园林景观的形成期

先秦时期，无论帝舍还是民居都称为公室，自秦汉起宫室专指帝王居所，第宅专指贵族的住宅；近代则将宫殿、官署以外的居住建筑统称为民居。秦汉时期造园活动的主流是皇家园林。规模宏大，苑中有苑，功能复合，宫苑结合。园林的功能由早期的狩猎、祭祀、生产逐渐转化为后期的游憩与观赏。秦汉是一个文化盛行、生机勃勃的时代，由于原始的山川崇拜与帝王的封禅活动，再加上神仙思想的影响，大自然在人们心目中尚保持一种浓重的神秘性。秦汉园林以山、水、建筑为要素，集山水、动植物、建筑于一体的文化景观组合。

1.秦朝宫苑

秦汉以后，囿都建于宫苑中。公元前221年统一中国后，中央集权建立，秦代十二年中建离宫五、六百处，仅咸阳附近就有二百余处。封建社会的生产力进一步提高，“囿”已不能满足统治者的需求，从而出现了以宫室为主体，包括动物供狩猎或圈养观赏、植物和山水的内容的建筑宫苑。

秦始皇统一六国，每灭一国必仿建其宫室于咸阳北坡上，为便于控制各地局势，大修道路种树植松。各国贵族被带到了咸阳，咸阳周围宫室林立，先后建造上林苑、阿房宫，同时带到秦国的还有各地的建筑风格。秦苑兴建的指导思想不再是单纯的骑射狩猎或筑台观景，风景的欣赏也不单纯是直观的，也加入了“神山”“神木”等意识形态。

据《山海经》记载，中国古代神话传说有两大系统，分别是西域昆仑山系统和东海蓬莱系统。战国之后，昆仑神话随着东西渐进交流显著增多，并逐渐在中原各国流传开来。西域的昆仑神话传到东方后，东方人根据自己的地理环境加以利用和改造，创立了蓬莱神话体系。昆仑神话与蓬莱神话的区别在于山与海的区别。秦始皇与汉武帝曾多次东临大海，大规模遣船入海去蓬莱求仙药，并派专人守候在海边以望蓬莱之气，兼顾了昆仑神话与蓬莱神话，使二者有了融合的契机。山岳壮美、稳固，矗立千年，让秦始皇感到神秘崇敬，所以他赴泰山封禅企望江山永固。因此，在苑中他按照齐、燕方士的描述“作长池，引渭水土为蓬莱山”，对自然环境人工地进行主观的塑造。经过秦始皇时代与汉武帝时代的发展，确立了蓬莱神话在中国园林中不可取代的位置，亦即形成了“一池三山”的固定模式，并对东方造园体系产生了无可比拟的影响。

2.汉朝宫苑

汉朝初期高祖建长乐宫、未央宫，内含几十个宫殿、高台、池山，设“兽圈”等，用地范围巨大。

汉朝最盛时期汉武帝刘彻（公元138年），继承和拓展秦朝营园规模宏大、装饰华丽的特点，在秦旧址翻建“古谓之圈，汉谓之苑”的上林苑，使建筑宫苑的形式得到更大的发展。上林苑规模宏大，苑中有苑，苑中有宫，苑中有观，地跨长安区、鄠邑区、咸阳、周至县、蓝田县五区县境，纵横340平方千米，有渭、泾、沣、涝、潏、滈、浐、灞八水出入其中。

汉朝的“苑”包罗万象、生机勃勃、功能齐全、独成世界。建章宫建于公元前104年，汉武帝太初元年，位于陕西西安，为我国典型的“一池三山”园林手法的起源。《史记·孝武本纪》载：建章宫“其北治大池，渐台高二十余丈，名曰太液地，中有蓬莱、方丈、瀛洲，壶梁，象海中神山、龟鱼之属。”另据记载建章宫有三十六殿，奇珍异兽充塞其中，有“千门万户”之称。宫内高台林立，殿堂建筑、飞阁辇道动辄高达数十丈。《三辅黄图》载："周二十余里，千门万户，在未央宫西、长安城外。"内殿36个，还有台、有池，池中有岛，养以禽鸟，水中植物。在园林布局中注重如何利用自然与改造自然，而且也开始注重进行栽树移花、凿池引泉、石构艺术等，自然山水，人工为之，造园之法已经初现（图1–2）。

图1–2　汉朝建章宫

苑中的宫观有观养禽兽的"犬台宫""走马观""白鹿观""观象观""虎圈观"等，有演奏乐曲的"演曲宫"、栽种植物果木的"扶荔宫""葡萄宫"等。"一池三山"园林手法为后世所仿效，并影响日本造园，如西湖、颐和园以及日本的诸多庭园（图1–3）。

汉代园林真正具有了我国园林艺术的独特文化性质。另外，汉朝雕塑艺术种类异常丰富，"因势象形"的独特造物手法，其艺术水平达到了一定的高度。如著名的霍去病墓，北海现存的青铜雕塑"仙人承露盘"。私家园林最早也出现在汉代，名臣曹参、霍光，富商袁广汉，贵族刘武等皆有私园。《西京杂记》中有"于北邙下筑园，东西四里，南北五里……奇树异草，弥不具植"

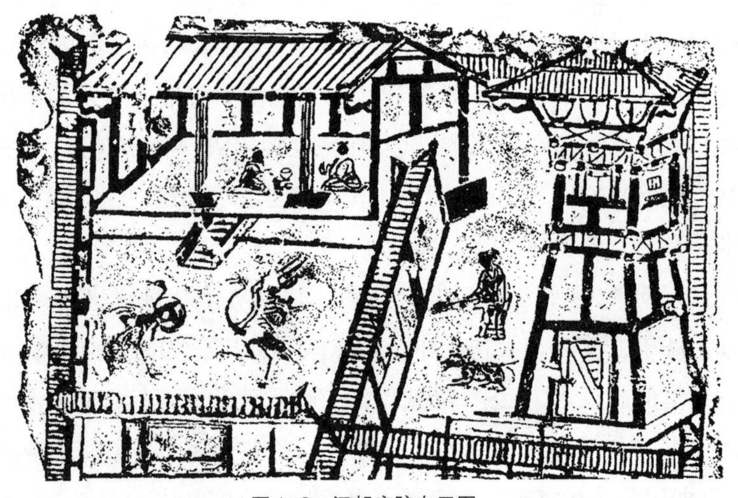

图1–3　汉朝庭院布置图

之说，贵族、地主、富商的私家园林得到长足的发展，虽因财力、物力和等级制度的制约，规模较皇帝宫苑略小，但是在当时的园林建造中，造景手法高超，人工造景的技术达到了一定的高度。

总而言之，秦汉园林以皇家园林为主，到了东汉，见于文献记载的私家园林也逐渐浮出水面，各种学派广为流行，争鸣活跃，文化上获得了极大发展，在一些出土的汉画像石、汉画像砖中都能够找到东汉私家园林的图像。园林的功能由最早的狩猎、通神、求仙、生产为主，逐渐转化为后期的游憩与观赏为主。从中国传统文化的角度总结秦汉园林如下：受山水崇拜影响的“灵台”“灵沼”的理想意境；人工虚构的山水“仙山海岛”意境；更为广阔的“描摹山川名胜”意境；避祸遁世的“田园村舍”意境。秦汉园林在中国古代园林史中起到了承前启后的作用（图1-4~图1-6）。

3.魏晋南北朝时期的私家园林——中国古典园林的转折

魏晋南北朝是一个极其特殊的时期，战乱频繁，朝代更迭，促使多元文化的碰撞与融合。魏晋南北朝时期，老庄哲学发展到一定高度，隐逸文化盛行，士大夫钟情于山水，竞相建造私家园林，他们生逢乱世，觉得唯有寄情

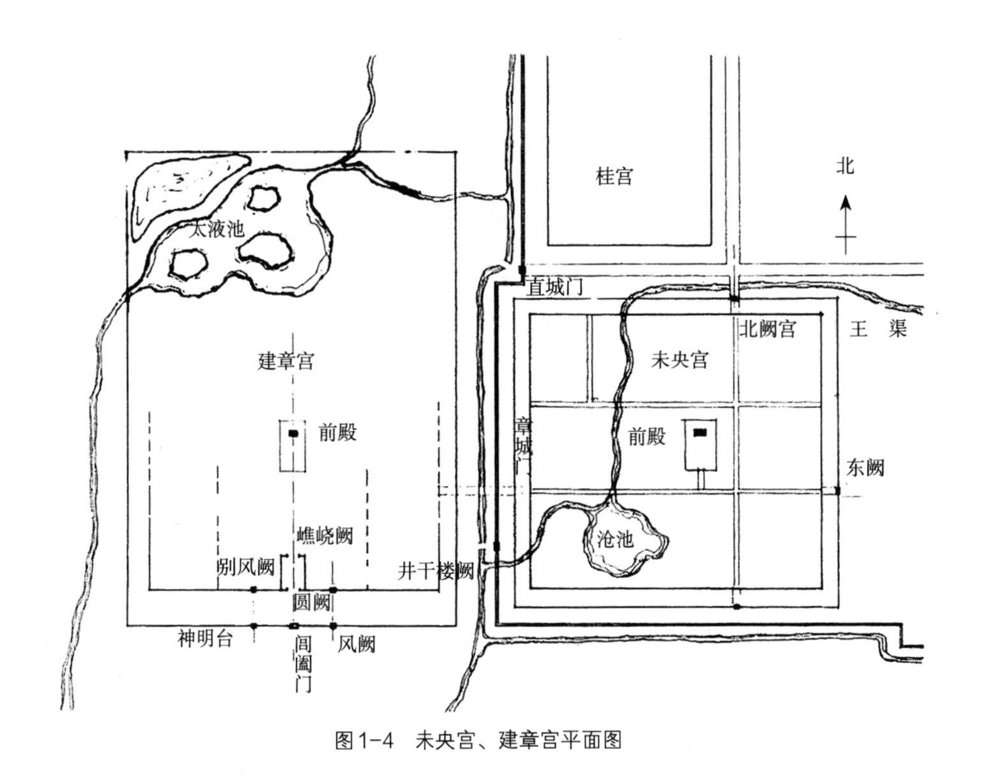

图1-4 未央宫、建章宫平面图

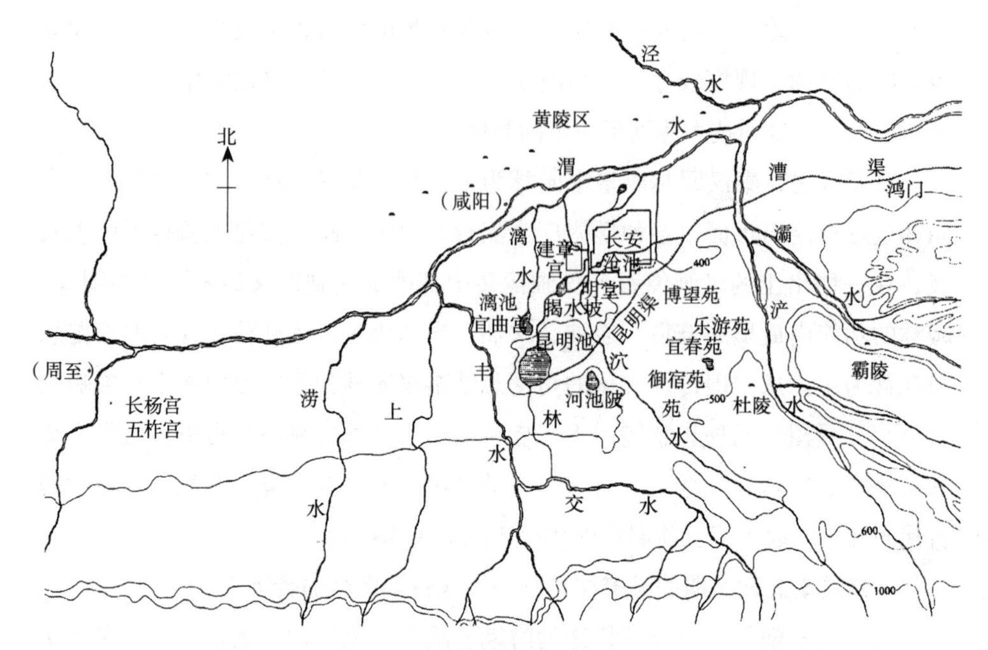

图1-5　西汉长安及附近主要宫苑分布图

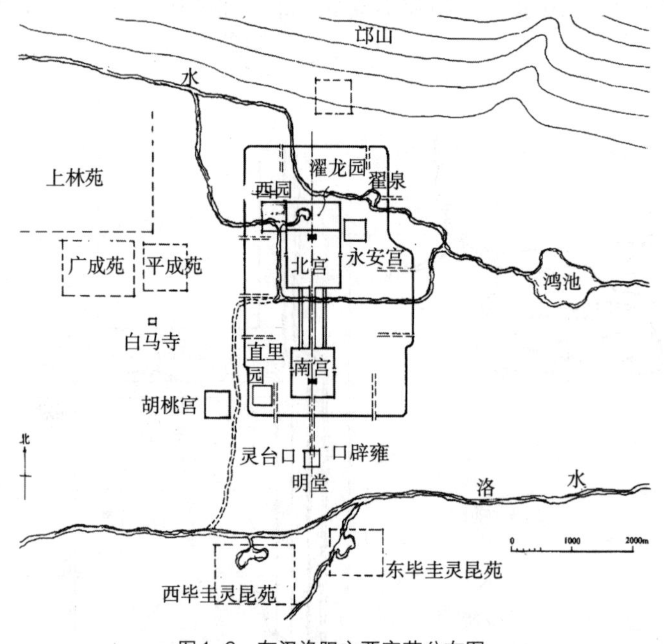

图1-6　东汉洛阳主要宫苑分布图

山水才能享受人生的乐趣。这一时期的园林发展趋势有了重大转变。《宋书》卷："晋武帝太康后，天下为家者，移夫人于东方，空莱北庭，以为园囿。"魏晋南北朝时期动乱长达四个世纪，也是我国在文化、艺术、政治、思想上有重大变化的时代，打破了儒家思想的正统地位，百家争鸣促进了艺术领域的开拓，世家大族崇尚奢侈，纷纷建造私家园林。这一时期的园林，多以仿造自然为主，把自然式风景山水缩写于私家园林中，这给予园林发展以深远的影响。《闲情偶寄》记："主人雅而喜工，则工且雅者至矣；主人俗而容拙，则拙而俗者来矣……一花一石，位置得宜，主人神情已见乎此矣。"此时的园林已经不再仅局限于秦汉时期的皇家园林了，佛教和道教的流行，使寺观园林在这一时期也得到空前发展，这些园林在通神求仙的基础上，景观的设计更加细致，以达到世人愉悦身心、逃离凡尘俗世的结果。晋代兰亭园位于绍兴市西南14km处的兰渚山下，永和九年三月初三日，王羲之邀友在此聚会，酒后书写了代表中国书法最高成就的作品《兰亭集序》，序中描写："此地有崇山峻岭，茂竹修林，又有清流急湍，映带左右，引以为流觞曲水。""曲水流觞"造景手法自此相传下来，并被广泛运用到如故宫乾隆花园、恭王府花园、檀柘寺园林以及现代文化景观设计中。这些变化促成造园活动从生成到全盛的转折，在园林的植被景观尤其是山林泉石的选择上，为后期唐宋写意山水园的发展奠定了雄厚的基础。可以说从这个时期开始，中国古典园林体系开始建立。

根据北齐《洛阳珈蓝记》以及北齐庚信的《小园赋》记载，洛阳造园之风盛行，私家园林受到山水诗文绘画意境的影响，宗炳"竖画三寸，当千仞之高；横墨数尺，体百里之回"的山水画里，提倡造园空间艺术处理技术，说明了已经由写实风格转换为写意风格。自然山水园林为唐、宋、明、清时期的园林艺术打下了深厚的基础。

魏晋园林可分为私家园林、寺院园林、田园园林三种类型。随着佛教自东汉末年传入中原，魏晋南北朝时期得到蓬勃发展，佛教思想与浮屠的建造流行使寺庙丛林这种园林形式应运而生，佛教寺院如雨后春笋。唐朝诗人杜牧："千里莺啼绿映红，水村山郭酒旗风，南朝四百八十寺，多少楼台烟雨中。"佛寺园林属于宗教园林的范畴，玄学、儒学、佛学相互碰撞相互融合，由此产生出属于中国特色的宗教园林。佛寺园林虽多，但规模较小，用宫殿形式，并附有庭园，这多以庭院式"舍宅为寺"建造。寺庙是一种开放式的园林，是弘扬佛法与自然风光的结合圣地，因此逐渐成为风景游览胜地。南北朝时期，城市中的佛寺设有林荫苍翠、幽池假山，建造在郊野的寺院更是结合自然风景而营造占领了大量的山奇水秀的名山胜境，有"天下名山僧占多”之说。

此时园林的特点大致如下。

（1）皇家园林。规模比较小，设计更加细致。山水、植物、建筑等元素转化为世俗题材的设计，老庄、仙界等虚拟之境仍然存在。文人的社会地位提高并参与经营，创作手法由原来的写实转化为写意，皇家园林称为“园”的增多。

（2）私家园林。魏晋南北朝士大夫爱好山水，私家园林主要分为私园和庄园（别墅）。私园建造在城市或近郊，庄园建造在野外。私园具有代表性的是“张伦宅园”。庄园别墅代表性的是“金谷园”。此时的庭园已不再是单纯的居住空间，而是寄情托物的人文空间了。这一时期私家园林比两汉时期更加精致，艺术风格对两汉遗风仍有保留。私家园林集中反映了魏晋南北朝时期造园的成就。

（3）寺观园林。佛寺园林的建造，都需要选择山林水畔作为参禅修炼的洁净场所，包括三种情况：一是与寺院毗邻，单独建园；二是寺院内部殿堂的园林绿化；三是选择在郊野地带的寺观周边园林环境。郊野地带的寺观选址的原则是：一是近水源，以便于获取生活用水；二是要靠树林，既是景观的需要，又可就地获得木材；三是地势背风向阳和良好的小气候，易于排洪。具备以上三个条件的往往都是风景优美的地方，“深山藏古寺”就是寺院园林惯用的艺术处理手法，寺院已经有了公共园林的性质。中国的古典园林由再现自然上升到表现自然，模仿自然到提炼自然。园林的狩猎、求神通功能基本消失，游赏活动开始成为主导甚至唯一的功能。寺观园林的出现开拓了造园领域，建筑与其他自然诸要素取得了较为密切的协调关系。由此，中国古典园林形成了皇家、私家、寺观三种类型并驾齐驱的局面。

4.隋唐园林——中国传统园林的全盛期

隋、唐是我国封建社会全盛时期，社会上儒释道三教并驾齐驱，筑山、理水、植物、建筑等造园手法综合运用。文学艺术盛极一时，文人写意山水画种趋于成熟，诗书画相互渗透，“文人园林”在这时有了很大发展。

（1）皇家园林风格已经完全形成，总体布局与局部设计达到一定水平，已经形成大内御苑、行宫御苑、离宫御苑三大类别。

隋完成了统一大业以后，南北方的园林得到了交流而成为山水建筑宫苑。隋朝最著名、最为宏伟的西苑为隋炀帝所建，是继汉武帝上林苑后最豪华壮

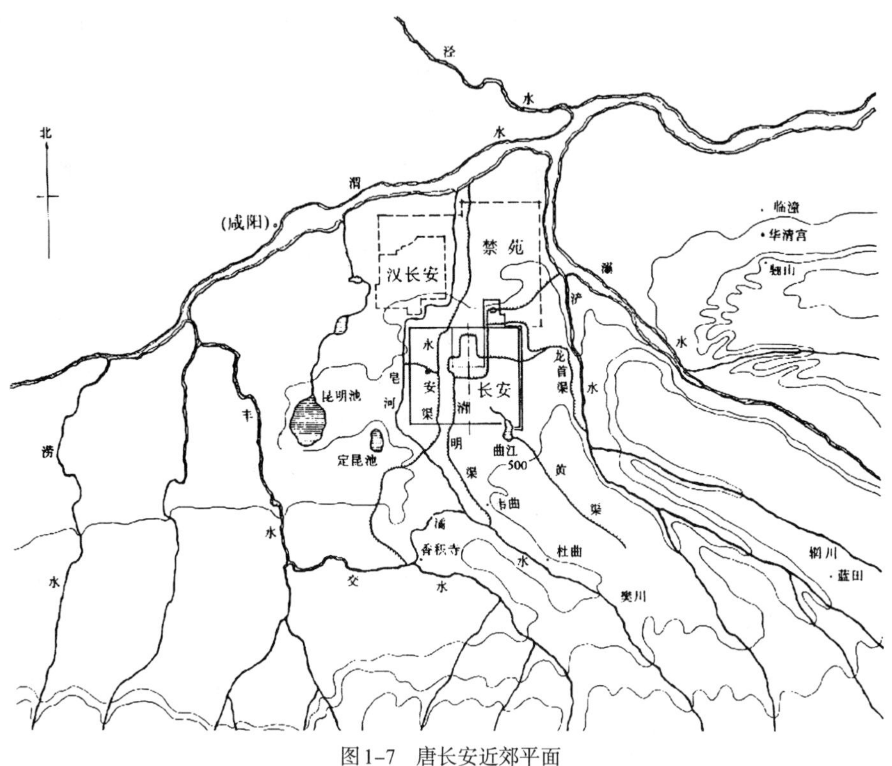

图1-7　唐长安近郊平面

丽的一座皇家园林。隋炀帝在位三件大事：一是兴建洛阳城；二是修建西苑；三是开凿大运河，这三件都事关造园。其中，西苑是最豪华伟丽的一座皇家园林。皇家园林的皇家气派不只体现在规模宏大上，更多的是反映在园林布局和局部的设计处理上。皇家气派是一种整体的审美感受，集功能、形式和内容为一体（图1–7、图1–8）。

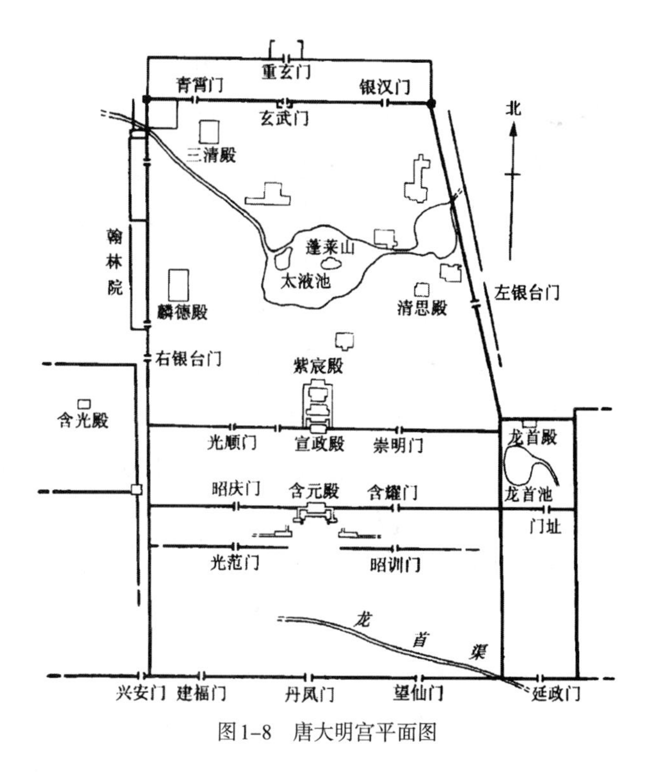

图1–8　唐大明宫平面图

（2）山水诗文、山水画、山水园林三种艺术门类相互融合。唐朝国力强盛，为宫殿庭园的修建提供了可靠的保障。唐朝诗歌是我国文学史上最辉煌的诗篇，而文学在漫长的封建社会中被认为是唯一的艺术，唐朝文人画家多自建园林，将诗情画意融贯于园林之中，追求抒情的园林趣味。白居易是历史上第一位造园的文人，最早肯定"置石"美学意义的人，先后主持营造了自己的四处园林。唐朝山水一般是在自然风景区中或城市附近营造而成，从仿写自然美到掌握自然美，由掌握到提炼再到典型化，使我国园林发展形成写意山水园阶段。其造园技术与造园艺术有很大的发展与提高，宫苑建筑写意山水景观完全结合为一体，多难以分出哪是主体，既是皇家所建宫苑，又是具有诗意的写意山水园，具有显著的游憩功能与很高的审美价值。

（3）园林的公共性功能业已呈现。唐朝木结构建筑艺术达到了空前绝后的繁荣，形成了统一的风格，建筑的造型能够结合功能。长安城以城区为中心，向四面辐射，形成近郊、远郊乃至关中平原的绿色景观大环境的烘托。唐朝禁苑内除离宫别馆外，还有"球场"，当时在贵族中盛行骑马击球，这是我国园林中出现较早的体育活动场地。在城的东南角有"曲江池"，也是帝王游乐之所。每年定期向市民开放，因此说这是我国最早出现带有"公园"含义的园林。

（4）私家园林的艺术性进一步升华，重视局部与小品的塑造。唐朝不再止步于对自然的歌颂和简单明了的模仿，开始追求超越自然和再现自然。他们细心观察和留意高山的巍峨挺拔、溪水的跌宕回还、鲜花的清雅芬芳、苍松的青翠挺拔，将其精华提炼后浓缩至私家的庭园中。中唐以后，已经有把诗、画赋予私家园林的记载。"以诗成园，因画成景"，文人学士的积极参与是唐朝的营园最重要的特点。代表当时最高的文化阶层是隐与仕结合，文人参与造园，把他们的营园思想推向文化人的境界，这是统治者、方士和匠师以及其他行业的营园水平不可比拟的。唐代诗人兼画家王维，在蓝田县西南10余km处，在宋之问的辋川山庄基础上修建别墅园林。《关中胜迹图志》中可见其大致面貌，辋川别业营建在具有山、林、湖、水的自然山谷中，与地面宇屋亭馆共同构成了极富自然之趣的诗情画意的自然景观园林。辋川别业主要利用山林溪地创造自然山水园林，景点多诗情画意，各景点连贯形成整体（图1-9）。

（5）宗教世俗化导致寺观园林的普及。唐代的二十个皇帝中，除唐武宗

图1-9　辋川别业图

外都提倡佛教。寺观园林的普及是宗教世俗化的结果，反过来促进宗教进一步世俗化。唐代寺观园林的建筑制度趋于完善，包括殿堂、寝膳、客房、园林四部分。水庭是唐代寺观园林的一种表现形式。在殿堂建筑群前开凿一个方整的大水池，池中有平台。城市寺观园林具有城市公共交往中心的性质，发挥城市公园的职能，如云南圆通寺、文昌宫。郊野寺观园林促进风景名胜区开发和建设。隋唐时期的寺观园林有以荷花牡丹盛名的慈恩寺、以桃花著称的元都观和大兴善寺、佛教密宗的祖庭青龙寺以及灵隐寺（白居易《冷泉亭记》记述）。

隋唐园林的特点总结为以下几点：皇家园林规模宏大，总体布局与局部设计达到一定水平；私家园林艺术水平有所提高，重视局部与小品；宗教世俗化导致寺观园林的普及；山水画、山水诗文与山水园林相互渗透。

5.宋、元、明、清园林——园林的成熟前期

公元960年，宋太祖赵匡胤即位后建都于开封，改名东京，统一全国。宋代重文轻武，文官执政，儒学转化为新儒学即理学，当时理学的学派林立，各自开设书院授徒讲学。佛学衍生出完全汉化的禅宗，道教则从民间的道教分化出向老庄、佛禅靠拢的士大夫道教。庄园经济绝迹，地主小农经济十分发达，城乡经济高度繁荣。李明仲的《营造法式》和喻皓的《木经》是官方和民间对于当时发达的建筑技术实践经验的理论总结，都是非常杰出的建筑经典。宋代是历史上最以绘画艺术为重的朝代，政府特设“画院”，网罗了天下画师。极具绘画天赋的一代徽宗赵佶为首的统治者对山水画创作产生了极为浓厚的兴趣，将书画和诗词融为一体。宋朝园林已开始“按图度地”，图纸不只是园林的记录而成为施工的指导了。宋朝建筑在唐朝的基础上有了改进和发展，并给予了理论上的总结。它以模数衡量建筑，使建筑有比例地形成一个整体，组合灵活拆换方便，但宋时建筑已不如唐朝朴素大方，转而追求纤巧香丽的建筑造型。宋代的皇家园林主要集中在东京和临安两地，其规模和气魄远不如隋唐，但规划设计的精致则过之，内容上更多的接近私家园林。两宋文人园林之倾向在唐代基础上又有发展，整体风格以简远、疏朗、雅致和天然见长；园内建筑形象丰富，但数量不多，布局疏朗；多以栽花栽树著称；园内多做土山，湖石假山不为多见。两宋筑山、理水、治石、花木、建筑构思独特，精心营造，充分体现了中国山水画的构思规律，也是我国园林史上土石假山之最。山水诗、山水画、山水园林的密切关系到宋代完全确立。两宋时期的寺观园林由世俗化进而达到文人化的境地，禅宗着重于现世内心的自我解脱；道士讲究清净简约，它们除了保留一丝烘托佛国与仙界的功能之外，与私家园林的差异基本上完全消失了（图1-10）。

元代封建文化遭到破坏，但是又促进了文化的融合，皇家园林主要有元大都、太液池，私家园林有狮子林等。

明清官苑和江南私家园林风格较自然朴素，明清时期皇家园林多位于风景优美的郊外，占地宽广，规模宏大；布局上大都在自然山水基础上，巧于利用地形，创造各苑特色；注意模仿各地园林及名胜于其中；苑中建筑布局形式不同于正式宫廷建筑的严肃庄重格局，除宫室建筑部分外，其他建筑多

图1-10　南宋的玉津园

用“大分散，小集中”的成群成组的布局方式，单体布置较少且注意建筑美与自然美的结合；明清苑园中也常常选用我国传统的掇山手法，但因园林面积较大，不可能也没必要利用大量掇山，叠石利用较多；苑园中水面极大，大多利用原地形水体或泉源形成水面。花木是苑园中重要的造园要素，多做群植或林植。

明清时期私家园林可以分为以北京为北方造园活动中心的北方园林和代表着中国风景式园林艺术的最高水平的江南园林以及岭南园林。

北方园林既追求风景式园林的意境，又偶尔用严整的对称布局；园内建筑较多，具有北方建筑的浑厚之共性。一些王府花园的建筑较一般的北方私园在色彩和装饰上更加浓艳华丽，局部或细部有仿西方建筑的做法；叠石技巧偏于刚健；有时有较大的水面；常以北方乡土树种，如松树为基调，间以多种乔木。

江南私家园林的兴盛是中国古典园林后期发展史上的一个高峰，江南私家园林多建于城市中，与住宅相连，面积不大，造园师力求在有限的面积内创造无限的、丰富的、曲折多变的城市山林景观；也代表着中国风景式园林艺术的最高水平。这首先由于这里具有许多优越的造园条件：经济发达冠于全国，手工业商业十分繁荣；文化艺术水平极高，文人辈出，文风极盛；建筑技术精湛；河道纵横，水网密布，气候温和湿润，适宜花木生长；堆山叠石力求创造城市山林的全景，登山可看全园和园外景色，扩大园林空间感，同时假山又是遮挡视线、分隔空间的重要手段。可以说，以清秀典雅为其特色的江南园林是中国古典园林艺术的最高成就的代表之一。

岭南园林规模较小，基本与居住建筑结合在一起，布局颇有地方特色，多从适宜出发，常有明显的随意性，有的还采用几何图形并沿中轴对称布局，庭园以建筑空间为主，山石湖地从属于建筑。岭南园林中的建筑在选址上以朴素、简练、清新的岭南气息为主；园林中的叠山风格独特，分为壁形、峰形和孤赏形三种；庭园好用较规则的水池，如方形水池、回字形水池等（图1-11）。

著名造园匠师、学者及其代表作有：张南垣（张琏）与张陶庵（张然）——西苑瀛台、静明园、畅春园等。石涛，又称道济和尚，亦工于叠山，尤精选石——片石山房（常熟）、个园四季假山（传说为其所作）。戈裕良，以选石和叠山著称——文园（如皋）、一榭园（苏州虎丘）、燕谷园（常熟）

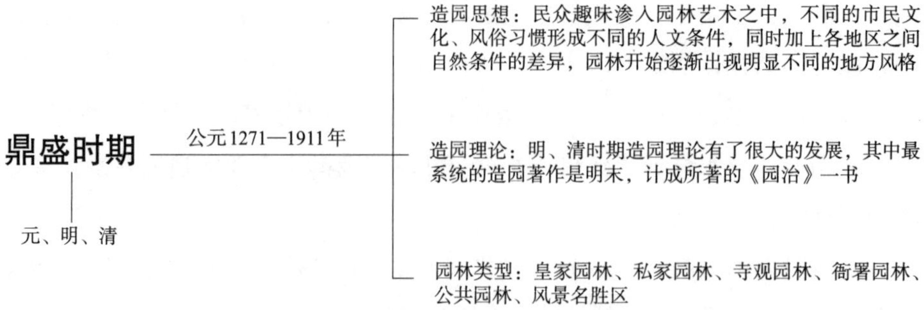

鼎盛时期

元、明、清

公元1271—1911年

造园思想：民众趣味渗入园林艺术之中，不同的市民文化、风俗习惯形成不同的人文条件，同时加上各地区之间自然条件的差异，园林开始逐渐出现明显不同的地方风格

造园理论：明、清时期造园理论有了很大的发展，其中最系统的造园著作是明末，计成所著的《园冶》一书

园林类型：皇家园林、私家园林、寺观园林、衙署园林、公共园林、风景名胜区

图1-11 元明清时期的造园简况图

等。李渔，著有《闲情偶寄》。于北京筑半亩园，南京筑芥子园。《闲情偶寄》全书九卷，第四卷为“居室部”专论建筑和造园理论，分为房舍、窗栏、墙壁、联匾、山石五节。计成，其《园冶》共三卷十篇，为我国第一部园林艺术的专著。文震亨，其著写的《长物志》全书十二卷，与造园有直接关系的为室厅、花木、水石、禽鱼四卷。

二、西方园林

（一）西方古典园林

西方园林是指在地理位置上处于西半球国家的园林景观，以英、法、美、意等国家为代表。他们有着相似的文化背景以及宗教信仰，所以形成了具有共性的园林景观。

西方园林最早可追溯到公元前16世纪的埃及，从现存当时墓葬装饰壁画中可以看到祭司大臣的宅园采取方直的规划以及规则的水槽和整齐的种植。西亚的亚述确猎苑随着时间的变化演化成游乐功能的林园。中古时期，基督教、伊斯兰教、佛教三大文化影响着世界各地的园林，西欧受基督教文化的影响，发展了修道院园林（以意大利为中心）与城堡式园林（以法国和英国为中心）。中部受伊斯兰文化的影响，发展了波斯伊斯兰园林、西班牙伊斯兰园林以及印度伊斯兰园林。西方人将圣经、文学作品或神话故事中描述的天堂世界看作是园林的开始。西方古典园林大概包括古埃及园林、古巴比伦园林、古希腊园林以及古罗马园林（表1-2）。西方的文化景观主要分为意大利文艺复兴、法国古典主义为基础的规则性园林以及英国田园式不规则园林。黑格尔曾说：“最彻底地运用建筑原则于园林艺术的是法国的园子，它们照例接近高大的宫殿，树木是栽成有规律的行列，形成林荫大道，修剪得很整齐，围墙也是用修剪整齐的篱笆造成的。这样就把大自然改造成为一座露天的广厦。”

表1-2　西方园林史发展历程

序号	西方园林史发展历程	序号	西方园林史发展历程
1	古代园林（公元4世纪之前）	6	意大利台地园
2	古埃及园林、古巴比伦园林、古希腊园林、古罗马园林	7	法国古典主义园林（17世纪）
3	中世纪欧洲园林（5~15世纪）	8	英国风景式园林（18世纪）
4	中世纪西欧园林、伊斯兰园林	9	近代城市公园（19世纪）
5	文艺复兴时期园林（15~17世纪）	10	现代风景园林（20世纪）

完整、和谐、鲜明是西方园林艺术提出的三个重要元素，追求严谨的理性。突出自然风景还是突出建筑，是东西方古典园林的一个最大区别。古典主义建筑风格大师大勃隆台说：“决定美和典雅的是比例，必须用数学的方法把它制订成永恒的、稳定的规则。”这被奉为西方造园艺术最高的审美标准。自古以来，欧洲人的思维习惯就是在于对事物内在规律性的探究，善于用直接的方式提出问题和解决问题，形成清晰的共识结果。这种思维习惯表现在审美上就是可以用简单的数和几何关系来确定的对称、均衡和秩序。

（二）西方近现代艺术与景观

19世纪下半叶至第二次世界大战期间的现代艺术对西方景观设计的影响主要有以下四个方面。

1. 印象派与园林景观

风景画家追求吞吐天地、浑然一体，不受真实自然的约束。画家笔下的空间穷极宇宙、变幻无穷，在形态表面上接近自然，在心灵上带着个人感情基调，写意在自然之上。

19世纪60~80年代，以莫奈、高更和凡·高为代表的印象派画家大胆采用鲜艳和强烈的色彩去记录光和环境，从而抛弃了学院派灰暗、沉闷的色调。从印象主义画家塞尚开始，绘画中反写实、趋抽象的流派日渐增多，各种艺术界流派纷纷登场，画家们极力创新、探索新的绘画技巧和表现。特别是点彩派的颜色理论对当时庭院花卉的种植产生过影响。

2. 立体派与园林景观

1907年，毕加索和布拉克这两位立体派绘画的创始人着力于解决绘画形式问题：在一个平的画面上，如何画出立体的自然世界，当然这也是艺术的主要问题。于是立体派画面空间中多个视点所见的叠加以及多变的几何形体，在二维的画纸上呈现了三维的立体视觉效果。立体派的表现形式在现代建筑设计以及景观设计中具有强大的影响力。

3. 抽象艺术与园林景观

抽象艺术以信念而不是以人们在日常生活中能以辨别到的现实世界的事物形象为基础，抽象的形体和色彩也能够激发观赏者的强烈反应。康定斯基受俄国至上主义和构成主义的影响，绘画风格从自由的、想象的抽象转向几何的抽象（图1-12）。他认为未来的艺术一定是综合的艺术表现，被美术界认为是抽象艺术的开拓者。他的绘画成为许多景观设计的形式语言素材，即便是他的绘画没有直接涉及园林的题材。1922年，德国画家克利的作品表达了人、动物、植物和景观的相互关系。他的作品“一个花园的规划”认为所有复杂的有机形态都是从简单的基本形态演变而来的，这种观念对现代景观设计产生了非常大的影响。英国景观设计师杰里柯视克利为导师。

4. 风格派与园林景观

风格派画家蒙德里安的“抽象的概念”和“用色彩和几何形组织构图与

图1-12　构图九，第626号克利

空间”的设计思想影响着景观设计领域。蒙德里安的绘画对景观设计有着深远的影响，他的绘画多是垂直和水平线条，在线条之间是红、黄、蓝等色块，因为他认为绘画的本质是线条和色彩，两者可以独立存在。他采用最简单的几何形和最纯粹的色彩，来表现事物内在的冷静、理智和逻辑的平衡关系（图1–13）。

图1–13　网格　蒙德里安

（三）现代建筑运动先驱与景观设

欧洲在第一次世界大战后出现大量的新观点、新思潮，这归根于当时的经济条件、政治条件与社会意识形态等方面能够为设计领域变革提供有利的条件。当然，这个时期的景观设计并不是现代运动的主题，因为社会的发展还未到一定的阶段，园林景观设计还没有引起设计师的足够重视，也不能给建筑设计师带来社会赞誉。在现代建筑运动的先行者中，一些流派和设计师对景观设计领域产生了较大的影响，但是寻找这些园林景观史料已经比较困难了，探寻其中蕴含的设计思想或许有助于我们理解景观设计历史的发展。

1. 门德尔松

门德尔松不仅是一个天才作曲家，同时他也是一个钢琴演奏家、指挥家、语言学家、风景画家以及建筑师。20世纪20年代，门德尔松做了许多建筑设计，爱因斯坦天文台是其代表作品。他对视觉艺术有着极高的天赋，常采用曲线、奇特夸张的建筑形体来表现某些思想或精神，一生中留下了大量用流畅的粗线条勾勒的充满动感、富有表现主义风格的设计草图。他最大的花园景观设计是魏茨曼教授的别墅花园，别墅坐落在一座小山上，花园中的小路、平台和布置有常绿植物的台地都是由流畅的曲线构成的，一如他的建筑风格。第二次世界大战时，门德尔松先后到了荷兰和英国，1941年又移居到美国并对这些国家的建筑与景观设计产生了极大的影响（图1–14）。

2. 包豪斯

从20世纪开始，德国成为欧洲建筑哲学进步思想的中心，这些思想吸引

图1-14 门德尔松作品

着当时最为激进的青年画家、设计师，包括布劳耶、康定斯基、克利、密斯·凡·德罗、拜耶等来到包豪斯。

建筑师格罗皮乌斯在1919年将万特维尔德创办的魏玛艺术学校发展为融建筑、雕刻、绘画于一炉，将艺术、音乐等结合科技并以建筑为主的“包豪斯”学校。格罗皮乌斯认为：“艺术不再是一个专门的职业。艺术家和工艺技师之间并没有什么根本的区别。”包豪斯在教学中强调艺术必须和技术或手工艺相结合，将工艺同机器生产相结合，强调各门艺术间自由创作与交流，特别是建筑要向当时已经兴起的立体主义、表现主义和超现实主义绘画和雕塑学习。格罗皮乌斯在美国广泛传播包豪斯的教育观点、教学方法和现代主义建筑学派理论，促进了美国现代建筑的发展，将欧洲新建筑的思想传播到美国哈佛建筑学专业的学院派教学，并极大地影响了景观设计专业，成为推动“哈佛革命”的动力之一，对促进美国现代景观的产生和发展起了间接的作用。第二次世界大战后，他的建筑理论和实践为各国建筑学界所推崇。

格罗皮乌斯时期的包豪斯（1919—1928）教学涉及包括建筑、雕塑、绘画、工艺、舞蹈、音乐等多个领域，并且要求在学校中设立景观化花园设计学科，他本人的作品也涉及了景观设计领域。格罗皮乌斯认为：“完美的建筑乃是视觉艺术的最终目标。艺术家崇高的职责是美化建筑……建筑师、画家和雕塑家必须重新认识：一幢建筑是各种美感共同组合的实体。只有这样，他的作品才可能注入建筑的精神，免于沦为可悲的‘沙龙艺术’”。他的作品中设计了住宅花园景观，从流传下来的设计平面图中可以清晰地看出他的设计思想。园林充分考虑了使用功能以及经济的要求，设计朴实无华，没有轴线，更不对称，平台、草地、果园、蔬菜园、游戏区与建筑浑然一体。

1930—1932年，密斯·凡·德罗任包豪斯院长。1929年由密斯设计的巴塞罗那世界博览会德国馆建筑充分体现了建筑与景观的结合。建筑由大理石及玻璃体构成流动的空间，两个庭院都以矩形的水池为中心，室内外各部分之间互相穿插、融合，没有明显的分界，典雅、高贵、简洁。这个建筑空间处理方式在建筑史上具有里程碑意义，对后来众多的景观设计师产生了巨大的影响。

3.勒·柯布西耶

“一个建筑师不是一个工程师，而是一个艺术家。建筑艺术超出实用的需要，建筑艺术是造型的艺术。建筑轮廓不受任何约束，轮廓线属纯精神创造。”柯布西耶是较激进的建筑改革论者，也是20世纪最重要的建筑师之一。“House is a machine for living”，1923年柯布西耶出版的《走向新建筑》一书，他在书中强烈反对因循守旧，激烈主张表现新时代的新建筑，被认为是现代主义宣言的代表。

他在1926年提出新建筑的五个特点：底层架空、屋顶花园、自由的平面、自由的立面、水平向长窗。自然在建筑的底层穿过，连续不断；建筑顶部的屋顶花园又是与浩渺的天空和周围的自然密切联系的场所，这些特点充分地体现在他的一系列作品中。另外，他提倡现代花园中民主的设计思想，认为新型钢架和混凝土的建造形式是平均社会分配、缩小贫富住宅差距的有效手段。

柯布西耶最著名的作品是1929—1931年设计建造的萨伏伊别墅，这座位于巴黎近郊的别墅长约22.5m，宽为20m，共三层，是现代主义建筑的代表之一。别墅建筑底层架空与自然地形形成空间延续，屋顶花园作为起居室的延伸，有草地、花池以及公共空间，并采用框景的设计方法将周围的原野风光与屋顶花园融为一体。柯布西耶的设计思想提出了与现代建筑相适应的一种现代园林风格，为景观设计师提供了如何将现代建筑的语言应用到景观设计中的成功案例。

4.赖特

赖特将自己的建筑称为“有机建筑”（Organic Architecture），著名建筑学派“田园学派”（Prairie School）的代表人物。他经常谈到有机建筑理论，认为建筑是环境的一个必要部分，就像从大自然里生长出来似的，它给环境增加光彩，而不是破坏环境。赖特认为有机建筑就是“自然的建筑”，摸索建筑由实体转向空间，从静态固定的空间到流动的连续空间，再到序列展开的动态空间，最后达到戏剧性的空间。“地面上一个基本的和谐的要素，从属于自然环境，从地里长出来，迎着太阳。”房屋的设计应该像有机的自然植物一

图1-15 流水别墅 赖特

样。赖特经常采用一种几何母题来组织构图和空间。1911年他设计了“西塔里埃森”（Taliesin West）作为学校和居住建筑。他在一个方格网内，将方形、矩形和圆形的建筑、平台和花园等组合起来，用这些纯几何式的形状，创造出与当地自然环境相协调的建筑及园林。这种以几何型为母题的构图形式对现代景观有很大影响。

赖特设计的建筑作品中最著名的是“流水别墅”。建筑与地形紧密结合在一起，山石、流水、树林与水平挑出的平台融合在自然之中。赖特的作品注重与环境的结合，给了景观设计师很大的启发。他的设计真正将人工的建筑与自然的景色浑然一体，相得益彰（图1-15）。

5.巴黎“国际现代工艺美术展”和法国现代景观设计

从19世纪下半叶到第二次世界大战，巴黎一直是世界视觉艺术的首府。以这里为中心的有印象派、后印象派到野兽派、立体派、超现实主义学派。巴黎良好的艺术土壤汇集了莫奈、塞尚、罗丹、凡·高、马蒂斯、毕加索等众多伟大的艺术家以及天才建筑界大师柯布西耶。他们的思想意识和艺术风格是推动现代景观设计诞生的巨大动力。

1925年的巴黎“国际现代工艺美术展”揭开了法国现代景观设计新的一页。展览上梅勒尼考夫设计的“构成派”苏联馆，柯布西耶设计的“新精神”居住建筑，使这次展览具有重要的现实意义。这次展览会，让观众欣赏到了具有现代特征的园林和建筑，这在现代景观设计历史上掀开了崭新的一页。近代的法国景观设计重视场地设计，注重实效景观、注重地域景观的再现、注重简约和生态的理念。

第二章　文化景观概述

2

《易经》贲卦，彖传上讲："刚柔交错，天文也；文明以止，人文也。关乎天文以察时变，关乎人文以化成天下。"文化（culture）是一个繁杂的整体，是人类在社会实践过程当中创造出来的物质财富和精神财富的全部之和，它由教育、科学、技术、艺术等各种要素组合而来。文化不仅影响着经济的发展规律、社会的道德水平和民众的生活品味，同时反映着特定的历史进程以及区域环境，还有特定的人类种群的存在状态、风俗习惯和思维方法。

第一节　文化景观的概念

一、文化景观概念的提出

人类的生产活动产生了文化，同时也产生了文化区域。文化是在人类进化的过程中自然而然衍生出来的，它不是人脑的固有产物，但却依赖着人类的社会生活而存在。文化是在大自然中生存却从来没有被人类改造过的存在物，文化的创造可以说是人类最伟大的创造之一。文化是经过人类有意或无意加工制作出来的内容，从这个层面上来说，单纯是自然中形成的地形地貌、山水景观，即使是人类生硬地选出了良莠优劣，也很难用文化这个词来诠释。所以说文化记录了人类的全部思想和行为，同时反映了人类存在的主要价值。文化区域是指一个地区的人群拥有着某种共同的文化属性，这一地区的人群在经济、政治和社会方面具有独特的统一功能的空间单元。在同一个文化区域当中，自然地理特色方面也具有明显的差异，但是从文化特征方面来说，不同的地理特征具备相似的文化特色、文化通性以及共同的空间属性。当一种具备自然属性的事物在经过人类的创造性劳动之后，它的自然特性就和文化特性融合在了一起。

文化景观概念的提出，对于保护区思维和遗产保护的整体发展具有示范意义。1992年，世界遗产委员会将"文化景观"纳入世界遗产的新类别。将文化景观引入世界遗产领域，使人们意识到这些景点并非孤立的存在，它们在时空上的文化联系超越了单一的古迹和严格的自然保护区，同时，世界遗产体系对文化景观理念的传播和认可产生了多重影响，这具有里程碑的意义。

澳大利亚古迹遗址保护协会和美国国家公园管理局制定的方法的出台，使之更具有效性地巩固了1992年以前存在的文化景观遗产管理，并且人们通过各种不断尝试，将景观视为遗产，并将遗产置于承认自然和文化多种叙述，使之融入非物质遗产更广泛的框架内进行保护。

二、文化景观与自然景观的关系

文化景观在原有自然景观的基础上充分体现了文化的特征。文化景观与自然景观相互成就，以自然景观为基础，挖掘当地地域特点丰富自然景观的文化内涵。我们熟知的自然综合体如高山、河流、彩云、瀑布、沼泽、草原、沙漠等都是自然景观。自然景观作为原始景观首先表现的是自然环境原来的地理事务，最后形成一种自然综合体。文化景观在自然景观的基础上附加了人类活动的形态，是人们利用自然物质加以创造，而使自然面貌发生明显变化的景观，也称为人文景观，例如城市、村庄、园林、寺庙、农田、工厂、道路等。如今，人们的审美意识已经发生了变化，对景观的要求除了在审美上要与现代生活相适应，同时也要求满足功能上的需求。同时，在经济和社会的双重影响下，文化景观和自然景观相融合的趋势越来越明显，两者相融合产生相互持续交替的影响，创造出两者延续性的关联状态，文化景观成了这一状态的外在表现的载体。当然，自然因素凭借自然环境中独有的地域特点为文化景观的建立和发展提供了各种条件，最终文化景观的呈现往往与地域文化相结合。地貌、动植物、水文、气候和土壤等作为文化景观基底的自然因素，在文化景观中的作用各不相同，其中地貌因素常常对文化景观的宏观特征会产生巨大作用，从而影响景观的人文程度。同样，即使在森林景观、草原景观、沙漠景观、江河景观、海洋景观中，生物因素仍然是文化景观中的鲜明要素。

三、时间和空间对文化景观的影响

时间和空间共同影响文化景观的发展，对文化景观发展起着制约作用。文化景观的发生、发展既离不开时间，也离不开空间。在时间方面，同一地区的“人群共同体”，因生活环境的变化和文化自身运动规律的不同，在不同的历史阶段形成了不同形态的文化景观；在空间方面，不同地区的“人群共同体”，在不同的生存环境中，逐渐形成各具风格的生产方式和生活方式，培育了各种类型的文化景观。文化景观的这种特性可以明显反映于区域特征。文化景观的分布特征，就是在历史发展过程中，在时间上不断出现、演化、替换、消长，在空间上不断产生、交流、扩散、整合的结果。因此，必须回溯漫长的历史，探究不同历史时期中人们在某一地区的文化贡献，以明确该地区文化景观的发展过程，也必须放眼广阔的地域，探究不同地理环境中人们在某一时代的文化贡献，以明确该时代文化景观的历史创造。上述时间过程和空间过程相互作用的结果，使文化景观在一定区域范围内，产生具有不同功能的文化景观类型，这些不同类型的文化景观又相互联系，构成总的文化景观体系。文化景观充分体现出一定时期里，在物质条件限制和自然环境提供的机会的影响下，在内部和外部连续的社会、经济和文化力量的作用下，人类社会及住区的演变过程，以及各种文化现象与文化成就。

四、文化景观的系统性与整体性

文化景观体现系统与整体的综合价值。由于受环境的影响，文化景观往往容易反映出不同区域独特的文化内涵。在社会、宗教、文化等方面，与环境共同影响形成独特的文化多样性特点，显现出丰富多彩的内涵和博大精深的文化底蕴。文化景观作为一个完整的系统，可以充分代表和反映其所体现的文化区域所特有的文化要素的整体，体现出一种整体性。由于它的场所位置，文化景观中的每一要素都发挥着不同的作用，同时它超越于“各组成部分之和”，即使其中每一处景观要素并不出众，但是加以系统性、整体性创造，就是一处无与伦比的文化景观，最终被整体有意义地接受。因此，对于文化景观的考察和评价，不能就某一地点论某一地点，就具体景观论具体景观，只有从系统的、整体的角度来看待和认识文化景观，才能使其经典的地位和突出的价值彰显出来。同样，文化景观系统的复杂构成必然表现出局部微观的多样性，系统性与整体性应该和多样性与协调性相统一，共同展示出文化景观特征的主旋律。

五、文化景观与过去、现在和未来的关系

文化景观将人类文明的过去、现在和未来紧密联系在一起，因此人群与景观的长期连续互动成为文化景观的明显特征。在不同人群、不同时期、不同文化背景和不同社会需求的背景下，文化景观的发展都与人类活动密切相关，文化景观在过去原始景观的基础上加上现有科学技术、审美意识等设计手法形成如今普遍的景观现象，但是文化景观也在不断寻求人类与自然和谐共生的存在价值，不断将人类对未来的思考加入景观设计中。纵观每一部文化景观的历史，都是一部和人类活动相伴相长的漫长历史。文化景观的价值也是在人类与自然的不断协调、呼应和互动中得到体现，成为不断变化、始终鲜活的文化形态。文化景观虽然是在一定条件下建设成的固定文化资源，但是由于历史的长河在滚滚向前，人类文明的脚步从未停歇，文化景观所处的局部区域无论是时间还是空间都是在不断变化发展的。由于所研究的局部区域以及具体事物大都属于开放性系统，在这样的系统中，物质和能量能进能出，所以说不能把文化景观看成是静止的、固定的，它们有着自己的形成发展过程。文化景观所赖以维系的这种互动的关系，不仅在过去发挥重大作用，在现在和未来仍然发挥重大作用。文化景观是在自然景观的基础上增添了人文气息，通过文化理念的指导在自然环境中提炼文化元素、发现景观特点、创造文化景观。文化景观是一面镜子，能够反映出一个国家和民族的文化特色和发展水平。景观的客观存在为文化发展提供了追根溯源的价值依据，文化景观的建设水平也反映出文化的进程和人类对自然的态度。文化景观随着历史演进，体现出不同的时代特征，对于前人文化创造的业绩和所做出的的贡献，后人应怀有感恩之心与敬畏之情，悉心加以保护，使历史与现代之间具有时代传承性。

此外，在自然和文化的融合方面也有所进展，尤其对于土著遗产，关联性文化景观类别的非物质层面将土著居民的文化与所居住的空间联系起来，使他们能够作为景观的一部分。在许多情况下，土著居民表示文化景观更符合他们的文化观点和宇宙观。总的来说，文化景观的“思想”“目的”“实践”似乎正在为更全面和以人为本的遗产概念开辟一条道路。文化景观理念创造了新的表现空间和可视性，也让更多新的、更复杂的地方被视为遗产。

六、社会现实对文化景观的影响

封建统治阶层对先进的文化思想进行麻痹和刻意打压，自宋代以来的文人画家一直排斥现实主义题材的艺术作品。改革开放以来，中国经济迅猛发展以及国际文化的交流日益增多，艺术家群体作为中国知识分子的一支重要力量，开始着眼于人性与社会关系的考量，逐步确立了充分关注社会需求的设计态度，尝试建构多重的文化景观设计创作方法，以及勇于独立批评和自我否定的公共形象。如今的社会现实纷繁复杂、变化多端，高科技手段就像吸盘一样吸引着设计师的注意力。因此，现实主义的文化景观设计方法已经成为中国近现代以来，设计师借助作品反映时代特征与需求的常用方法，使他们更多地利用科技手段介入观照现实本身和社会现实的变化之中，每一个设计作品更加符合实际。20世纪80年代成长起来的设计师与中国改革开放的步伐同步，大多设计师对现代主义以来的艺术形式特征具有敏感性和兴趣点，他们试图从景观的形式革命入手以求设计观念的更新。设计表达的现实背后隐喻了一种新的现实态度，最能直接表达其真实感受的还是文化景观现实本身和形式语言中的现实主义传统。如今的文化景观设计处于新的中间性现实阶段，这个阶段还包括了虚拟现实的特征，同时也是高科技与传统文化的中间性混合体。断层的文化为设计师的创作提供了无法逃避的真实土壤，也促发了“新现实主义”的中间性特征。这种中间性特征介于本土文化与全球化文化之间的复杂内容，回应了经济的全球化和文化全球化相互交织影响下的文化。在物质与景观不断复制的语境下，“设计的中间性”的现实语境是一种文化的正向发展和城镇化进程基础上的不断高度叠加，体现在文化景观设计作品上则多表现为对现有现实物质的带有跨时空意义的重组。

七、文化的形成

每一个社会阶段一定具备与之相匹配的文化，无论哪一种文化的形成和发展过程都是不断地积累和潜移默化的，并且随着物质生产的发展而发展，在积累的过程中逐渐形成了文化的积淀和内涵。传统文化自然就是上一辈人传承给下一辈人，继承后的人类根据自己的生活经验和需要对传统文化加以改造，人类一代代都生活在特定的文化环境下，并对传统文化进行不断地创新。因此，文化自身是在接连不断的革新过程中不停地产生、发展的。吴良镛院士认为“文化是历史的积淀，它存留于建筑间，融汇在生活里，对城市的营造和市民的行为起着潜移默化的影响，是城市和建筑的灵魂”。所以说，对文化的研究就是对人类生存状态的研究，以及对人类的过去和未来的研究。在世界文化体系中，各个部分的功能都是相互依存的，结构是相互联系的，这些部分共同协作施展着社会整合和社会导向的作用。孙家正在《文化与梦想》一书中说：“文化关系一个民族的素质，渗透在社会生活的各个方面，它的教育、启迪、审美等功能，更多的是发生在潜移默化之中。文化如水，滋润万物，悄然无声。”文化表现为一种人们生活体现，文化是人类的重要发明，也是区别于其他生物的根本特征。无论是一杯茶还是一杯酒，一首歌还是一首诗，一场聚会还是一场离散，一次旅行还是一次回归，应该说文化都彻彻底底地融入人们的日常生活中。

八、景观的内涵

景观（landscape）是一个极富内涵的用语，是指人类能看到的所有视觉现状，可以理解为视觉美学意义上的概念。在地理学中则被认为是地球表面各种地理现象的自然综合体，即由各种物体和现象（地貌、大气、水、土壤和生物等要素构成的）有规律地组合在一起的完整的地表地段，有着特别的学术涵义。简单来说，景观就是人与自然之间以及人与事物之间形成的所有可以看到的景象，景观的主要目的就是处理人与环境的关系。在现实生活当中，景观不仅狭义地指欣赏景色的问题，还包括人们对于景的观察和理解以及感受。“景观”一词在希伯来文本的《圣经》旧约全书被用来描写所罗门皇城的壮丽与辉煌，而在古代欧洲最早是用来作为个人或集团拥有的一块面积有限的土地的佐证。后来，景观被赋予更现代的含义大多是受荷兰风景画的影响。其实，人们对景观的理解主要是一种综合的、直观的视觉感受与主观体验，并没有明确的空间界限划分。随着时代的发展，景观更加强调文化的内涵与表达，并且在建筑、城规、园林、土木水利、测绘、遗产保护、非物质文化遗产等专业领域中得到广泛使用和认可。

地理现象可以分为自然地理现象与人文地理现象两大类。人们总是习惯性地赋予某种文化标准，随着人们对环境的认知范围不断扩大以及地理环境和自然景观的不断变化，景观自然而然的也分成自然景观和人文景观两类。自然景观是指较少受到人类的直接影响或未受人类影响的自然界原生事物；人文景观则是人们在自然景观的基础上，为了满足实际使用需要，从而利用自然界的动能，附加上活动的结果而形成的景观，而这种结果在活动地区上留下了人类文明足迹。人文景观产生在人与自然环境之间长期持续的相互作用下，可以认为，留下了人类文明足迹的地区就是文化景观。在遥远的荒芜时代，自然景观覆盖全球，由于生产力低下以及对地理环境的认知狭窄，人类没有能力改变大的自然环境，改造环境仅限于居住的洞穴。自新石器时代后期，随着人类对于工具的掌握以及种植业的发展，人们生存的环境中越来越多的区域打上进化后产生的文化印记。尤其是20世纪以来，随着科技的进步，人类踏遍了地球的各个角落，所到之处无一例外都被人文景观所覆盖，并且这种人文景观随着时代的进步与变迁，越来越呈现出复杂化与多样性。因此，大多数学者认为当下“景观”一词都与文化有关联，几乎都植根于人文景观概念。随着社会、经济发展以及科技的进步，人们的活动更具广泛性，结果就是直接导致了自然景观的文化性不断加深，自然景观以前所未有的规模急速减少，完全纯粹的自然现象综合体几乎不存在了。无论是从生态还是人文的关注角度，或是从感官的直接体验到理性的认知升华，人文景观都具有文化与自然价值的双重融合，因此说它指引着人与环境关系的未来可持续发展的方向。

九、文化景观的发展

文化是一个地方的人们稳定下来的生活方式的总和，其中包括物质与精神传承、价值观与世界观、宗教信仰、社会组织形式、经济模式、生活习惯、对未来的态度、对自然的认知与审美取向。因此，景观就是一个地方的风景，可以说，所有的景观都属于文化景观。

文化景观（cultural landscape）是文化在空间上的反映，是一个种族落实于地球表层的文化地理创造物。“任何一个有特定文化的民族都会通过建造房屋、开辟道路、耕种土地、修筑水利工程、繁衍或限制人口、传播宗教等活动改变其生存空间内的环境。这种人所创造的物质或精神劳动的总和成果，在地球表层的系统形态就被称为“文化景观”。文化是催化剂，自然是媒介，文化景观是结果。在自然环境形成的制约条件和机会的影响下，人类社会和居住地点经过历史的岁月而获得的价值。因此，文化景观是人类文化与自然景观相互影响、相互作用的结果，是自然和人文因素的复合体。“文化景观”反映了人类和自然环境共同作用所展示出的多样性。文化景观既包括平面的，也包括立体的；既包括自然的，也包括人为的；既包括静态的，也包括动态的；既包括物质的，也包括非物质的，等等。它们既是历史的产物，又是历史的载体，反映的是政治经济、文化艺术、科学技术、宗教信仰、民俗风情等社会各方面的情况，而它们存在的过程中，又记载了历史发展进化中的各种信息。

文化景观，即人文景观，是在自然景观的基础上加入文化元素设计而成的景观，其概念包含三个要点：一是自然物质基础；二是人类有自己的创造行为；三是表现了人类活动形态。文化景观可以向人们传递传统精神和地域特色，是联系过去与当下、地域与地域之间的纽带。最主要的体现就是聚落，其中还包括服饰、建筑、音乐等。建筑方面的特色反映为城堡、宫殿以及各类宗教建筑景观，都体现了与之相对的时代背景和文化艺术特色。

文化界有多种对文化景观的定义，常见到的有以下四种。

第一种定义是说随着时间的发展，一部分风景与人类的活动融合在一起，这其中包括建筑、道路、摩崖石刻、神话传说、人文掌故等。因此，文化景观是由社会、艺术和历史共同作用产生的，不同历史时期的文化景观，它们的历史环境、艺术思想以及审美标准均有差异，举例来说有名胜古迹、文物与艺术、民间风俗和其他观光活动等。

第二种定义是指历史文化的古迹，如文物古迹、宗教圣地、民族风情和古建筑等。

第三种定义是说人类社会可以作为景观，整个人类社会的各种文化现象与成就其实就是以人为事件和人为因素为主的景观。

第四种定义认为文化景观是指旅游资源所特有的地方特色。文化景观带给游客的是形象美和意境美的统一，在很大程度上能够反映出特殊的历史、地方、民族特色或者是一种异国、异地的特殊情调（图2-1）。

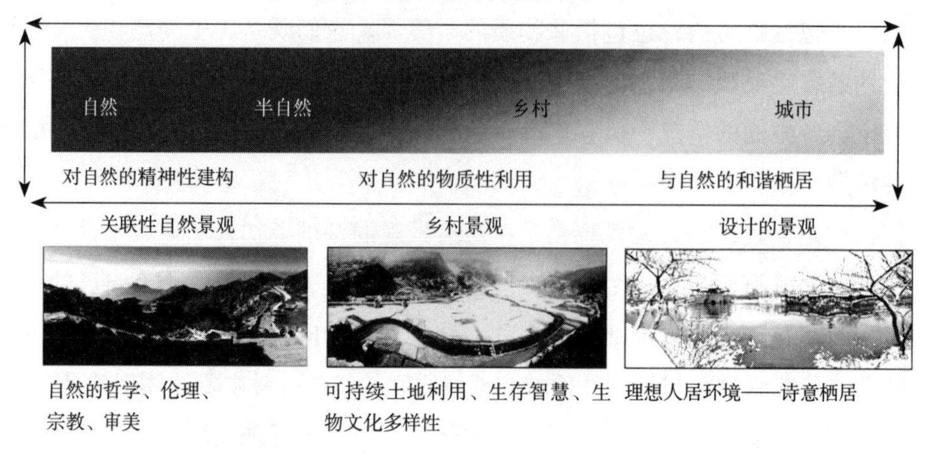

图2-1 文化景观类别及其空间序列

第二节 文化景观的延伸

本书中所介绍的文化景观，主要是在自然景观的基础上加入文化元素设计而成的景观。

迪肯大学的约翰·列农（John Lennon）认为：尽管澳大利亚承认并采纳了文化景观的概念，但除了一些土著人管理的地区，如国际上公认的具有普遍的文化价值的国际示范区乌鲁鲁，对自然区文化价值的管理并没有得到改善。承认仍有一些紧张和不确定的问题存在，并不会削弱现有成就的重要性。但是，我们观察到，有关文化景观遗产管理的对话陷入僵局，而早期的创新势头正在减弱。关于文化景观的历史和理论发展、概念框架的定义、类别和关键要素，以及赞扬文化景观遗产管理益处的案例的讨论，如今已是司空见惯。虽然这种熟悉是成就的标志，但我们想知道该对话的下一个步骤该如何进行，如何在我们参与的众多以文化景观为主题的专题讨论会上找到新的想法，而不是对我们已经足够了解的话题反复进行讨论。

在遗产学科中，我们一直立足于萨奥尔在1925年提出的文化景观的概念，或者受1979年伯克利学派所提出的文化景观框架的束缚。因此，在与其他学科（如文化地理学、环境科学、文化研究、人类学等）一同进行景观构想的调查和实验时，遗产研究失去了自己的节奏。而且，对定居者社会而言，我们努力尝试将更广泛的文化景观构想和实践纳入基于属性的遗产框架中，但这些遗产框架专注于土地利用和开发控制，因此在非物质性方面有所欠缺。为了将这个“遗产框架”的含义以及它的工作原理形象化，我们想到了给儿童用的玩具，不同形状的物体只能被放入形状与之对应的孔中。通过这种视觉上的类比，我们认为，文化景观通常可以被看作一个复杂的对象，无论怎样努力，都难以将文化景观的构想、实践和目的强制转化为标准化的遗产模型。

在这些得到人们认可的成就的背景下，值得注意的是，在20世纪90年代初，为文化景观遗产管理全球化做好准备之后，除了汤加里罗国家公园和乌鲁鲁–卡塔丘塔国家公园分别被重新定义为关联文化景观，澳大利亚和新西兰都没有再获得世界遗产文化景观的提名（尽管澳大利亚一直在进行一些可能得到文化景观提名的项目）。

我们还面临遗产理论与实践脱节的问题。多学科（或跨学科）协同运作并不总是可行的，资源越来越倾向于在新发展或土地利用的变化之前进行以遵从为导向的影响评估，从业人员越来越感到与学术同行渐行渐远。由于这些因素，人们可能会犹豫不决，并放弃已经确立的文化景观构想和实践，这减缓了20世纪90年代取得的进展。为了重新制定文化景观议程，以便能够专注于新的优先事项，例如“生态途径”“将文化映射到景观内部”的思想，“知行合一”的理念。

本杰明·霍夫（Benjamin Hoff）指出：有时学者的知识比较晦涩，因为它与我们对事物的经验不符。换言之，知识和经验不一定是同一种语言。但是，来自经验的知识难道不比来自书本的知识更有价值吗？很明显，对于有些人来说，很多学者需要走到外面去嗅嗅，在草地上走走，和动物们聊聊天。近20年来，文化景观观念逐步被人们接受并被纳入遗产管理体系。面对新形势，需要重新规划议程并将重点放在新的优先事项上。因此，笔者将借鉴以往以社区参与为基础的实践工作经验，思考新兴的遗产研究和跨学科领域的理论基础对于遗产实践的影响，将从几种相互关联的视角分析文化景观的成就、差距以及其潜在的未来，旨在提高文化景观遗产管理效用。所谓“文化景观遗产管理”，是对如何将文化景观的思想转化为遗产管理的实际领域这一过程的总体描述，包含了为与“遗产框架”或为遗产保护而建立的专业评估、保护、管理系统相结合而发展起来的“文化景观构想”。这些构想包括（有意识或无意识地）从社会和自然科学等学科中汲取的理论，为“文化景观实践”奠定基础。

近年来，随着经济全球化的发展，民族文化受到全球化的冲击，本土文化遭受巨大的挑战。但是，生产力的发展使人们的审美意识和精神文化需求也在不断提高，针对文化景观的缺失和景观文化的迷茫，我们也在丰富精神文化生活和可持续发展景观方面提出了人文关怀。文化景观设计在面对挑战的同时也在积极寻求发展策略，首先丰富精神文明建设是对景观设计的必然要求。景观作为人类生存的基本空间首先给人直观的视觉体验。其次服务于人类的基本生活是景观必备的普遍价值。在满足基本价值的基础上探究视觉和功能体验需要充分挖掘人与自然相互协调、彼此作用的关系，这其中反映了人类文化和创造力，一定程度上也是人类理想和希望的折射。最后，景观能够传递美的信息，带给人美的感受，服务于人的精神生活，影响人的生活质量。随着人类生产力的发展，人们对于生存环境以及人与人之间关系有了更深刻的认识，因此强调可持续发展景观中的人文关怀，成为景观设计的重要思想。

景观项目的文化策划变得日趋流行，常常成为一个项目能否被人接受，招标能否胜出的关键。不少甲方希望通过文化来挣钱，一些人想要文化来创业绩。这就要求景观设计师不仅要懂得怎么设计出有文化的景观，同时又不能像那些风行的所谓“文旅”景观一样流于表面。

为了讨论的方便，我们可以简单地把文化景观定义为“那些围绕着人、物、事所构成的空间关系”。“人”是文化的，是构成文化景观的主体。没有人，文化就无从说起。“物”指的是与人相关的外部环境。围绕着人所形成的物质空间，无论是自然还是人造的都是文化的物质载体。经过了人为干预的空间要素，目的是为人所使用，成为生活所需，便有了文化的意义。“事”是人与物，人与人之间发生的各种关系，是历史、当下与未来的集合体。

文化是围绕着人的生活建立起来的；是人在景观之中的行为、感受、相互交流的方式；是文化的实际内容。空间和物像是文化的表皮或痕迹，不是文化的真实内容。景观空间里所有的故事和正在发生的事就是人的生活经历。设计的文化驱动应该是为人创造一个所需、所爱、所求的生活。

景观文化也分传统文化、流行文化和创新文化。文化总是要有所继承的，然而过于醉心于传统文化，人会不可自拔；跟着流行文化瞎混，未免流于肤浅，不得要领，只有认真探究文化的根本，从人性、自然性、生态性出发，我们才能保持定力，不被眼前的迷障蒙住了眼睛。设计师最终要做回自己，积极创新，才能作出好作品来。

一、文化景观的在地性

随着文化人类学家对景观的重视和研究，景观的人类文化学兴起。通过立足当地民众的社会文化背景来把握景观设计的方法，是景观人类学的基本视角与调研方法。这为景观设计师提供了文化人类学角度的探索，本书中称为文化景观的在地性。文化人类学是在对国内外"异文化"的研究的基础上，到国内外的不同族群居住，从而长期参与、观察、理解、记录当地人的行为模式、思考方式及美学观、世界观、价值观等以及各个民族、族群与周围环境的多样关系。

随着文化人类学家开始关注景观设计，景观人类学领域由此兴起。"被人为地赋予了文化意义的环境"是该领域内对景观的一般定义。景观人类学所探讨的是不同族群赋予环境以文化意义的过程，这是他们充分利用各自的价值观、思维方式、行为和意识形态的结果。人们创造了多种多样的景观，而景观人类学的着眼点在全球时代的正式经济条件下和这一过程中多发的景观冲突。例如，由地方政府、开发商、旅游公司等"外部人"创造的"外部景观"，这些都是在全球空间普遍均质化的过程中出现的带有显著地域特色的景观，当然这些景观主要为了维护殖民地统治或推动地方经济发展。由于这类外部景观与原著人的记忆和生活实践中的内心中原有的景观相悖，由此引起诸多社会问题频发，因此研究景观的在地性尤为重要。人类学家不仅需要探讨对社会的地域环境认知，还要研究族群文化与景观设计的关系，更要保护对当地人来说不可缺少的地域文化景观。

依据景观人类学的视角与方法，笔者通过对山东青州市、福建梅州市进行城市景观设计的田野调查，并以此对景观人类学的调研方法对景观设计过程的影响进行了总结。青州人口汉族为主，主要有汉、回、满等29个民族。梅州是客家人比较集中的聚居地之一，被誉为"世界客都"。20世纪90年代以来，为推动地方经济的发展，这两座城市的政府和开发商等分别以当地各自的族群文化为基础构建城市景观。

通过对几个社区（村落）的居住与调研，笔者发现当地居民包含了不同背景的居住集体。一边访谈一边观察当地人对环境的认知及其行为；同时考察当地的亲属关系、社交网络、经济结构、节庆活动、饮食习俗、民间信仰、风水等其他社会文化因素，以及当地居民在性别、年龄、职业、经历等方面的多样性。另外，人类学家还需探讨当地的政府、学者、媒体是如何用“科学”方法，尤其是文化相对主义的观点，总结出各族群文化的特色的，设计师又如何利用这些特色进行景观和建筑设计。由于当地居民往往无法直接表达出他们与环境的关系，因此人类学家需要通过长期的现地考察来理解景观和其他文化因素。值得注意的是，设计这些外部景观时一定是要深入了解当地生活的本地人，否则这些设计可能会与当地居民所熟知的内部景观相背离。

通过田野调查研究发现，在青州的老城区，青砖、青石、满洲窗、牌坊、私家庭院等建筑元素独具文化特色，另外，佛教、道教、基督教、伊斯兰教、天主教在青州广为流传。这些文化元素常被应用于当地的建筑、装饰等设计中。在福建梅州，圆形土楼被定义为具有客家文化特色，设计师青睐于利用该形状元素设计博物馆等公共设施。在中国绝大多数城市的老城区都有老城市居民和外来居民的区别。老城区居民可能来自当地不同的村落和社区，外来居民则包含了移居至此的工人、商人和上班族等。由于文化背景不同和对居住城市文化的理解不同，由此也造成了他们对景观的认知和实践存在差异。

笔者在做田野调查或工程实践时，经常听当地人说某些景观是“假”的。对于外来者来说，他们积极接受外部景观的意象，非常愿意用青砖、满洲窗、壁雕等元素改造自己的建筑及居所；对于老城区居民来说，青砖、满洲窗、青石、砖雕等属于过去当地的高级文化，并不能代表普通人的日常生活状态。21世纪以来，在全国各地地方政府的主导下，不少城中村建起了牌楼等标志性建筑。田野调查中发现不少牌楼的建立引发了村民的极度不满，主要原因在于牌楼的位置不在村落的边界，牌楼的颜色过于单一，与村庄整体环境不协调。日本文化人类学家片桐保昭认为设计师是“信息处理的核心”，通过以上案例，当地居民与环境之间的关系是与当地的文化底蕴、民间信仰、民风民俗等因素密切相关的。而设计师若不了解当地独特的地异文化，设计结果便可能引发当地居民的不满。我们思考文化景观设计，需要通过参考多种多样的既有形态，以及科学背景与本地文化，以此创造新的设计形态的能动体。如果设计师能够按照这个理念探究、了解村民的社会和文化背景，设计出的景观才能贴合村民的愿景。

位于梅州的中国客家博物馆外观形态类似圆形土楼，而梅州传统民居以围龙屋为主，历史上并未出现过圆形土楼。单纯从建筑外观看客家博物馆的建筑设计还是背离了梅州当地居民的生活环境。综合考量中国客家博物馆，实际上整个建筑的空间结构是与围龙屋相近的，且在博物馆的“上厅”部分，设计了仿照围龙屋入口的图案。类似的文化符号的设计在某些时候可以缓和文化景观中出现的问题（图2-2）。

从文化人类学的角度来说，除了符合科学背景之外，在设计中适当纳入当地的文化因素也是重要的设计技巧和规律。设计师可以通过文化符号的设计表现出整体的景观。值得重视的是：在日常生活中居民往往难以明确意识到自身与景观的关系，设计师在设计作品过程中不仅需要概括并应用地域文化特色，更应深入了解当地居民的需求，充分学习文化人类学视角下探究景观的方法与实践经验。

二、文化景观的营造

景是生活的景，观是文化的观。尊重地域文化、生活方式与审美习惯，

图2-2　中国客家博物馆

兼顾景观的自然性、社会性与文化性，兼顾开放包容。当下专业界限日渐融合、跨界，不再是多么新鲜的事儿。科技的日新月异造就了材料的多样性，材料本身肌理和质感丰富了设计的外在表现形式。以下以古典营造为例讲述文化景观如何营造。

《晋书·五行志上》："清扫所灾之处，不敢於此有所营造。"营，本身有经营、规划、图谋之意。因此，营造不只是根据设计好的方案按部就班地落地实施，还要结合现场变化，以及后续苗木、置石的二次深化。营造，不只是施工，好的景观都是三分设计七分施工。不仅如此，在时间维度上需要几十年乃至数百年的不断更新才能造就一处名园，所以在景观设计领域，基本没有可衡量的用于评判的客观标准。园林与景观既有相似之处，又不完全相同。园林总是从造景开始，却又融合了生活场景的考量，注重法度并最终寻求文化景观意境的呈现与融合。《园冶》中曰："三分匠人，七分主人"，园林"融会生活，能主之人，巧于因借，精在体宜"，八个字道出了"营造"之精髓。这里所说的精髓、精致或许是对于文化景观效果的评判，精则隐现文化景观背后的考量与推敲。

对于文化景观设计作品的客观评判标准和主观身体感受，纵观当今的设计现状，设计本身缺乏客观可衡量的评判标准，文化景观尤其是园林工程本身给人的直觉感受总是源于主观判断。让人捉摸不定的审美是一种主观感受也是建立在人文积累基础上的综合评判，因此文化景观的意境只可意会而不可言传。景观设计师的社会责任感是从人文及生态学的角度去寻找，如生态学维度、社区微气候、可持续发展、城市双修等。炎夏苏州的街巷间头顶烈日，不见凉风，闷热而疲惫。当我们随意进入一所古典园林，一阵穿堂风吹过后暑意全无，惬意的心情逐渐清醒，这是关于微气候的初体验。古典营造中的门洞、窗洞是简单、巧妙的自然通风系统装置，将风向作为设计时的一个基本因素，在合理的墙洞开口，加快空气流动达到降温的目的。以下以古典营造为例讲述文化景观的营造内容。

（一）古典营造的基本元素

1. 漏窗

计成在《园冶》一书中将漏窗称为"漏砖墙"或"漏明墙"，漏窗本身有景，窗内窗外之景又互为借用。在生态方面，漏窗本身是利用风洞效应，促进空气流通，既增加了墙面的明快和灵巧效果，又通风采光，一举两得。20

图2-3 狮子林漏窗

世纪50年代，刘敦桢先生对苏州古典园林作了深入细致的调查。狮子林的“四雅”漏窗极具文化底蕴，即琴、棋、书、画四漏窗。所谓“四雅”，指的是古代文人所喜爱的琴、棋、书、画四桩雅事（图2-3）。

2.筑山

筑山是造园的最主要的元素之一，原为平衡场地土方。在炎热的夏季对气流、阳光的接纳、捕捉与遮挡具有一定的作用。中国传统筑山设计具有技术与艺术的双重特征，追求艺术与技术的结合，以艺驭术的山水之理，综合了山水诗画、山水文学、环境生态、工程技术等考量。

3.理水

“山得水而活，水得山而媚”。在园林设计中，水的处理有动态和静态之分，理水在功能层面可以作为调节环境气候的一种基本设施，巨大的水景可为临水的亭榭轩馆周边带来足够的空气湿度。自然风景中的江湖、溪涧、瀑布等具有不同的形式和特点，为中国传统园林理水艺术提供创作源泉。而我们乐衷的造园手法，如框景、借景、透景等，却在功能之外，最终发展成为一种逻辑严谨的形式美学。

4.框景

《园冶》中谓：“藉以粉壁为纸、以石为绘也。”框景是建筑艺术园林构景方法之一，是功能之外的形式美学。中国古典园林中的建筑的门、窗、洞或者乔木树枝抱合成的景框，往往将远处的山水美景或人文景观包含其中。

古典营造因工艺传承太难，几乎无人会做。古宅修复与重新拼装，也包含了传统木作的复原与创新，古典与现代生活之间，一定有更好的切入方式。比如杭州的安曼法云酒店尽可能对原村落做保留，人有错而物无错。考虑融合当地人文历史与周边环境，也可满足客人的猎奇心理。而这种保留对古村落本身也是一种重生与可持续发展。老园子常用掇山所剩零星石料作花街铺地，日本庭园中铺地飞石常用磨损的磨盘制成，这些都是古典营造哲学中的物尽其用观。

（二）古典营造对新中式设计的影响和借鉴

夏世昌和莫伯治在《中国古代造园与组景》一书中说："中国造园艺术结构，可以从两个方面去探讨：一方面是以建筑空间关系为线索；另一方面是以风景线组织为内容，这就是造园的组景问题。"古典营造的借鉴意义是这些年我们一直在思考的问题。2020年以来笔者做过多个关于中式庭院的课题及实践，立意为传统空间、现代表皮、构园无格、借景有因。对古典园林营造手法作现代更新，摒弃拴马桩、月洞门等符号化的元素，在条窗、水景、风雨廊等设计中采用几何化的景观元素处理空间与因借关系（图2-4、图2-5）。

图2-4　山庭效果图

因为无论处于哪个时代，经年年日日的文化浸

图2-5　接待处效果图

润，耳濡目染，只要还在中国或者说东方文化体系中，这种影响必然是存在的。画着杭州美景的床板上写着诗句“梨花院落溶溶月，柳絮池塘淡淡风”的传统架子床；徽派老宅的门板、房梁、照壁、家具上的永远不变的母

图2-6　折廊效果图

慈子孝、耕读传家、平安富贵等主题是一种审美生活意义与传达的约定俗成，戏剧化的、诗书化的传统生活模式的熏陶深深地刻画在现代人的心中。在杭州未来悦中，条窗、折廊、挑台、立柱大多采用灰白调的曲折流线设计，在现代材料及视觉美学传统形式表象深处是古典营造的进一步升华（图2-6）。

（三）古典营造对景观设计的影响和借鉴意义

儒家文化影响下的宅院形制大多规整，强调礼序；道家文化影响下的园的布局则相对自由，随形就境，这就是中国古典居住哲学。隐藏在礼序背后的这种布局已经深深地影响到了现代景观设计。建筑意味上的消极空间，因园林介入而趣味横生，现代园林营造发展成另一套形式逻辑。古典营造偏好奇数，多见三、五格局，开间、制石、植树皆是如此。符合古典文化的约定俗成，取自然雅称之意。例如，网师园的松读画轩中，被刻意弱化的西边间（图2-7）。

苏州网师园松读画轩的西边间小书房，开间立面处理成一面白墙，后设天井，可做晾画之所。看松读画轩，东边三间。遥望松读画轩，曲廊随形而弯，依势而曲，蜿蜒无尽。在苏州诸园中，拙政园折廊临水而设，曲折尽致，

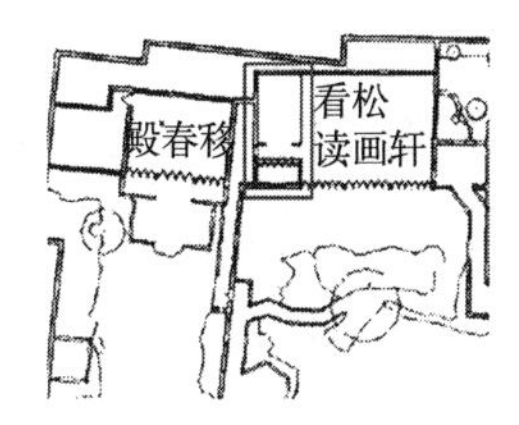

图2-7　网师园松读画轩

图2-8 苏州拙政园折水长廊

结合基地的山高水低，相间得宜，细微的造型变化最是动人。折廊东南贴水抱山而低，应和山水景物的形式变化，往北以古木蓄其根土而高，东遇埠头而低，连续不断的高低变化淋漓尽致地展现了人工建筑与自然基地的关系（图2-8）。

拙政园折水长廊为迎合廊子背面古树根部的生长空间需求高起一段，临水栏杆打开的部分具有游船埠头的功能。而半亭则解决了庭园边界的局促空间，这成为古典园林建筑中的特有形式并影响至今。

园林独有随形就势的魅力，突破空间限制，复廊用中间隔墙，开各式漏窗，两边皆可赏景，两侧景致相互渗透。漏窗使园内外景致相互渗透、迤逦不尽，复廊以墙的划分和廊的曲折变化来延长景观动线。

（四）在当下景观营造中借鉴古典营造经验

“营”是有预设的，包括设计、规划与施工。它包含了施工阶段结合现场实际情况的设计反思和优化，同时也是前期阶段的思考与设计，甚至还有时间维度上的经营。早期的营造从形似到形制依旧绕不开对漏窗、拴马桩以及亭、台、楼、阁、榭等元素的借鉴。漏窗、灯柱、花街铺地，廊下的南瓜灯从最初的形式模仿到结合项目实践，从尺寸比例到材料工艺，多个项目实践反复修正、更新、固定形制。以现代材料和工艺呈现新中式居住空间摒弃符号化的元素，传统文化语境下的营造反思，因借体宜以更简洁的形式、材料来实现空间的相互渗透。形式与功能最终必然以空间使用者的感受为重，中国情结最终演化成一种设计逻辑、思维方式与工作习惯。材料工艺的多样性与复杂性的本质是无法改变的，几何硬山水是以石材或混凝土的体块造型来替代传统掇山意境（图2-9）。

意境的呈现总是以情感的共鸣为载体在场地空间内呈现并被感知。从营造角度来看，古典园林具有叙事性，预设路径布置控制视点景观节点，以光影、空间暗示吸引游人前往——停留——观看。意境，在情景交融间得以呈现，眼前有景，触景生情。

图2-9　几何硬山水效果图

第三节　文化景观的设计范围

翟剑科《集景堂》"景观如何成为人类记忆与文化的载体，而被保留、被怀念、被传颂，或许每位景观设计师应该带着这样的使命感前行。"在文学、艺术、建筑、园林、舞蹈、绘画等领域中被人们啧啧赞叹的，往往都是能够深入人心的作品。在景观领域也经历了功能使用——视觉美学——身体互动——情感与记忆共鸣几个阶段，从过去只注重于视觉，发展到诉诸于五觉（视觉、听觉、触觉、嗅觉、味觉），再到沉浸式体验，那些真正动人的传统园林与现代景观作品一直传承至今。

"文化景观"一词自20世纪20年代起即已普遍应用，是由人类有意设计和建筑的景观。文化景观是人类活动所造成的景观，包括自然风光、田野、建筑、村落、厂矿、城市、交通工具和道路以及人物和服饰等所构成的文化现象的复合体，它反映文化体系的特征和一个地区的地理特征。文化景观包括出于美学原因建造的园林和公园景观，它们经常与宗教或其他概念性建筑物或建筑群有联系。它产生于最初始的一种社会、经济、行政以及宗教需要，并通过与周围自然环境的相联系或相适应而发展到目前的形式。它又包括两种类别：一是化石景观，代表一种过去某段时间已经完结的进化过程，不管是突发的或是渐进的。它们之所以具有突出、普遍价值，就在于显著特点依然体现在实物上。二是持续性景观，它在当地与传统生活方式相联系的社会中，保持一种积极的社会作用，而且其自身演变过程仍在进行之中，同时又展示了历史上其演变发展的物证。文化景观的概念由来已久。索尔在《景观的形态》一文中指出，“文化景观是任何特定时期内形成的构成某一地域特征的自然与人文因素的综合体，它随人类活动的作用而不断变化。”文化景观横向上可以存在于城市、郊区、乡村或荒野地等空间中，纵向上可以贯穿古今。

景观是人类文化发展历尽沧桑，不断地作用于环境的产物，是人类在大地上的记忆。人对景观的任何改造，都会将自身的文化渗透甚至影响或改变原来的景观，因此，文化通过景观来反映，而又改变着景观。文化是生存于地球表层的人类在特定的地理环境和历史时期内，所进行的一切能对地球表层中的自然环境和社会环境产生改变或影响的物质活动和精神活动的过程及其结果的积累。对文化景观进行分类在于探索它们形成发展规律的共同性和差异性，因而对它们进行分析、预测和分类，不同类别的文化景观，往往既有相似的发展，又有极其不同的演化历程。分类的方法可以按照景观的形态来划分，也可以按照文化景观的功能来划分。形态相近的文化景观，尽管职能各不相同，但是在发展演变规律、与周围环境关系、当前存在问题、保护应对措施等方面，往往具有共同之处；功能相近的文化景观，尽管规模有大小、形态上的差异，但其起源、特点、内部功能结构、今后发展方向等方面往往具备类似的特点。

文化景观作为历史与人类共同作用的产物，其涉及范围极其广泛，举例来说有历史古迹、古典园林、宗教文化、民俗风情、文学艺术、城镇与产业观光等。

（一）历史古迹景观

历史古迹景观是指人类社会历史发展的过程中遗留下来的遗址、遗迹、遗物、遗风等，具体来说就是历史文化遗址、古建筑、古陵寝，如长城、故宫、乾陵，以及历史文物。

（二）古典园林景观

古典园林景观是中国传统的造园式景观，在一定的范围之内利用和改造自然山水地貌或者人为创造出山水的地貌，结合植物种植和建筑布置构成一个可以供人们观赏、游憩和居住的环境。古典园林如果按照艺术风格来划分，可以分为西方园林、东方园林和中西混合式园林三种；按照营造的功能和目的，可以分为皇家园林、私家园林、寺观园林、坛庙、祠馆园林、大型湖山园林等；按照地理位置又可以分为北方园林、江南园林、岭南园林等。中国古典园林被公认为世界园林之母，是人类文明的重要遗产，蕴含着深厚的中华传统文化内涵，是中华民族内在精神品质的生动写照。古典园林的造园手法、建筑类型、建筑小品形形色色。其造园手法本着“虽由人作，宛自天开”的审美原则，崇尚追求自然精神境界，包括主景、配景、前景、中景、背景、全景、借景、对景、分景、框景、夹景、漏景、添景、点景等，手法多种多样。中国古典园林中的建筑类型也各有千秋，有厅堂楼阁、榭轩馆斋、室舫廊亭以及塔等元素。建筑小品的种类丰富多彩，包括园门、景墙、景窗、花架、花坛、园林雕塑、园桥、汀步、水池、圆凳、圆桌等。

（三）宗教文化景观

中华传统文化以儒家、佛家、道家三家之学为支柱，宗教文化属于传统文化，在宗教文化当中也大致分为儒家、佛家、道家。宗教景观有三种类型，分别是宗教建筑景观、宗教活动景观及宗教艺术景观。宗教建筑景观包括佛教建筑和道教建筑。其中有佛教的寺院建筑和佛塔，是佛教信徒供奉佛像、僧众居住、修行、举行法事活动的地方，信徒可以在此进香朝拜，寺院建筑是参加宗教活动的中心。中国著名的寺院有河南洛阳白马寺，郑州登封少林寺，开封大相国，河北承德普宁寺、普乐寺，西藏布达拉宫、大昭寺等；著名佛塔包括开元寺塔、佛宫寺释迦塔（应县木塔）、大雁塔、小雁塔、妙应寺白塔和少林寺塔林等。道教的文化建筑是道教的活动场所，包含神殿、膳堂、宿舍、园林四部分组成的道宫、道观，现存的道教宫观建筑大多是明清时期建成的，最著名的是武当山古建筑群，是我国最大的道教文化建筑群，被列入了世界文化遗产名录。

宗教艺术景观建筑主要包括宗教雕塑艺术、宗教壁画艺术、佛教石窟寺艺术、宗教摩崖造像艺术等。宗教雕塑中佛教塑像有释迦牟尼佛、弥勒菩萨、观音菩萨、四大天王、罗汉等，道教宫观中的塑像有玉皇大帝、王母娘娘、道教三尊、三官等。宗教壁画中，佛教壁画按内容分为尊像画、佛教史迹画、佛教故事画、经变画、反映传统故事和其他内容的画六种。佛教石窟寺艺术起始于公元3世纪，在公元5～8世纪发展到极致，中国佛教四大石窟包括敦煌莫高窟、云冈石窟、龙门石窟和麦积山石窟。宗教摩崖造像也分佛道两家，佛教摩崖造像在我国南方较多，如重庆大足石刻、四川乐山大佛、浙江飞来峰造像和栖霞千佛岩等。道教摩崖造像数量不多，最为著名的是福建泉州清源山的老君岩。

（四）民俗风情景观

民俗风情景观是一个地区的民族在一定的自然与社会环境下，在生产生活与众多的社会活动当中表现出来的各种风俗习惯，主要包括各民族的饮食、民居、服饰、工艺品、习俗、歌舞和节庆活动等。

（五）文学艺术景观

文学艺术景观有非常广泛的群众性和强烈的感染力，渗透在旅游景观中，具有旅游文化审美的价值和功能。在旅游文学艺术中有游记、风景诗词、楹联、题刻、神话传说、影视、戏曲、书法、绘画、雕塑等。

（六）城镇与产业观光景观

城镇与产业观光景观主要包括中国优秀旅游城市、国家历史文化名城、特色小城镇、现代都市风光和产业观光景观等。历史文化名城是在我国长期的历史发展中形成的，具有重要的传统文化价值，在军事、政治、经济、科学和文化艺术等方面也具有非常独特的地位。由于各类历史文化城市的历史时期和地理环境不同，其影响力也存在不同程度的变化。根据历史文化名城的形成发展和功能特点进行分类，可以分为古都类、地区统治中心类、风景名胜类、民族地方特色类、近代革命史迹类，以及海外交通、边防、手工业等其他特殊类，如北京、西安、洛阳、开封、南京、安阳、杭州是中国目前的七大历史古都。现代都市风光包括都市标志性建筑，现代商业、教育、科学、文化、体育、卫生等活动现象与设施，都市休闲娱乐设施等。产业观光景观主要包括现代生态农业观光、现代工业观光、高新科学技术观光、现代伟大建设工程观光（包括现代化建筑、交通桥梁工程、水利枢纽工程、航空航天工程等各种景观）等。

第四节　文化景观的功能

文化景观是文化遗产的特殊类型，是人类与自然的共同作品。从物质层面上来说，人类活动遗迹是由文化景观来集中体现的，在《中国大百科全书·地理卷》中指出，文化景观要素是“自然风光、田野、建筑、村落、厂矿、城市、交通工具和道路以及人物和服饰等所构成的文化现象的复合体。”文化景观的重要特征包括地块的形态、建筑的风格、色彩的特性以及社会关系、意识形态、思想状况、地域特性等。文化景观反映了因物质条件的限制或者是自然环境带来的机遇，文化景观反映了人类最基本的经济、文化生活状况，所以想要全面系统地研究区域文化历史发展规律、正确认识区域文化资源，对某一地区的文化景观进行观察的研究具有重要的、科学的设计价值和实践价值。

文化景观特性强调人与景观之间相互的作用，这种作用是动态的，从而使文化景观得以持续的演进，具体来说，文化景观具备功能性、历时性与共时性、叠加性、地方性、民族性、空间性、物质性、非物质性以及可持续发展性等特性。

一、功能性

文化景观具备功能性，人类创作出来的每一种文化景观都具有一定的目的，也就是说各种文化景观对人类社会具有某些功能意义，例如，城市雕塑具有美学享受功能；烽火台具有军事信息传递功能；寺庙具有宗教信仰功能等。文化景观的功能性与生产力水平有很大的联系：随着生产力水平的发展，某些文化景观的功能会逐渐退化，因此退化的文化景观就成了反映当时人文社会背景的“化石”。由此可见，文化景观的功能性并不是一成不变的。

（一）文化景观的文化积累功能

景观环境与建筑共同创造出表明人类良好生活质量的生活环境。因为建筑和园林均具有巨大的实用功能而成为城市景观中的“硬件”，景观雕塑及其他的公共艺术是“精神文化产品”因而成为城市景观中的“软件”。如果希腊没有千年来积累的闻名于世的无数精美的雕塑作品，城市景观也不会有今天那样美妙动人。因此，人文景观是构成城市文化不可替代的组成部分。

作为大文化的构成部分，文化艺术代表了一个城市或一个地区的精神文明风貌。一些名城千百年间积淀下来的优秀的传统园林，使每一个进入所在环境的人都沉浸于浓重的文化氛围之中，感受到艺术气息和城市的脉搏。所以，文化景观是营造出的特定的气氛和环境，能够展示一座有着悠久文明的城市的风貌。

在欧美许多城市，景观既是该国文化的标志和象征，又是该国民族文化积累的产物。景观凝聚着本民族发展的历史和时代面貌，反应人们在不同的历史阶段的信仰与追求，标志着国民价值观念及相应审美趣味的变化。在文化景观范畴内的雕塑又有着独特的地位，如中国的秦始皇兵马俑、霍去病墓石雕，法国凯旋门上的《马赛曲》，意大利佛罗伦萨的《大卫像》等，都代表了当时历史阶段审美趣味和文化艺术的最高成就。文化景观是一个民族精神文明与物质文明最直观、最集中的表现，为人的创造本质的一种特殊表现形态，在人类现代城市化大发展道路上具有里程碑意义。几千年来，各民族在各自的生活环境中用文化和艺术创造属于自己领域的景观空间，表现自己的生活方式和审美价值，不断地积累本民族最宝贵、最本质的文化精神财富和物质财富。任何有价值的文化景观作为民族文化的物化形态，都具有不可估量的艺术价值。

（二）文化景观的审美教育和纾压功能

文化景观是一种对人类自身生存价值、生命意义积极肯定的艺术，是人类审美理想的凸现，也是人类互相进行精神交流的一种特殊语言。许多优秀城市景观都体现了一个国家、一个民族的崇高理想，人们可以从中了解国家和民族的过去，也真实地从中体味现实。文化景观不仅是单纯的艺术创作行为，更是带有直接文化意味的行为，对人们的精神产生着深刻的潜移默化的作用，因而，优秀的景观艺术作品是一个国家、一个民族、一个城市的象征和骄傲，也是全人类共享的精神财富。

国际许多著名的城市问题专家和社会心理学家都希望，各国政府在解决城市生活的心理冲突时应使用心理调适的手段，尽量引导大众摆脱因为城市高速发展带来的很多社会问题。文化景观作用于宗教、政治、时代、历史，并不是用枯燥乏味的言词去说教的，而是以美的形式作为载体来传递并感染群众。尤其是那些优秀的作品以充满文化气息的艺术作品洗涤着人们的心灵。它们的主人可能已经烟消云散，但它们所承载的观念和美的力量却可能是永恒的。因此，文化景观是这样潜移默化地以艺术的高尚趣味去影响公众，陶冶公众美的情操，培育着公众的审美情趣，提高着公众的审美格调和文化素养。

文化景观是审美教育的组成部分，其功能有两方面，一方面是审美功能；

另一方面是非审美功能。文化景观的审美教育功能可以培育公民的审美能力，提高公民的人文素养和审美情趣。文化景观不仅对城市环境有美化作用，同时对人的行为会产生潜移默化的作用，包括心理感受和生活行为。文化景观在性质上带有明确的文化意图，依存于其所处的文化背景。优秀的景观艺术能够经受历史的考验并存在精神信息，因此具有某种冲击力量，从而产生震撼人心的精神效能。城市建设的决策者和建设者应该注意公共文化艺术的巨大美育和疏导作用。城市的发展需要文化景观来提高人的精神与文化素养，并产生那些成为人的享受的美好感觉，实现育人的综合目的。文化景观所构成的独特的感染力的氛围，以渐进、反复渗透的审美方式日积月累、潜移默化地对人们发挥引导和美育功能。

城市公共艺术中的音乐、美术能使人们在审美情绪的发生和发展过程中建立高雅与和谐的心理调节机制。文化景观打破了现代几何建筑造型的呆板，对市民因拥挤和劳累而产生的焦躁情绪有良好的缓解作用。文化景观使空间环境更加丰富、更有层次感并富有美感变化。在一些规模宏大的高楼层、高密度的环境里，人们往往感到自身的渺小，心理上承受着无形的压力，而小尺度的景观常可成为人与环境之间在尺度上的过渡，进而产生亲切感。

（三）文化景观的宣传功能

景观在原始社会后期和奴隶社会初期出现后，最初的重要功能是发挥其宗教的效应。从狮身人面像、雅典卫城的雕塑，到中非洲部落的图腾柱和中国石窟造像都是服务于宗教目的的。这种现象一直延续到20世纪末。有趣的是，在世界三大宗教中，佛教和基督教产生之初都是不搞偶像的，只有伊斯兰教顶住了形象化的偶像崇拜。传统的具有祭祀功能的空间艺术成了宣传教义、普及宗教、巩固神权的有力武器。

宗教和政治两方面，都是指主持人、委托人的意旨和作者本人的意图。而在客观上，景观作品所反映出来的并不简单地等于这些。在一定时代背景下，作者社会生活中的深层意识往往通过了作品题材的躯壳，突破了宗教政治的束缚，折射出了时代的潮流、社会的脉搏。这是潜在的，但也是本质的，是最具生命力和最感人的。

（四）文化景观营造空间美学的功能

阐发特定环境的主题是园林景观的主要功能。建筑和环境以及园林的艺术语言是象征的、概括的、朦胧的。赋予文化的景观环境以鲜明确切的思想性，用形象来突现建筑或自然环境的朦胧主题。天安门广场由于人民英雄纪念碑的建立而更加鲜明地突出了它在中国近代史上的历史地位，就是最好的实例。

经常可以见到用景观雕塑来点明建筑或环境的功能和性质。例如，红色文化博物馆陈列着革命烈士雕像，体育公园空间的周围则布置着运动员的雕像。

文化景观可以使环境充满生机，这体现在材料、植物、色彩、质感、韵律、节奏、水景、公共艺术等诸多方面。在现代主义建筑环境中，景观雕塑元素在这个舞台上大显身手。1974年建于芝加哥联邦中央广场，耗资25万美元的《火烈鸟》以高达15米的红色钢板形巨构使灰暗呆板的建筑环境顿时生机勃勃。落成当日，芝加哥十万人兴奋地举行庆祝活动，这显示了景观雕塑改造环境的巨大力量。洛杉矶的阿尔科广场上的《双重阶梯》，也是类似的实例。橘红色的鲜艳色彩、渐次旋转的韵律节奏、细腻微妙的光影变化，都极大地调剂了由垂直水平线条构成的环境的枯燥及刻板的情调。

在一些规模宏大的环境中，人往往感到自身的渺小，承受着心理上无形的压力，而具有文化意味的雕塑则常可成为人与环境在尺度上的过渡。在古罗马的一些公共建筑中，大角斗场、凯旋门、万神庙等，都是尺度巨大的宏伟建筑，令人望而生畏。古罗马的艺术家在它们的拱券、壁龛、墙面上布置了尺度较小的雕塑作品，与人们相呼应，在一定程度上破除了一些建筑本身的冷漠。现代建筑中，也可以看到类似的例子，巴黎德方斯巨门高达百米，通体是玻璃幕墙面，是极其简洁的集合造型。在巨门下面，布置了一个具有柔和曲线的装置缓冲巨门的硕大和生硬，发挥了过渡的作用。

著名华裔建筑师贝聿铭的作品——华盛顿国家美术馆东馆，正入口的分隔虽然不对称，但通过设计一些装置来保持正立面构图的均衡，以此补充和充实了构图的视觉力度。在特定的环境中，雕塑作为文化景观的构成元素加强或强调了建筑构图。许多对称构图的建筑在它的中轴线上布置了雕塑或在两侧放置成对的雕塑，这就大幅加强了中轴线对称的格局。而有的不对称的建筑则运用雕塑来调节构图。

另外，许多建筑物或建筑环境的构件被设计成为富有美感的雕塑艺术品，展现了这些景观雕塑作品结构的使用功能和独特的审美价值。北京故宫三大殿汉白玉台基的排水口被刻制得巧妙而美观，既含有防火的寓意，又发挥了覆盖屋脊、便于排水、保护屋顶木结构的功能，还将动人的轮廓变化添加在屋脊影像上。至于将喷水池中的喷嘴设计为动物或人物的雕塑则是中外都有的。

（五）文化景观的经济功能

生态是自然的经济，健康的生态环境意味着更高的货币意义的财富价值。因此，文化景观的经济价值是显而易见的。

（1）文化景观构成一种美化的环境空间，好的环境减少医疗成本，减少耗能成本。好的环境使生活于其中的人们享有更好的审美体验，同时构成了一种投资环境，是投资环境的文化要素和美学要素。

（2）文化景观是一个国家生态、物质、精神等多方面的综合国力的综合象征，也是促进世界融合和文化交流的重要手段。例如，位于山东省曲阜市的孔庙，它是祭祀孔子的本庙，是分布在中国、日本、越南、朝鲜、新加坡、印度尼西亚、美国等多个国家的2000多座孔子庙的先河和范本。孔庙在中国现存古建筑群中规模仅次于故宫，可以说是中国古代大型祠庙建筑的典范。宋朝吕蒙正有文赞道："缭垣云矗，飞檐翼张。重门呀其洞开，层阙郁其特起……"这一具有东方建筑特色的庞大建筑群，面积之广大，气魄之宏伟，时间之久远，保持之完整，被古建筑学家称为世界建筑史上"唯一的孤例"。它凝聚着历代万千劳动者的血汗，是中国劳动人民智慧的结晶，有效地将中国传统文化推向世界，其价值是不可估量的。

（3）文化景观作为旅游景观具有直接的经济功能。在世界上，许多国家的人文景观是重要的旅游资源，直接促进了国家的经济发展。如2019年，北京全年接待旅游总人数为3.22亿人次，实现旅游总收入6224.6亿元。

（六）文化景观的传承功能

文化传承本身具有独特的继承特征和周延的生存方式，中国历史文化传承与景观设计推陈出新之间的关系似乎是对立的和不可见的，它们之间有着不同功能的文化属性，而乡土景观和地方文化是延续文化传承的具体媒介。充满年代感的古建筑与历史街区，以及在这些建筑街区中一直涵养着的乡土风情和民间故事等都成为文化传承和景观设计创新的重要枢纽。在中国几千年历史文化长河中，文化传承在园林设计创新中起着非常重要的推动作用，传承着的园林艺术，孕育了底蕴深厚的文化内涵。从古至今，从中国到西方，每个高品质园林景观无不都是艺术与技术的完美融合，从设计草案到施工实践每个环节都体现着景观的审美艺术和文化内涵。特色文化和乡土景观对园林景观设计都有着独特的影响。中国的园林景观艺术整体上讲究自然美，中西方造园理念虽然形式不同，但在本质上都表达出人们对美好事物的不懈追求，花草、树木、亭台、楼阁、山水、雕塑等园林景观元素，都被设计者所借用，并在大地上创造园林艺术。因此，若使园林的设计品质得到更好的升华，还要进行选择性借鉴和合理利用。

二、文化景观的历时性与共时性

索绪尔认为，对语言的历时性研究是对语言系统按照过去、现在和将来的时间顺序进行动态进化研究；而对语言的共时性研究则是排除时间的干扰，即注重对特定时刻的即时的、静态的语言要素收集与关系研究。文化景观的功能会随着时代的变迁而发生变化，因此它具有强烈的时代性，或者说是历史性。文化景观是时代的产物，它体现了那个时代的特点，因此不同的历史时期创造的文化景观是不一样的。我们所见到的文化景观都充满着厚重的历史底蕴和基础，而由此发展形成的，是在不同的历史时期的人地关系相互作用的文化产物。历史上形成的文化遗产通常是在抵御侵略战争、自然灾害的基础上进行创作的，如长城、烽火台、大坝等，但是随着时代的发展，这些历史文化景观的原始功能已经丧失，反映出了它们的时代性。文化景观类型的出现弥补了传统中遗产分类对文化价值与自然价值的割裂现象，也改变了过去看待保护遗产时所采用的孤立、片面、相对封闭视角的问题。

三、文化景观的叠加性

文化景观的叠加性其实是与时代性和可持续发展性相关联的。叠加有两方面的含义：一方面是指将原来的文化景观加以改造、破坏甚至毁灭，产生一种新的与之前的文化景观一样、类似或具有差异的文化景观，这样就形成了文化景观的叠加。另一方面是以保护和继承不同历史时期形成的文化景观为基础，再继续建造或者增添新的景观内容和形式，最终实现不同时期的文化景观的叠加。通常来说，文化景观叠加性的这两方面含义要归纳在一起考虑，也就是说文化景观其实是一个动态的变化过程，是人地关系和谐共生的一个动态缩影，也正是由于连续演进，文化景观的动态变化才能集中叠加在一起。

四、文化景观的地方性

人居环境营造的终极目标就是在人与环境之间创造一种归属感。地方性是一切地理事物共同具有的性质，是人文地理学的三大特征之一。景观就是不同区域地方性知识的反应及表达。不同景观之所以具有不同的特征，其根本原因在于影响景观生成的各种元素的差异性。文化景观总是依托区域而存在的，任何文化景观的存在，都是在一定地理区域之内的。物质文化景观具备实体性和现实性，需要实地占用一定面积的特定区域，非物质文化景观也需要区域性来体现它们的地域环境因素（图2-10、图2-11）。

文化景观是在文化群体利用自然环境的基础上产生的，确定文化景观区域性的两大要素就是自然环境和人文环境。不同的自然环境和人文环境决定了不同的文化景观：自然环境要素是非常多样的，地形、土壤等要素的不同分布可以导致文化景观发生差异性。气候要素是影响当地居民建筑、饮食和服装的一个重要因素，南北气候的差异造成了物质文化景观的内容与形式的不同。

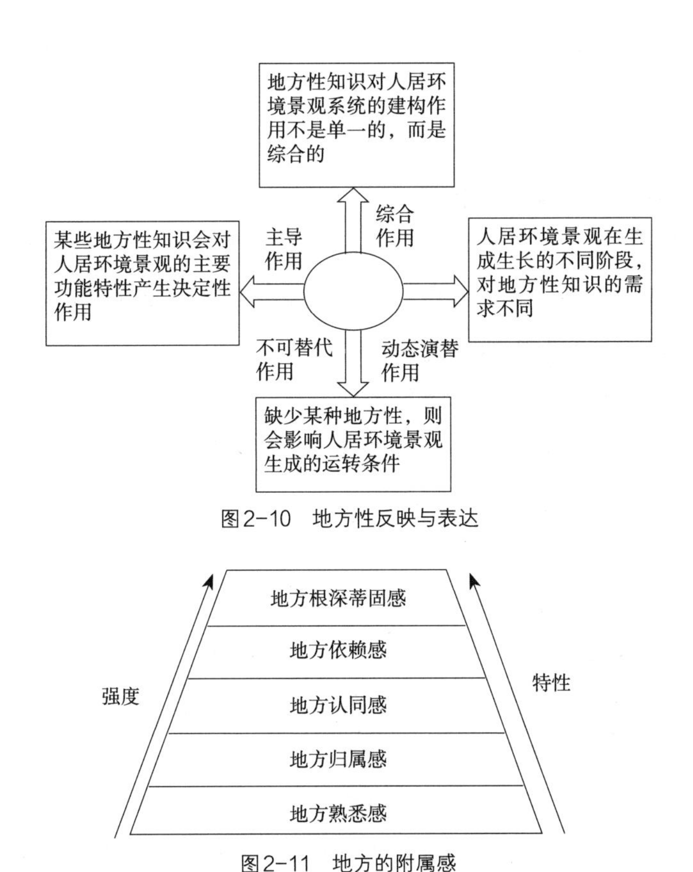

图2-10　地方性反映与表达

图2-11　地方的附属感

五、文化景观的民族性

文化景观的民族性是在地理环境区域差异的影响下形成的，是和区域性紧密相关的。不同的民族在不同的地理环境中渐渐形成自己独特的民族风格、生活方式和价值观念，因此塑造的文化景观是各式各样的，如民族建筑、民族服饰、民族信仰、风俗习惯等。文化景观反映的是一种价值观，文化景观的民族性就是一个民族价值观的反映，因此文化景观深刻地反映着民族性的特征。伯克利学派的学者们为了研究不同民族的文化景观产生的影响以及文化景观怎样具备各自特色，就是以研究民族典型文化景观为记号的。

六、文化景观的空间性

文化景观作为一种人类活动形态，是附着在自然物质之上的，而任何自然物质都占据了一定空间，因此文化景观也占据了一定空间。不同文化景观占据的空间大小有很大差异，即便是相同类型的文化景观，它们的大小、形态也存在很大的差异。文化景观的大小和形态存在差异，文化景观所处的空间位置都是相对稳定的，可以反映所在地区的自然环境和人文特色，如北方旱作与南方水田景观。

七、文化景观的物质性

景观设计是界定生态格局以及构建界定城市生态，提供多元生态系统的基础设施。文化景观的物质性也就是物质文化景观，是在大自然提供的物质基础上形成的、真实存在的文化凝聚物，这与人类的社会生产生活密切相关，如农田、道路、城市、乡村、建筑、园林等，其主要的特征就是可视性。物质文化的外在表现是物质文化景观，这里主要是指人造的实物景观，跟人类生活和生产活动密切相关。

（1）一个地区人民的特征可从服饰服装上看出来，如中国西藏地区的居民穿的藏袍就和当地的气候有很大的关系，藏袍已经成为西藏的一个标志；在受法国影响的达喀尔的建筑中，从沃拉弗人修长、优雅、飘逸的长袍中可以确定这里是西非还是地中海地区；印度男子喜好穿短衣，而妇女则喜欢长披肩，穆斯林男女都穿着一种能遮住裤子的白色长衫；西方人穿的半正式服装、裤子、裙子和上衣大都相同，领带也成了西方文化的一种标志。服装是物质文化的一个重要方面，虽然它不是文化景观的“固定”特征，但却是文化景观的形成要素。

（2）建筑方面的成就可以与文化中其他方面最辉煌的成就相媲美。傣家村落坐落在云南西双版纳林海中，其建筑形式是竹楼，这也是当地建筑的典型风格，竹楼的材料特性和搭建结构既反映了当地的自然环境风貌，也是对建筑技术水平的记录。在古代，埃及人纪念死去的法老要建造巨大的金字塔，法老王的神秘显然离不开金字塔的衬托。如今，这些建筑学上的奇迹仍是埃及文化的标志。现在的摩天大楼多以钢材和玻璃为建筑材料，大型圆顶体育馆的设计更加具有科技感和美感，这些都显示了现代文化的技术力量。因此，建筑体现了文化的重点和追求，反映了文化的特性与价值，也是技术与经济的反映。

（3）在艺术家对文化景观的影响中，雕塑是最强烈的。如埃及的纪念性建筑和雕塑一直是尼罗河两岸的重要景象。

八、文化景观的非物质性

文化景观的非物质性也就是精神文化景观，是指在客观物质环境的条件下，人的文化行为所创造出来的那些虽抽象于无形，但人们可以感知并使用到的文化创造物，如语言、法律、道德、艺术、音乐、宗教和价值观等，这些内容创造出独特的文化氛围，如同文化区域的个性特色一样，是一种抽象而真切的感觉，是通过联想实现的。这些文化创造物可以帮助人们认识世界的语言、哲学、科学思想、教育等，体现人们美学感受的文学、美术、音乐、戏剧等，约束人们社会行为的道德、法律、信仰等内容，反映社会组织形式的制度、机构、风俗习惯等。物质文化和非物质文化是连在一起的，是相辅相成互为补充的。如法律制度属非物质文化，法律文本、律师事务所和法院等就是它的物质表现形式。实际上，精神文化不一定没有物质形态，如街头雕塑。

九、文化景观的可持续发展性

景观设计是生存的艺术，文化景观是人类创造的，贯穿在人类历史的始终。虽然随着时间发展，不同时期的文化景观有不同的文化特征，但它们都反映了自己被创造的那个时代的政治、经济和文化背景。人类社会永远是向前发展的，生产力水平也在提高，文化景观反映的人文价值观也在不断发展，因此文化景观是具备发展性的。景观设计承担着拯救人类生存环境的使命，例如，如何适应气候变化以及如何进行雨洪管理，如何解决治理土地与水污染等。文化景观中体现的价值观，在一定时期内具有相对稳定性，它的变革是一个长期缓慢的过程。由此可见，文化景观也具备一定的相对稳定性，这也是一个可持续发展的体现。

第三章　中西方文化景观遗产

3

文化景观遗产作为世界遗产中的一种类型，指的是被联合国教科文组织和世界遗产委员会承认至今为止无可替代的、世间罕有的文化景观，是“自然和人类的共同作品”，并且是被全人类公认的具有突出意义和普遍价值的景观作品。

第一节 文化景观遗产的概念

文化景观概念从1925年首先提出到1992年成为一种世界遗产的类型后，一直是景观学科的重要研究领域。世界文化遗产景观分为三个子类：由人类有意识设计和建筑的景观（Designed Landscape）；演进景观（Evolving Landscapes，包括遗址性景观 Relict Landscape、持续性景观Continuing Landscape）；关联性文化景观（Associative Landscape）。国际自然和文化保护分为四个阶段：荒野保护——20世纪60年代中期至70年代末；文化与荒野的抗争——20世纪80年代自然价值的社会与文化属性；荒野的衰落和文化景观的兴起——20世纪90年代初至2010年自然价值走向文化多元；自然文化之旅——2020年至今自然与文化携手同行。西方环境运动的兴起及文化景观的出现反映了以人地关系为核心的可持续发展已经成为人类社会的核心问题，说明世界文化遗产保护运动已经呈现出了日趋综合化、价值认识多元化等趋势。随着文化景观的全球化发展，我国也面临着快速城市化、全球化背景之下的民族文化认同和人地关系危机，与文化景观相关的研究与世界遗产申报工作是国际遗产保护运动发展下的必然趋势。我国五千年的土地处处充满精神含义，文化景观遗产体系架构涉及三个层次：历史文化名城、历史文化街区和文物保护单位。但是历史文化遗产保护体系并没有涉及如泉谷溪流、陵墓遗迹、古道驿站、田野村落、龙山圣林、农田水利等承载了数千年历史与精神意义的文化景观。承载了五千年历史与精神意义的文化景观得不到应有的保护，体制性的缺陷使得文化景观类型难以得到有关部门的足够重视，致使其沦为快速城市化、全球化洪流的牺牲品。方法论的缺失，又使得文化景观类型的研究与保护缺失有力的理论依据与操作手段。

在遗产研究领域尤其是致力于“遗产思辨研究”的学者十分重视遗产理论研究，主张21世纪的遗产运用应重新思考遗产的定义。这样的呼吁能够促使文化景观研究将理论与实践相结合，有利于文化景观的未来发展。沃特顿、沃特森认为：文化景观的未来应建立在遗产理论的批判性想象基础上，并且运用广泛的理论来重新定义遗产研究领域。通过重新定义遗产的研究范围，扩展现有研究领域和研究方法来促进对遗产本质的探索，能够在更广泛的文化世界中构建参与遗产的意义。

沃特顿、沃特森二人认为“遗产理论的对象”“遗产理论的现象”“遗产理论的本质”是对遗产研究的批判性想象的三种理论类型。“遗产理论的对象”，包含有关保护和管理遗产对象的最佳实践的理论。该理论重点关注对有形属性的保护，为文化景观构想与文化景观实践提供理论依据。遗产理论的现象是将遗产视作一种产业或文化现象，促使人们对遗产的思考从关注对象转向社会、文化语境及意义。该理论促进了文化景观构想的发展，形成包含文化景观目的在内的实践。该理论重新研究了人们普遍认可的遗产意义与变化的社会态度之间的关系，有利于对遗产框架的审视。遗产理论的现象理论认为，需要进一步研究人与遗产的关系，不再将遗产局限于“物质”的观念，还有“非物质”的概念，遗产理论的本质是以人为研究对象以及对个人遗产经历的自我反思，鼓励人们对文化景观实践的内容进行更深入的研究，帮助人们在遗产理论和实践的协同工作中得到深刻的认识。

沃特顿、沃特森提出的三种理论类型在文化景观构想的发展历程中得到了很好的反馈。在文化地理学科内，文化景观的概念化主要始于自然景观的物质转化。文化转向的焦点是转移到权力、政治和经济等因素的文化内在维度，而当前的焦点已经转移到将文化景观视为人与周围环境之间动态关系的具体呈现。加拿大学者史密斯认为，人们不再应该是遗产的“客观观察者”，而应该成为遗产“积极的参与者”；“在后现代背景下对景观的保护需要更多的生态方法……这些方法不仅涵盖文化和自然系统，而且应该将自然景观置于更大的文化、社会、经济和政治景观之中”。澳大利亚的丹尼斯·伯恩、布罗克韦尔、奥康纳认识到，遗产管理的二元思维“使人们了解生态关系的概念以及人类与非人类在自然界的辩证纠缠关系变得困难”，这也说明了构建生态“文化景观构想”对于“文化景观实践”的意义；他们认为，文化遗产从业者所面临的重要挑战是，如何让以保护自然为宗旨的从业者理解文化的意义，因此，实现文化景观遗产管理的“生态途径”，必须把文化视作地区生态不可或缺的部分，这需要文化和生态保护从业者之间进行“协调”，“这种协调性话语可以表述为将文化映射到景观内部，而非景观表层”。

一、文化景观的类型

（一）人类有意设计和建筑的景观

包括人类出于美学原因而进行修建的一些园林和公园景观，它们经常（但并不总是）与宗教信仰或者是与一些概念性的建筑物或建筑群体有着千丝万缕的联系。

（二）有机进化的景观

它源于最初始的一种需要，这种需要是关于社会、经济、行政和宗教之间的，并且是对周围自然景观的相互联系和相互适应的发展，成了目前的形式。有机进化景观包括两种类别：一种是残遗物（化石）景观，代表着在过去某段时间里已经完结的突发或渐进的一种进化过程。因它们最为显著的特点是在实物上所体现出来的，所以它们是有突出、普遍价值的。另一种是持续性景观，它存在于当地与传统生活方式相联系的社会中，起着一种积极的社会作用，而它本身也一直处于演变发展的过程，并作为历史上演变发展物证的一种展示。

（三）关联性文化景观

这类景观较为特殊，它并不是以文化物证为特征被纳入《世界遗产名录》之中的，而是以与自然因素、强烈的宗教、艺术或文化相联系为特征成为世界遗产的。并且，如果被记录在《世界遗产名录》之中的古迹建筑、自然景观等，在受到某些严重威胁时，经过世界遗产委员会调查和审议，将会被列入《处于危险之中的世界遗产名录》，以便于进行紧急抢救措施。

二、评定标准

文化景观的评定采用文化遗产的标准，同时参考自然遗产的标准。“能够说明为人类社会在其自身制约下、在自然环境提供的条件下以及在内外社会经济文化力量的推动下发生的进化及时间的变迁。在选择时，必须同时以其突出的普遍价值和明确的地理文化区域内具有代表性为基础，使其能反映该区域本色的、独特的文化内涵”的文化景观，这是《实施保护世界文化与自然遗产公约的操作指南》中对文化景观的原则进行的规定，有了这条规定，在评选文化景观遗产、文化遗产、文化与自然混合遗产时，就能更好地进行区分和规范。

世界上的第一项文化景观遗产诞生于1992年，即新西兰的汤加里罗国家公园。此后，陆续评选出了一批文化景观遗产，但往往被列入了“世界文化遗产”的名单中。截至2019年，中国世界文化景观遗产有五处，分别是：庐山（江西，1996.12）、五台山（山西，2009.6）、杭州西湖文化景观（浙江，2011.6）、红河哈尼梯田（云南红河，2013.6）、花山岩画（广西，2016.7）。

第二节　中国文化景观遗产的空间形态及其象征符号表意

1993年，《保护世界文化和自然遗产公约》把文化景观作为文化遗产的特殊类型纳入其中，文化景观指被联合国教科文组织和世界遗产委员会认定的具有突出普遍价值的“自然和人类的共同作品”，凸显人、地协同的生态文明思想。在不间断的人地互动作用下，文化景观产生了对具有文化含义的材料、形式、传统功能及周围环境利用的连续性，形成“活态”发展属性。现如今，中国文化景观遗产的五处形成了具有典型地域化特征的空间形态，是被核心传统文化、地域民族文化与自然协调共生构建起持续性的人地关系所影响，其中包含设计、材料、工艺、环境和精神等多方面信息，形成可被感知和体会的符号性特征，成为承载并直观表达遗产价值的有机载体。文化景观遗产中有形与无形价值整合的主要议题一直是“遗产价值的核心本质是什么”，而这个议题也直接影响着遗产价值的深度挖掘和保护实践。在世界范围内形成了一种对文化遗产进行调查、认定、评估、列选与保护系列的“研究—管理”模式——原真性（Authenticity）。而检验原真性的重要依据之一就是空间形态和它表意所含有的物质信息和精神信息。原真性以其形态特征来反映人工与自然的物质关系，这便决定着文化遗产所表征的“文化身份”（Cultural Identity），再者随着时代发展，因持续性的主观参与行为而不断被感知与诠释，形成被全人类分享的象征性符号化表意，展现着地域空间演变、文化传承的独特属性。所以，文化景观空间形态及表意既是挖掘原真性的要素，又是定义、评估和监控文化遗产属性的重要媒介，同时会作为文化景观遗产突出普遍价值（OUV）的评价焦点出现。与此同时，对制定文化遗产保护和管理策略提供了强有力的说服力。

一、自然与文化交织的空间维度

人类自然而然的认知将文化景观遗产形成较为典范的构景理念，互为构景主体与背景的自然与建筑，形成了景观构成的空间维度，以此形成了两大类：阴阳结合和以小见大，以此作为空间形态孕育和衍化的根基。

（一）阴阳相合的信仰空间

中国古代文化中的阴阳二字一直作为和谐相生的含义出现，如“万物负阴而抱阳，充气以为合。”至今，中国的文化景观遗产形成于原始社会及传统社会时期这个说法已被认定，是走进自然中探寻切合点进行人工生产以及构造行为，呈合而相生的阴阳平衡。风水中曾记载：“山南水北曰阳，山北水南曰阴。”所以，山与水两种元素在自然中就形成了一种空间构造上的维度——“负阴抱阳”，蜿蜒的河流环抱着高山的同时也与山体对景。一路迁徙的红河哈尼族在哀牢山定居，开始繁衍生息，此地所拥有的山体、树林、梯田和水流共同构成了一种“气、脉”相合的信仰空间。全福庄中寨村是云南红河哈尼梯田遗产核心区，他们以因地制宜为生存原则，并背靠山体做为屏障，聚居于山腰谷地，树林和梯田为村寨的守护神灵，这种阴阳相合、背山面水的信仰维度，使风水思想成为围合内闭空间形态的紧要影响因素。

（二）以小见大的氛围空间

所谓以小见大，其中的小是指有限的山水建筑或图像场景与格局，而大是指无限的文化内涵与传统底蕴。左江花山岩画体现的是壮傣族群于神、人、自然的认知及其民族文化，发展到现在已经成为世界壮傣族群文化关联性的典型见证，形成了跨越物象表达的意蕴维度。由理想景观原型、民族文化意识等组成的空间维度，反映了首要的历史脉络以及人文思想，从而对于空间形态的产生打下了物质与文化融合的氛围格局的基础。

二、衍化发展的空间形态

随山就势的造景思想与自然环境相谐和在人与自然的共同营造下，演变成了三种较为典型空间形态：秩序轴线型、隐幽深藏型和连续铺陈型，这也使它变成了历史、文化、审美等价值表征的主要载体。

（一）秩序轴线型

《朝庙宫室考》中记载："学礼而不知古人宫室之制，则其位次与夫升降出入，皆不可得而明，故宫室不可不考。"这表达了将"礼"放在了一个极其重要的位置上，是掌控传统建筑空间的重要思想，并以此形成了轴线排列的布局形态，从而烘托庄重神圣的文化特点。以庐山白鹿洞书院为例，此建筑坐北朝南，周围山水环绕，其思想性质以严谨治学为主，并且强调等级的严格划分，自此形成了中轴线的秩序性排布。

（二）隐幽深藏型

我国传统文化在经历过秦汉时期之后，便出现显、隐的分别。其中备受儒家赞誉的隐逸文化，受道教影响，逐渐变成了文化景观形成的主导思想之一，最为典型的就是孔子所倡导的"天下有道则现，无道则隐"。另一种释文化所讲究的是修行与空净，指在以小见大的空间维度里演变成隐幽深藏型的空间形态。以杭州西湖灵隐寺为例，它位于北高峰、飞来峰之间，从开放到私密，层层递进，成为隐密幽静的空间形态，吸引了众多文人僧侣来此隐居。苏东坡曾作诗："今君欲作灵隐居，葛衣草履随僧蔬"，烘托了佛教的气韵。

（三）连续铺陈型

受风水影响而形成的负阴抱阳的空间维度，与因地制宜所建成的整体或分散分布的建筑空间，共同形成了一种连续铺陈型的空间形态，体现出了繁衍生息的历时性。如历代皇帝朝拜的五台风景区中心腹地台怀镇，内部是以聚集的寺庙组成，形成了广阔绚烂的延展形态。唐朝的这种寺庙布局已形成"大寺三百六，兰若无其数"的盛世。宗教庙宇的这类空间在经历传承与发展之后逐渐被演化成跨地域且多种文化融合、多种建筑规制铺陈错落的丰富形态，烘托出佛寺神圣纯净的氛围。

三、多义喻指的象征符号

文化景观遗产是由自然与文化这两者的相互融合从而构成的一种空间维度，将具体的物质空间形态进行投射，对空间中活动的人搭建了可感知的物质与非物质信息，从而形成了将符号化的“能指”形象要素到“所指”文化概念的表达含意的过程。人工创造在与自然协同后变成一个能够将意识进行反映的景观物质空间。作为将文化观念进行输出的“语象”表达，在经过人类在空间中的经验感触后，构建起一座横架在文化意义和观念之间的桥梁。

（一）指代式喻体

空间形态中的原真性信息，如形式、材料、情感等，在经过主观的感知后，将某些物质性元素转化为文化含义的指代，进而引发人类主观上对于文化景观遗产空间内的情感以及内涵上的联想。广西左江花山岩画中的背景是自然山水，以纷繁复杂的图形技巧渲染成神秘莫测的图像，喻义人类逐渐对自然的一种掌握或是对现实生活的厌倦及对未来生活的憧憬，让人们直观地感触到生动鲜活的习俗典故。以序列式进行节点布局的杭州西湖将人们对自然的审美特征及历史文化积淀蕴藏其中，并将山水文化与自然环境有机契合进行了呈现，从而使得西湖拥有了“异日图将好景，归去凤池夸”的“人间天堂”象征符号，表达出人地和谐思想等精神价值。它们这种把有限的自然认知与无限的主观联想进行了组合，并且通过自然环境的熏陶渲染成为的空间形态，让人们对于解读文化有了更好的场景媒介，以此成为传播历史文化、社会价值的载体。

（二）反馈式寄情

超越时空的稳定性以及极强的凝聚力是文化景观遗产所具有的特点，它将人们行为活动的场所构筑成多样的空间形态，从而在某一共通的精神结构、认知系统、心理特征和行为模式等方面发展成为寄情式交流与碰撞。这对地域文化进行了一种反馈，又兼容其他文化的解读，以及对遗产审美、精神等层次的一种丰富。庐山经过贯穿千年的多元文化的洗礼，营造出纷繁的建筑类型与自然环境的美，既有中华民族精神，又与近代西方文化生活相结合，唤醒了人们对特定文化的感悟以及体验，有着极高的美学价值。再如，在哈尼梯田，有着隆重的祭祀与庆典活动，如“昂玛突”“苦扎扎”“车拾扎”，他们在空间形态中表达了对神灵的敬畏、感恩之情，这便是哈尼梯田在遗产精神价值上的体现。

（三）中国文化景观审美内涵

美国人文地理学家C.O.索尔在《景观的形态》中提出："文化景观"是某个文化群体利用自然景观的产物，其中文化是驱动力，自然界是媒介，文化景观则是结果。因此，我们对文化景观类型遗产的认识应该走出历史文物和风景名胜的局限，走向全面反映中国文明历程中独特的人地关系的文化景观，走向完整的文化景观体系网络。

在人文地理语境中，构成中国园林景观的性质与内涵的文化景观要素有很多，中国古代"园林"和"风景"的寓意最根本是源于道教哲学理念中一种理想自然的愿望，是对永恒的至高境界的审美求索。传统的中国文化景观作为空间和物质的存在是地域文化长期作用、积淀和演化而形成的。文化景观是指人类的营造作用形成的自然环境中农田、牧场以及建筑、乡村、城镇和道路等所构成的文化现象，是为人类活动所塑造并具有特殊文化价值的景观。也是人类在地表文化活动的地理复合体，反映出一个区域的文化和地理特征。

在中国风景的空间审美观念里使用"人文写意""移步换景"等技法，在现代文化景观中则多运用文化符号的形式，就如园林的圆形"月门"这个文化景观符号就象征着多种文化境界。古代中国园林与建筑都是中国文化所孕育的产物。古代建筑要求均衡、对称、整齐；紫禁城的庄严宏伟寓意皇权永远至高无上；未央宫的壮丽体现了萧何的治世理念；重门深院的第宅，体现了封建礼教的规仪，令人产生"侯门深似海"的联想；而在古代园林景观中，完全没有中轴对称的形式，而是树无行次、石无定位的自然布局。山有宾主朝揖之势，水有迂回萦绕之情，是一派峰回路转、水流花开的自然风光。要求随意、洒脱与流动是基本性质赋予不同门类的审美标准与审美理想。这种形式格局上的差异，正是来源于基本文化景观性质上的区别。

中国的风景名胜区自古以来就是道家哲学自然审美观的体现，在自然界中寄托着道，而道的主要途径是静观自然。秦汉以及更早时期是自然崇拜，而在魏晋南北朝时期文人"游历"或者"隐居"这些自然景区，逃避现实社会动乱。古代文人以风景画的"写意"理念，以题字、石刻、亭台、楼榭以及曲折的登山小道等，在自然空间里造就了特色文化景观。道家修行者置身于长期凝视体悟自然界中，走向山岳河川，走向天涯海角之间，与之相契，终于达到"游乎天地一气""万物与我为一"。

（四）遗产价值认定与阐释的核心

遗产价值认定与阐释的核心是文化景观遗产中所体现的自然与人工互动的关系特征。遗产管理的重要任务与职责是更好地诠释人、地协同文化内涵。作为一种“公共符号”的文化，不仅是个体封闭的内容，也是符号系统，能够引发人们交流彼此间的世界观、价值观和社会情感。而空间形态就是文化景观遗产在构成与发展过程中，产生这一公共符号的物质载体，原真性的物质信息在形成的场所中呈现出来，用不同层次的指代与表征促使遗产价值的本质不断被判识与挖掘，成为遗产“活态”发展的动力与指引力。

迄今为止，中国所被评定的五处文化景观遗产包含了三种类型，它所具有的空间形态以及象征性表意在同种类型的文化景观中是独具典型和代表的。以此为基础开展的遗产保护和管理，尊重客观历史存在并且兼容时代发展所需要的要素，这是准确的提取原真性信息以及明确遗产价值本质的最有效用的媒介。同时，便于合理有效地对原初空间特征进行维护，将历史文脉进行延续，将社会属性进行融合，对审美观念进行加强等价值传播方式提供了有力的依据，对于提高遗产价值内涵的认同有着极其重要的理论和实践意义，是在遗产进行管理过程中促使主观感知“历史文化”的重要的路径。

第三节　文化景观概念的形成与社会基础

中西方在文化景观概念的形成中均经历了长时期的积淀，各有着坚实的社会基础。西方各国经过19世纪工业文明后的深化认识与研究，特别是20世纪中叶对环境的关注，至20世纪下半叶将之提升为文化景观理念，并于20世纪末提出了文化景观遗产的概念。我国的文化景观研究则于20世纪得益于近代地理学、区域社会与历史文化、区域考古学、环境考古学与景观考古学等各学科的研究成果，同时在国际文化景观遗产保护的理念与实践的推动下，逐步完善了文化景观及文化景观遗产的理念。进入21世纪后，文化景观遗产保护逐渐达成国际共识并在诸多国家取得了成功，如《西安宣言》“杭州论坛”及我国文化景观遗产的申报潜力，则标志和预示了我国在该领域的重大贡献和突破。

长期以来，在经济、社会和文化因素的推动下，人与自然之间不断互动，形成了一种持续的关联状态。而这一状态的表征和载体，就是文化景观。不同类型的文化景观依赖于当地的自然环境，由此人类与自然之间的和谐进化过程得到深刻的反映。文化景观遗产的提出和相关保护理论的提高，关系到文化遗产保护学科的重大发展。在这个探索过程中，随着保护对象从遗址、文物和建筑群等向文化景观遗产的扩展和延伸，文化遗产保护也必然会呈现出新气象。

一、我国文化景观概念的形成与社会基础

华夏大地是中华民族生生不息、世代繁衍的地方。五千多年来，我们的祖先建立了不计其数的村落和城市，创造了多姿多彩的文化景观，形成了不凡的环境理念，这些构成了我国传统文化的重要组成部分。其中，关于自然地理和人文景观部分的研究具有悠久的历史。商周时期的《周易》就曾提出“视乎天文，以察时变；观乎人文，以化成天下”以及“仰以观天文，俯以察地理”等观点。《尚书·禹贡》于战国时期成书，它以河流、山脉等为标志，根据地理环境各要素的内在联系和差异，将国家划分为“九州”，确立以中国为中心的区域愿景，表达古老的区域概念，并简要描述每个州的自然形态，如植被、土壤和领土，以及地税、交通、物产和民族等人文景象，是我国第一部带有方志雏形的区域地理著作。同样于战国时期成书的《管子·地员》一书总结了远古时期农业生产的实践经验，将土地分为五类，即山林、土田、川泽、丘陵和坟延，详细论述了各种土地与植被的关系，并根据各类土壤的生产能力划分等级，是我国最早的土地分类专篇。而《管子·地图》则主要论述了作战前，军事统帅必须了解各种情况，如“名山、通谷、经川、陵路、丘阜之所在，苴草、林木、蒲苇之所茂，道里之远近，城郭之大小，名邑、废邑、困殖之地”等，被认为是我国最早的地图专篇。

先秦古籍《山海经》包括《山经》和《海经》，内容庞杂，几乎涵盖了一切，包括地域、地望以及山水的走向等。就自然而言，有山、林、泽、川、动物、植物、矿物、天象等；就人文而言，有国家、物产、民族、民俗、信仰、服饰、疾病和医药，以及皇族血统、葬地、生产和发明等，这对研究古代历史、地理等具有重要价值。历代以来，我国关于自然地理与人文景观的研究著作颇丰，其中《货殖列传》被认为是我国最早的经济地理论著，是由

西汉学者司马迁所著《史记》一书中的重要组成部分。他根据自己在黄河流域和长江中下游的游历经验，从发展的角度观察社会经济活动的内容，按照该地区的山脉、产品、风俗和民情等，将该地区划分为“龙门碣石以北”“山东”“山西”和“江南”四大经济区，后将其细分为12个小区，进一步描述每个地方的自然和文化特征。同时，以城市为区域中心，对30多个城市的地理、贸易、交通、海关、产品和风俗进行了分析。我国最早以疆域政区为主体的地理著作是《汉书·地理志》，由东汉学者班固编著，书中概述了汉代郡县封国的建立，以及封县的山川、户籍、风俗文化和物产。部分封县的文章描述了一些重要的自然和经济状况。在县域部分，根据不同地区的特点，分别记录了山川、水利、特产、官办工矿、名俗、祠堂、古迹等信息。

北魏农学家贾思勰在《齐民要术》一书中记录了他丰富的农牧渔猎知识，阐述了他朴素的生态观。其中，“顺天时，量地利，则用力少而成功多。任情返道，劳而无获”的观点，体现出他主张人类应该合理利用自然的态度。《水经注》是由北魏地理学家郦道元所撰写，内容以河川为纲，对自然地理学中的地貌、水文和生物地理以及人文地理学中的城市地理、农业地理、民族地理和文化地理进行了详细的介绍，涵盖自然地理学和人文地理学的各个方面。此外，书中在沿革地理学和地名方面也有许多珍贵的资料。我国还有许多著作涉及自然地理与人文景观的各个方面，如唐代地理学家李吉甫编纂的《元和郡县图志》、南宋学者赵汝适撰写的《诸蕃志》、明代地理学家徐霞客所著《徐霞客游记》，明末清初学者顾炎武的《历代宅京记》《天下郡国利病书》与《肇域志》等，都为现今研究文化景观遗产提供了宝贵的文献资料。同时自五代以来，地方志的编纂逐渐流行。1000多年来，全国各地出版了数以万计的地方志，其涉及的文化景观内容几乎包罗万象，这也为今天的文化景观遗产研究提供了极其丰富的数据。内容包括行政区域的演变、地貌、地质、水系、气候、植物、动物、交通、社会、聚落、物产、贡献、灾害、民俗等。

我国许多古代文献不仅描述了不同时代和地区的自然地理和人文地理的内容，而且记录了以景观文化为基础的环境设计理念，表现了不同特色的环境意境所形成的不同类型和特征的文化景观。中国古代先民在选择聚居地时，出于生存环境和防御需要，往往特别关注周围的景观和地貌。例如，西汉时期的晁错提出在“移民实边”时必须考虑生态环境，还提出“臣闻古之徙远方以实广虚也，相其阴阳之和，尝其水泉之味，审其土地之宜，观其草木之饶，然后营邑立城，制里割宅，通田作之道，正仟佰之界，先为筑室，家有一堂二内，门户之闭，量器物焉，民至有所居，作有所用，此民所以轻去故乡而劝至新邑也”的理论。可见，如果人们想要在发展农业的同时满足新的生存环境，体现农业社会生存环境建设的基本要求和特点，就要在考虑新的居住环境时，选择水质甜美、土地肥沃、草木茂盛的地方，继而进行规划、开辟道路、建造房屋，合理安排居室结构。此外，我们的远古祖先在长期的农牧渔猎生产中也积累了简单的生态知识，例如，在《国语·周语》中，有一种说法是“古之长民者，不堕山（不毁坏山林），不崇薮（不填埋沼泽），不防川（不障阻川流），不窦泽（不决开湖泊）”，体现了生态环境保护的宝贵理念。

古城选址对自然环境提出了更高的要求，不仅涉及地质、地形、交通、气象、水文、资源等诸多因素，还考虑了政治、经济、文化、军事等因素的影响。在古代中国，城市分为首都、府、州、县和其他级别，另外，城市还包括商业城市、手工业城市、军事重镇等类型。因此，选址考虑的因素不同，对环境的要求也不同。然而，在处理人与自然的关系时，我们总是遵循一定的规律，反映一定的规律，形成中国独特的山水文化和城市景观，并通过特定的文化景观突出自然环境的特点和优势。例如，《管子骑马》指出“凡立国都，非于大山之下，必于广川之上，高毋近旱，而水用足，下毋近水，而沟防省”“因天材，就地利，城郭不必中规矩，道路不必中准绳”。它不仅反映了城市选址对自然环境和山水格局的严格要求，而且强调城市选址应充分结合地理条件，视地形实际情况而定，不需要强制形式上的规律性。这种强调区位优势、注重实效的城市建设理念，对于摒弃单一的城市布局，突出城市个性，形成不同风格的文化景观具有良好的意义。与此同时，中国古代的“以农立国”强调，要植根于丰富的农业基础上，并特别注意对土壤和水源的需求。例如，周、秦、汉、唐时期，关中地区土壤肥沃，水源充足，先后在此建都。

人与自然的关系是人类生存和活动中最基本、最重要、最具决定性意义的关系，自人类出现以来，就一直为了“生存、更好的生存和更有保障的生存”与自然保持着联系。因此，这种关系是贯穿人类社会发展全过程的基础。生态观是中国传统文化的重要组成部分。中华民族的可持续发展和生存，与其对自然的认识和正确处理人与自然的关系密切相关。道家思想是中国本土的正统思想，主张“自然无为、顺应天道”。《老子》提出“人法地，地法天，天法道，道法自然。”认为道是本性，是天然，是自然而然；天、地、人是分不开的。人源于自然，依靠自然生存，只有遵循自然规律，才能不断发展。道教反对以人为中心，提出“道大、天大、地大、人亦大，而人居其一焉”，认为人与自然是平等的、相互依存的，过分追求物质财富而忽视自然环境的承受能力的发展模式是不可持续的。《庄子》提倡“少私寡欲”，这是“节俭”美德的演变，包括减少资源浪费和限制过度贪婪。佛教虽然是从印度传入的，但在与中国的儒道思想相结合后，已成为中国信众最多、地域最广的宗教。佛教“普渡众生““众生平等”“大慈大悲”的思想观念影响广泛，引导人们珍惜他人生命，关爱各种生物，保护生态环境。

中国古代也留下了大量记载周边国家和地区自然地理和人文景观的文献。如西汉张骞于公元前139年出使西域13年，途经匈奴、康居、大宛、大夏、大月氏等国，他的主要见闻记录在《史记·大宛列传》中；公元416年，东晋高僧法显根据他15年的天竺之旅，编写了《佛国记》，书中描述了印度及南亚、中亚约30个国家的地理、交通、文化、宗教、风俗、物产甚至社会经济；627年，唐朝高僧玄奘独自西行，跋涉山河达5万里，历经艰难险阻，带回梵文经典，著有《大唐西域记》，生动记录了中亚和南亚138个国家的地理位置、人口版图、首都城市、政治历史、物产气候、风俗习惯，如印度、阿富汗、巴基斯坦、孟加拉国的语言、民俗、宗教等；从1405年开始，明朝的航海家郑和进行了七次“西洋”之旅，历时28年。他的同行航员著有《瀛涯胜览》《星槎胜览》和《西洋番国志》等，记录了亚非30多个国家的山川地理和风土人情。这些作品不仅是反映中国历史上国际交流的重要史料，也是研究各国文化景观的宝贵文献。它们是中国对世界文化的独特贡献。

二、西方文化景观概念的形成与社会基础

文化景观反映的是人类文明在一定历史时期经济、政治和社会发展的结晶。由于地理、气候、生态等自然条件的不同以及文化差异，东西方形成了不同的文化景观理念。在古希腊和古罗马，曾有许多关于人与地球关系的讨论。例如，希腊历史学家斯特拉波编写了17卷《地理学》，描述了当

时欧洲人所知的世界各地区的自然特征、居民习俗和物产等。可以说，这是西方最早的人文地理学著作。但自从进入中世纪的黑暗时代以来，神学则取代了一切。14世纪，欧洲的文艺复兴使科学从神权统治中解放出来，并得到了极大的发展。许多科学家通过科学调查积累了大量宏观生态数据。事实上，西方社会在17世纪开始欣赏自然之美。在此之前，大自然和荒野常常被视为可怕的禁地与凶猛的土著人民和野生动物的领地。随后，欧洲出现了工业生产的萌芽和世界地理的伟大发现。欧洲水手开辟了新航线，发现了新大陆。各国居民纷纷移民，扩大世界市场，开始殖民掠夺。同时，它还促进了对世界各地的地理环境、商业中心、文化景观、资源分布的广泛调查和研究。

在西方，景观的识别、描述和解释一直是地理学的一项重要工作。19世纪初，德国地理学家A.洪堡曾提出将景观作为地理学的中心问题，并讨论了从原始自然景观到人文景观的过程。另一位德国地理学家C.李特尔首先阐述了现代地理学中地理学和人地关系的综合性和统一性，奠定了人文地理学的基础。他主张地理学的研究对象是充满人的地表空间，人是整个地理学研究的核心。“地球上，人类的每一个物质成就，不论是一间房屋、一个农庄或一个城镇，都代表着自然和人文因素的综合”，在地域特征的复杂统一中，自然与人文是不可分割的。在具体的研究中，李特尔强调人文的现象，把自然作为人文的基本因素，主张地理学必须与历史并肩前行。他的学术名著《地学通论》(又称《地球科学与自然和人类历史》)探讨了世界各地区的自然和人文现象，认为自然决定了人类历史的发展。1859年，英国生物学家C.R.达尔文出版了《物种起源》一书，详细介绍了他20年来收集的丰富证据，充分论证了生物体的进化，提出了生物体通过自然选择适应生存环境的生物进化观点，在国际社会引起巨大反响。1865年，英国学者G.P.马什在其著作《人与自然：人类活动改变了的自然地理》中，从生态学的角度认识到人类对自然的影响将导致生态平衡的失衡。

可以看出，人们对文化景观的认识已经从零星知识的积累逐步发展成一门系统科学。“直到19世纪，美国才逐步认识到荒野是人类社区的组成部分。美国联邦政府把一些迷人的自然景观划定为不准人们永久居住的保护区，1872年建立的黄石公园就是其中的首例。这是发展区域文化的一件大事，它第一次公开确认原始荒野是文明生活的摇篮，不能不顾后果地把自然环境仅仅用于经济开发，因为风景是一种社会文化资源，也是一种生态资源”。在城市景观方面，1858年，被称为美国景观之父的F.L.奥姆斯特德和卡尔弗特·沃克斯在曼哈顿核心区设计了城市公园，并在美国掀起了城市公园运动。自19世纪60年代以来，一批景观设计师在美国城市中实施了从生态学角度将自然引入城市的设计。其中，波士顿公园的系统设计以河流、滩涂和荒地所限定的自然空间为基础，在城市河边形成2000公顷的绿地，并将城市公园与线性空间连接起来，旨在重建城市自然景观系统。奥尔姆斯特德在《公园与城市扩张》一文中提出城市应该有足够的呼吸空间，不断更新和服务于全体居民，并总结了城市绿地系统规划的主要原则，即依托城市自然文脉，使城市公园实现有机联系。

19世纪中叶，文化人类学作为一门独立的学科建立起来。文化人类学以人类自身创造并受其影响和调节的文化为研究对象，探讨人类文化的起源和演变规律。广义的文化人类学包括三个分支：考古学、语言学和民族学。在文化人类学下，考古学的主要任务是通过挖掘和研究古代人类的物质遗存，恢复各个历史时期的社会和文化特征；语言学主要研究语言与社会环境、人们的思维方式、民族心理和宗教信仰的关系；民族学主要研究不同民族、地区和社区的文化，比较它们的异同，分析这些异同的原因，理解这些异同的意义，揭示人类文化的本质，并探讨文化的起源和演变规律。而进化学派是最早的主导理论，它认为人类的思想本质上是相同的，因此所有民族都可以创造相似的文化，并将它们推向大致相似的发展阶段。到19世纪末，随着研究的深入发展，人们开始围绕文化的起源和演变对进化学派进行批判。德奥传播学派认为，与自然现象不同，文化和历史现象不会再现。人们不可能在不同的地方、不同的时代创造相同的文化。不同地区、不同民族存在着相似的文化现象，这是文化交流的结果。传播学派批评进化学派忽视各民族自身文化的发展历史，“单靠思辨拼凑人类文化进化图像”，主张对各民族的历史文化进行深入细致的实地考察。

人们逐渐认识到，文化景观的形成是一个长期的过程。在每个历史时期，人类都按照自己的文化标准对自然环境施加影响，并将其加工成文化景观。19世纪下半叶，最先系统地阐明了文化景观概念的是德国地理学家F.拉采尔，他称为历史景观。在《人类地理学》一书中，他强调了研究种族、语言和宗教景观以及文化交流的重要性，并认为人类活动、发展和愿望受到地理环境的严格限制。F. 拉采尔指出，历史景观是人类活动造成的景观。它反映了一个地区的文化体系特征和地理特征。他主张对田地、村庄、城镇和道路进行分类，以了解它们的分布、相互联系和历史渊源。1885年，J.温默在他的《历史景观学》一书中提出，我们应该关注"景观"的全貌，倡导景观内涵的包容性和人性化。美国文化地理学家乔丹指出"文化景观是文化群体在其生活区域创造的人工景观。"J.德伯里则认为"文化景观包括人类对自然景观的所有可识别的变化，包括地球表面和生物圈的各种变化"。

20世纪初，生物学家和哲学家P.盖迪斯积极倡导全面规划的理念，是现代城市规划的奠基人之一，他从生态学研究转向人类生态学研究，系统地研究了人与环境的关系、现代城市增长和变化的动力以及人、住宅和区域的关系。肯尼斯·鲍威尔在2002年出版的《城市的演变》一书中，从社会学、哲学和生物学的角度揭示了城市在时空发展中的生物和社会复杂性，并指出在规划中应考虑不同的部门和工作。他认为环境是由多种元素组成的，是人类在不同地点活动的场所。盖迪斯还倡导"区域概念"，即仔细分析区域环境的潜力和局限性对住宅布局形式和当地经济的影响，突破城市的常规范围，强调以自然区域作为规划的基本框架。此后，著名学者L.芒福德提出了影响深远的地域观和自然观。他认为，城市和地区不仅是区域范畴，而且是地理、经济和文化因素的综合体。他主张复兴城市和地区的历史文化遗产，使之成为优秀传统思想和生活理想的重要载体。他指出"城市和乡村是一回事，而不是两回事，如果说一个比另一个更重要，那就是自然环境，而不是人工在它上面的堆砌"，他说："在区域范围内保持一个绿化环境，这对城市文化来说是极其重要的，一旦这个环境被损坏、被掠夺、被消灭，那么城市也随之而衰退，因为这两者的关系是共存共亡的。"他强调以人为中心，提倡要"创造性地利用景观，使城市环境变得自然而适于居住"。

在20世纪上半叶，许多德国地理学家认为研究者的中心任务是研究从原始景观到文化景观的变化过程。德国地理学家O.施吕特尔提出了文化景观理论，认为景观可分为两类：一类是原始景观，即人类活动发生重大变化前存在的景观；另一类是人文景观，即人类活动改变原有景观后的景观。他认为，文化景观是可以在地面上感受到的人类现象的形式。人文地理学应该研究人类及其劳动创造的景观，它能够反映人类群体的文化和经济。施吕特尔在1906年提出了“文化景观形态”的概念，强调景观不仅有其外观，还有其背后的社会、经济和精神力量，指出了文化景观与自然景观的区别，并要求研究文化景观作为一种从自然景观演变而来的现象。施吕特尔还将文化景观分为可移动和不可移动两种形式。前者是指人和物随人移动，后者则是文化对自然景观的充分影响。

美国地理学家C.O.索尔继承和发展了德国学者的文化景观理论。索尔强调，“景观”一词使自然和人类具有包容性，反映了地理的完整性，并认为景观是“由包括自然的和文化的显著联系形式而构成的一个地区”。他评述了景观的内容、形态学方法的应用以及地理学领域中各种景观的形式和功能。1923年，索尔在作为伯克莱大学地理系主任的演讲中提出：“人类按照其文化的标准，对其天然环境中的自然和生物现象施加影响，并把它们改变成文化景观”。在1925年出版的《景观的形态》一书中，索尔认为文化景观是人类文化作用于自然景观的结果；在1927年发表的《文化地理的新近发展》一文中，他首次明确界定了文化景观，即“附加在自然景观上的人类活动形态”。由于人类几千年来一直影响着地球表面，按照他的观点，地球表面的所有景观都变成了文化景观。因此，他提出地理学家应开创先例，将对自然景观的研究转移到对当地文化景观的追溯研究上。在索尔看来，文化景观是在特定时期形成的，具有地域基本特征的，在自然和人文因素综合作用下的综合体。他认为人文地理学的核心是对文化景观的解释，主张利用对地面景观的实际观察来研究地理特征，通过文化景观来研究人文地理学。索尔创立了“伯克莱学派”。该学派引导人们用发生学的方法研究历史文化，认为景观因人类的作用而不断变化，文化景观是人类文化与自然景观相互作用、相互影响的结果，“就像历史事实是时间事实，它们之间的关系产生出时代概念一样，地理事实可以看作是地点事实，它们之间的关系可以用景观概念来表达”。索尔认为：“如果不从时间关系和空间关系来考虑，我们就无法形成地理景观的概念。它处于不断发展、消亡、替换的过程之中”。

在索尔之后，地理学家对人文景观的研究主要集中在人类土地利用方面。在1933年出版的《大地伦理学》中，英国学者A.利奥波主张将良心和权利等概念延伸到自然，主张“完整形态的尊重存在的伦理学”，反对以人为中心的“人类沙文主义”。他提出了“生态价值”的概念，主张以伦理学为基础研究生态的伦理价值和人类对生态的行为准则，即承认一切自然物和生物体存在的道德权利，形成人与自然关系的新的价值观。由于民族的迁移，一个地区的文化景观往往由不同时期的不同民族和文化叠加而成。因此，1929年美国地理学家D.S.惠特尔西提出了“相继占用”的概念，认为文化景观是人类活动连续叠加的结果，呈现出一定的阶段序列。因此，地理学不应该研究人类对环境的适应，而应该研究一个地区人类社会职业的历史演变。他主张用一个地区历史遗留下来的不同文化特征来说明该地区文化景观的历史演变。惠特尔西引用了新英格兰的案例研究：当印第安人生活时，他们可以采集的原始森林；来自欧洲的农民将低地开发成农田，并在山坡牧场饲养牲畜；后来，由于经济转型，草原变成了森林（次生林），牲畜也被饲养起来。他预测林业将是第四阶段的主要活动。在他看来，人类所处的每一个阶段或时代都与人类的祖先和后代关联在一起，并认为阶段进化是内部因素的结果，类似于活细胞的发育和死亡。如果一个地区的居民的态度、目标或技术有任何重大变化，自然资源基础对他们的重要性就需要重新评估。

文化景观的形成主要受人类活动的影响，其变化也主要取决于人类活动。早在1939年，生物地理学家C.特罗尔就提出了“景观生态学”的概念。1945年以后，文化景观研究更加关注人类活动，不断改变着文化景观的过程和格局。法国人文地理学者维达尔·白兰士将重视社会文化研究的新地理学称为“社会地理学”，认为社会地理学的目的是解释文化景观，并明确主张景观变化的主要力量是人类群体的“态度、目的和技能”。法国地理学J.戈特芒建议通过区域场景识别区域，除了有形文化景观外，还应包括无形文化景观。地理学家H.J.德伯里给出了文化景观的广义定义：“文化景观包括人类对自然景观的所有可辨认出的改变，包括对地球表面及生物圈的种种改变”。由于景观构成的复杂性，有许多方法来划分文化景观的类型。例如，按可见度可分为物质文化景观和非物质文化景观；根据不同的背景环境、不同的自然景观比例、建筑密度、人口密度、就业构成等，可分为都市景观、城市景观和乡村景观，还有建筑景观、农业景观、工业景观、畜牧业景观、宗教景观等文化景观门类。此外，文化景观可分为政治景观、人口景观、大众文化景观、语言景观等类型。

第四节　文化景观理念的深化认识与研究

一、西方文化景观理念的深化研究与认识

在农业文明环境的大背景下，在19世纪之前，不管是东方文明或是西欧文明都构建起了不同文明的都市与乡村。人们和大自然的关系是相辅相成的，一方面，人类体现出对大自然的顺从和崇拜，既具有依附于大自然的本性，又保留了对自然的敬畏。在这种思想的左右下，一种简单的生态概念浮现于人们的思想观念中。在城市空间结构和建筑设计与布局问题上，他们更注重生物多样性和更好的生态原则。另一方面，在这个时候，人类没有改变自然的足够能力。世界的价值仍然对自然起到无关紧要的作用，在原有的景观架构和自然环境中，对人类发展发挥着举足轻重的作用。所以，自然与人一直保持着和谐共处的邻里关系。19世纪后，工业文化进行了多层次的社会生产使生产力有了较大的提升，在许多方面人类“取之自然，用之自然”的能力也有了质的提升，并从本质上导致了人类对生态的立场，从“利用”逐渐转换为“征服”。尤其西方的文明世界中，一直强调以人为本、人的内在价值和人的个性张扬，特别是强调“人是自然的主人”理念（这与东方文明认为人类是自然不可分割的一部分的观点大不相同），但是西方社会的自豪感和优越感往往是在以牺牲自然为代价的前提下。在这种观念的控制下，随着科学技术的发展，西方社会开始对大自然进行大范围的干涉，自然生态遭到破坏，由于生态资源的不断开掘和铺张浪费现象的严重性，随之而来的是排泄和污染物的整治问题跟不上，最终自然环境自我调节能力降低，出现了不可逆的现象。环境的恶化现象也加剧了各地区社会问题。

世界经济在第二次世界大战后才有所恢复，城市化跟随着当时大趋势迅速发展起来。但是世界生态建设危险却日趋严重，各相关危险如能量危险、污染、自然资源的匮乏、气候变暖、土地荒漠化以及动植物种类的大灭绝都更加严重，人类社会受到了前所未有的要挟和紧迫感。人与自然之间的相互关系将面临着前所未有的挑战。从1950～1959年，世界各个国家面临着历史上最严峻的挑战，“八大公害事件”彻底触发了环境警报，人们从头开始审阅生态与人类社会的相处方式。早在1953年的时候，一本关于《进化与过程》的书问世，该书由美国人类学家斯图尔德撰写，他在本书中首先提出了社会

主义文明生态学的概念，即人类在创建文明过程中，以人与自然环境之间的共处关系为研究对象，捕捉了传统文明形成过程和社会主义文明环境之间的内在关系。在此期间，由于人类社会对自然遗产环境保护研究的越来越关注，一批相应的国际机构也接踵诞生，包括在1948年建立的TUCN（全球自然保护研究联合机构）；在1965年建立的TCCROM（全球文物保护和复原研究中心）；在1965年建立的TCOMOS（全球古迹遗址委员会）等都对世界当时的自然局势发展产生了很大的价值与深远影响。从地理理论上说，全世界都承认了自然界和人类社会的统一；在研究人和地理关系中，倡导人与自然和谐共存的观点，为今后社会地理学的研究和发展及其统一性和多样性打好地基。和谐共生理念中提出了分析人和自然环境之间的关系，以便找到环境与生活之间的协作和和谐的平衡关系。因此，一位日本学者石田弘曾主张“防止破坏景观，需构建和谐景观”的建议。

20世纪中叶，瑞士化学家保罗·赫尔曼·穆勒因其研制的DDT（双对氯苯基三氯乙烷）能有效杀死害虫而获得当年的诺贝尔奖。但美国海洋动物学家蕾切尔·卡逊在1962年发表的《寂静的春天》一书中分析DDT能杀灭害虫以及天敌，但打破了地球生态平衡，哺乳动物和人的男女比例极度失调，抵抗力也受影响而呈现减弱态势。在她的著作中，她号召人类更加重视对大自然的保护，并提醒人们如果不加以控制环境衰退问题，来年春天将不再具有燕语莺声、山清水秀的情景，终究变成一片死寂。由于人们对于环境的认知与不合理的取用，自然环境正遭受惊人的衰退。美国经济学家鲍尔丁在其《一种科学技术——生态经济研究》的学术论文中最早提出了关于自然环境经济性的研究范畴，并为当时社会提供了一个同时具有自然环境价值与经济性优势的新学科，即以自然环境和经济社会体系之间作用的经济性为研究。当下，人类对自然索取越来越多，生态资源消耗浪费日趋加剧，治理和保护能力跟随不上，工业化和现代农业对环境的污染越来越严重，要把经济发展和环境保护结合起来。当时，原始东方文明中，人与自然和谐共处的文化价值观输出，以及人们生活方式变化再次引起注意。1969年，英国园林设计师，生态设计之父麦克哈格从自然、历史和人道主义的角度讨论了环境问题，他发表的《设计结合自然》一书中描述了自然开发中如何把控土地利用，这也标志城市规划首次全面引入生态学的理论与方法。

1969年以后，在国际文件上首次出现景观与环境的概念，引起了国际社会强烈关注。“保护景观和景观的特征意味着保护并在可能的情况下恢复自然、农村和城市景观以及具有文化或艺术价值或构成典型自然景观的自然或人工地点的任何部分。”1962年12月在十二届联合国教科文组织通过的文件《关于保护景观和遗址的风貌与特性的建议》中提出这一观点。1964年5月在威尼斯举行的第二届历史遗迹建筑师和技术人员国际会议上通过了《关于古迹遗址保护和修复国际宪章》（威尼斯宪章），首次谈及将环境理念引入保护历史文物遗迹，宪章中指出：“主要的历史遗址不仅包括一座建筑物，还包括一个城市或农村环境，从中可以发现独特的文化、有意义的发展或历史事件。”

由于社会市场经济和现代工业化的高速发展，土地资源、人口、粮食价格和环境污染等许多直接地危害社会生产与生活质量的问题日益突出。今天，随着人们活动区域的日渐增加，越来越直接和间接地危害了生物圈。在1971年，联合国教科文组织在第十六届大会上确定的“有关人们居住地的环境和生态建设综合科学研究行动计划”，第一次明确提出“生态城市”的定义。1972年，联合国教科文组织成立了人和微生物环境（MAB）国际小组，以研究森林、草地、海洋、河流等生态和人类内部的相互作用，特别是与农村、城市化、环境污染等问题有关的研究。同年11月，根据联合国教科文组织第十七次例会上在法国正式批准的《维护全球历史文化和自然遗迹协定》（《遗址协定》），首次确定了“历史艺术文化和天然财产”的概念。这里的“文化”包含出土文物、建造群和遗迹，而遗迹指从史学、审美观、种族学或人类社会学角度看有着杰出的一般艺术价值的人类工程建设或大自然与人合作工程建设及其考古地址等区域。天然财产则包含从审美观或自然科学角度看有着杰出的一般艺术价值的由物质和生物所构成或这类构造群形成的天然面貌；从科学研究或环境保护角度看，有着明显的一般价值的地理环境特征和自然地理构造，或明显划分的受威胁的哺乳动物和植被生境区域；从科学研究、环境保护或自然美角度看有着明显的一般价值的自然名胜或明显划分的自然环境地区。文化遗产是随着经济社会发展而形成的一种全新的文化观念，并且引发了一场声势浩大、影响广泛的国际文化运动。它的形成体现着人们对理解自然与尊重自身文明的包容性在不断扩大，也因此在文化遗产中的自然与人联合工程，将引发人们越来越广泛的思考。

1976年11月，根据中国联合国教科文组织第十九届例会上在内罗毕批准的《有关中国历史文化区域的保育及其当代意义的提议》(《内罗毕提议》),首次明确提出了“中国历史文化和建筑设计区域”的定义，认为中国历史文化和建筑设计（涵盖本区域的）区域，系指含有考古和古生物文化遗址的所有建筑物群、建筑物构造和空置地，它组成了城市周围自然环境中的人们居住区，从考古、建筑设计、史前史、历史、文化与美学以及社区文化的视角，其凝聚力与社会意义和价值都已获得了肯定。在上述性质不同的历史文化区域中，可特别区分为史前遗迹、文化和历史重镇、老城市中心、旧村镇、老村落及其类似的遗址群等类型。同时确定了自然环境和保护的定义，即自然环境是指影响观察这个区域的动态、静态方法的、天然或人工方式的自然环境。在这层含义上，定义不但包括已趋于静止的历史文化古迹、建筑物和古迹等，还考虑社会在文明进程中的动态特性及其与历史文化和建筑物地区自然环境基本要素之间的连贯性，即环境保护系指对历史文化或传统建筑区域及其自然环境的识别、维护、恢复、改造、维护和复原。此后，人类环境与文化保护问题就越来越受到了全球范围的关注。

1977年12月，几个国家的知名建筑师、规划师、史学研究者和教师，就秘鲁马丘比丘山的古文化遗迹，签署了带有宣示性的《马丘比丘宪章》。其中文物保护和历史遗产的继承和维护部门提出：“古城的艺术个性与特点，取决于古城的形体构造与社会特点。因此，不但要保留和维护好古城的历史遗存和名胜古迹，同时也要延续一般的文明习俗。”在该宪章的结尾语中说道：“古代秘鲁的农业梯田获得全人类的广泛认可，既因为它的巨大尺寸和宏大规模，又因为它鲜明地体现出人类的尊严。它那外貌的和文化艺术精神的表现是一个对生命的不可磨灭的纪念碑，在共同的思想激励下，人们更加纯朴地制定了这个宪章。”这个在物质文化景观遗留地创立的庄重宪章，无论是对我国城市建设领域的观点创新，还是对非物质文化保护区范围的扩大，都产生了重要的深远影响。在1977年，《执行世界遗产公约的操作指南》(《操作指南》)成为《世界遗产公约》的实施细则而得以发布，其中规定了在评估世界文化遗产和自然遗产中重要的普遍价值的基本准则，以及真实性、完整性和有关管理的规定。在理论界，J.D.西蒙兹在《大自然风景》(1978年)中，全面而系统地介绍了有关自然环境要素的分析方法、环境治理、人们生活环境质量改善，乃至于环境和生态美学的内容，并由此将生态景观科学研究带到了探究人们生活居住空间环境与视觉效果总体的高度。

1980年8月，在东京举行的第二十四次全球地理会议上，国际地理联合国会主席M.J.怀斯在开幕辞中表示："在今日全球人数日增，生存环境急速变化，各种资源短缺和天然灾难频发的境况中，怎样统筹自然界和人们社会文化生存的关系问题，已变成全球地理学界所面对的重要科学研究工作任务。"美国的未来学家阿尔文·托夫勒在1980年发表了《第三次浪潮》，指出我们曾经过了两个重要的改革大潮，第一是农耕革命运动，第二是工业生产革命运动，而计算机的出现则标示着人们步入了第三次浪潮，即信息技术革命运动时期，它将从根本上直接影响着人们的生产方法、社会政治原则、生活方法、社会习俗和思想形态等。美籍经济研究家约翰·奈斯比特于1982年出版了《大趋势——影响我们日常生活的十大新走向》，指出了未来人类经济社会的十大发展趋势走向。在众多流派中，人文主义流派更重视都市空间秩序终究是自然生态秩序的产品，人类社会关系将在生物学与文明的两种层次上被重新构建，并由此进行了相似于生物界的争夺、淘汰、演替等历史过程。生态主义学派提倡城市是一种自然环境，人的生存需要在自然环境的背景中得到理解。因为人不仅是社会中心，也只是自然界的组成部分，所以人们应该摒弃那些相信科学与技术就可以处理一切问题的错误想法，从而更加谦逊、温柔与适度。上述思考体现了人与自然之间的关系由尊崇与顺应到限制征服再到保护与使用，甚至上升到和谐的发展过程，也启示人们在掌握改变世界巨大力量的今天，应该寻求更为理想的人居环境。1984年，迈克尔·霍夫在《城市形态和自然过程》中，着重讨论了城市化的自然发展历史过程和城市化空间营造的有关问题。

上述相关国际文件中的重要概念、理念以及有关专家学者的研究成果、思考，作为世界人文景观概念产生和发展的重要理论基石，在世界人文景观遗产保存中发挥着重大影响。1984年举行的第八次世界遗产委员会会议上，关于文化景观的新定义开始被提及和论证。会议还认为："单纯的天然地现已非常稀缺，更多的是在各种人为因素影响下的天然地，即人与大自然共处的地区，这个地区中有很大部分有着重要的价值""应将'历史文化'与'自然环境'同等对待，力求避免两级化;《世界遗产公约》的目的并非'确定'自然景观，只是在一种动态的和发展的架构中维护遗产地的和谐与稳定，更深层的意义在于使人类逐渐意识到文化发展与自然环境中间的互相依赖关联"。1987年10月，全球史迹遗址委员会第八次全会上，在华盛顿颁布了《保卫人类历史城镇与地区宪章》(《华盛顿宪章》)，该宪章表明“既包括了人类历史地区，无论多少，其中包含了都市、地区和人类历史中心或居住区，也包含了其天然的和人造的历史文化环境。除去了它们的历史文献意义以外，这些区域还反映了传统的城市文明的价值”。而《华盛顿宪章》列出了历史区域所应该保留的文化精神内涵，当中包含：历史区域和街道的布局与建筑空间形态；建筑物与绿化、旷地的建筑空间关联；区域与自然的关联，以及建筑物与天然和人工环境的关联等。从这些内容上来看，国家历史地段保护区更关注的是整个自然环境，注重保存并传承其中人民的生命。该宪章还概括了关于保存历史区域共同性的主要问题，认为当下，由于人类社会处处进行机械化而造成城镇发展的后果，很多这类区域正面临着危险，遭受物理退化、损坏乃至灭亡。

文化遗产是社会发展创造的一个新概念，它的创立反映了人类在理解和对待自身文化方面的容忍度不断扩大。文化遗产中的天人共通工程，唤醒了人们越来越深刻的思考。

二、中国文化景观理念的深化与认识

在中国，近代的人类地理和经济地理学主要是于20世纪20年代初由海外传教士，以及从中国派往海外的留学人员相继引入国内的。1926～1949年，国内外的十多所高校相继设立了地理系，系统教授相关学说，包括以法国人文地理学者J.白吕纳为代表的人地关系论和由英国经济地理学研究者L.D.斯坦普及其所代表的中国经济地理研究思潮，产生了广泛的社会影响。前者认为人对人地关系的形成有自由选择的可能和权利，而后者则主张将中国经济地质学理论适用于城市规划。而在这一时期，中国的理论杂志上所出版的一些关于大中城市人口数分配、农村土地使用、农村划分、都市地理环境、边界勘测、地域综合评价，以及都市人文历史风景线研究等各方面的书籍，都证明了人文地理与中国经济地质学研究互相交叉。不过，此后的几个时期里除中国经济地质学、中国人口地质学、都市地质学和中国历史地质学、人文历史地质学之外的分支学科均被视作唯心主义理论学术思潮而一概被摈弃。尤其是由于国民经济的基本建设高潮和重大基础设施工程，需要摸清全国各地的工业生产格局、河域区划、铁道选线、大中城市区域规划、农业区划和基本建设需求、国土资源储量、自然环境基本要求和条件等各方面状况，给人类经济地理学的发展开辟了更为宽广的路子，也带来了史无前例的有利条件。由此，也产生了人类地理学与经济地理学一衰一盛迥然不同的局势，而这个现状也始终持续到1976年。

20世纪80年代初期开始，自然景观和历史文化自然景观的定义在人文课程地理、经济社会地理、历史文化地理、中国人口地理、区位地理等专业中被应用。对于其概念和内容，研究者们也作出了比较系统的考证和论述。其中历史地理学家谭其骧促进了对中国沿革地理和中国历史地理的研究发展，对中国少数民族迁徙发展史与文化交流也做了大量的深入研究。他所主编的《中国历史地图集》，以史学文献研究信息方式吸收了考古等各领域方面的成果。他认为不要笼统地、单纯地讨论中国，而在每个时期，都不存在一个国内共性的民族社会文化，民族社会文化的地域差异性应予以充分的关注。李旭旦是中国现代人文主义地理奠定人，同样致力于区位地理等相关领域方面的深入研究，他主张人类文化地理的基础是人地关系论，科学的根本目的是寻求人地社会关系的平衡。提出中国文化自然景观是地球表层各种文化社会现象的综合体，体现了某个区域的地理特点，并倡导从分析研究中国文化自然景观来剖析人类社会。李旭旦曾在《人地学原理》中提到："长期以来，中国地理学科一直分属自然科学地理环境与人文科学地理环境两大彼此紧密联系的组成部分。但近三十余年来，中国学者一直根据50年代苏联时期一些著名地理学者的片面理论，将地理学割裂为自然地理与经济地理学两个各自独立的专业领域，不但割裂了自然科学和人文现象之间的客观联系，还将对人类现象的研究仅限于在经济上的生产配置这一相对狭小的研究领域之中。"今天，人文地理学正和新兴的环境科学、生态科学、区域科学与行为科学相结合，力求在解决世界性资源短缺、人口危机、自然灾害、环境污染与生态平衡等重大社会问题上作出贡献，从而促进人文地理学在方向内容与方法上的创新。

以上诸学者的学术研究结果均作为文化景观遗产概念的思想基石。同时，对我国有关地方社会与史学文化方面的研究也相当丰富。早在20世纪30年代，经济学家冀朝鼎就在《我国历史发展的基础经济区与我国水利社会事业的形成和繁荣发展》中明确提出了基础经济区的概念，研究了我国史上不同时代的基础经济区划分状况，并指出它是我国历史发展统一和分裂的社会国民经济建设和发展体系以及地方政区的地域基础，而事实上，它和我国历史文化经济社会建设和发展与变迁的地域特征也基本一致。自1983年开始，钱学森先生就主张要以从定性到量化的整体综合集成方式深入研究人地关联的复杂巨体系及其构造和功能，并主张这是地质学最主要的基本科学研究。地理学家侯仁之一直主张以现代地理学的方式，深入研究我国历史地理。历经数十年，他孜孜不倦地探讨了北京地区古城起源、城址演变、公园营造、水源利用、地下水古河道复原和古城的建筑平面格局特征等，并为北京城市规划建设进一步提出了科学性的理论依据。早在1950年，侯仁之就曾提议把中国大学历史文化课中的国家沿革地域更名为国家发展史地域，指出中国历史地理研究的主要任务是探索一个中国环境在过去和现在期间发展演化的规律性。1962年，他撰写了《历史地理学刍议》等论文，更进一步阐明了现代历史地理的学术特性、科学研究方式和同传统沿革地理的主要差异，并将它发展成了一种崭新的学术。在此后的几十年间，他又陆续出版了《中国历史地质学的理论与实务》《中国历史地理概论》等论著，为这一专业的形成、蓬勃发展作出了卓越的奉献。侯仁之这一理论系统的阐释，从某个侧向说明了对中国现代文化与景观遗产研究的独特探索。

人文地理学家吴传钧开创了中国当代地理一个重要的科研领域。他从土地使用出发，把人地关系问题视为地域研究的核心课题，并指出“人地关系问题不仅体现为空间结构关系问题，而且具有许多非空间关系的客观存在，其中包括了人地关联的思维形态、人地关联的时间变化、人地关联的系统构成等，均非空间关系。与此同时，涉及人类社会综合调查的学科也不仅限于地质学，以及一些地球科学研究、人文社科和政治哲学等专业范畴。”1991年，他于《经济地理》上刊登学术论文《论地理科学的研究核心——人地关系地域系统》，认为在人和地两个社会基本要素，根据特定的规则相互交织起来，在交织组合的复杂开放的巨体系内，存在着特定的社会构造与功能机制，在空间结构上又存在着特定区域范围，便形成了人地关联的区域体系。他还认为“地理环境是相对主体来说的，而主体也就是整个人类社会。所谓地理学有广狭二义，狭义的地理学即为大自然综合体，而广义的地理学则是泛指由岩石、土壤、水体、大气和生态等无机与有机的天然基本要素与人及其社会活动，而衍生的社会、政治、经济、人文科学与自然、科学、文艺、风土民俗，以及思想和道德观等生物化或意识的人文科学基本要素，遵循着特定的规则相互交织、紧密结合而形成的一种总体。它在时间空间上仍存在着地理差别，在时间时序上则继续发展演变。”

无论是在自然方面，还是在文化方面，人们均试图根据一定的标准和特征进行类别或性质的划分。在自然方面，有天然区域的概念，即指将在所有自然地理要素相对统一的地方认为是地球表面的单元区域，是人类对地理分异规律综合影响的结果。如在中国按照自然环境条件的主要差异，可区分为三个自然区域，即东部季风区、西北部干燥地区和青藏高原地区。而在各个自然区域中，则按照不同的地理结构、地貌、天气、水土、动植物等自然要素或按照区域等级的从属关系区分不同层次的天然区域，而各个一级单位又均有其相对的一致性准则等。在人文方面，也有人文小城镇的概念，即在社会文明发展的过程中，由多种经济或特种企业文化事项和文化产业系统所覆盖的自然区域，如农民文化小城镇、工业文化市、宗教人文小城镇等。上述历史文化区和自然景观区并不必然重叠，其范围有大有小，边界有实有虚。但是，文化区的划分比自然区的划分要复杂得多，划分标准更加不易确定。中国地理学会历史地理专业委员会委员司徒尚纪在《广东文化地理》一书中，探讨了历史文化地域规划的原则、政区体制，并区分出4个具体发展的历史文化区，富有开创性含义。周振鹤在《中国历史文化区域研究》一书中，对我国历史时代的语言教育历史文化区、宗教信仰历史文化区、民俗历史文化区等进行了具体化区分，并总结归纳出极具借鉴研究价值的我国历史人文小镇分类方式。另外，在社会文化发展方面尚有对社会文化发展系统的定义。社会文化发展系统是指由很多单一的社会历史文化事件或社会历史文化现象所组成的社会文化发展有机总体，或称为社会文化发展综合体，例如，由话语、风俗习惯、服装、社会历史文化、传统艺术、食物、生产方法和制造技能等社会文化发展基本要素所组成的。如位于黄河上游的齐家文化、中游的仰韶文化、下游的大汶口文化和位于长江下游的河姆渡文化等，是我国黄河、长江文化系统的发源地，具有文化结构完整、文化特征明显等特点。

中国文化风景问题研究是文化地理学的重点科学研究领域，而文化地理学的深入研究，为今天对中国文化风景的深入研究奠定了理论学术领域方面的基础。文化地理专家王恩涌较早就在《人文地理学》中，系统介绍了中国文化风景问题研究的基础理论和具体方法，并先后发表过一系列专著和教科书。北京大学历史学教授赵世瑜、北京师范大学地理学教授周尚意的《中国文化地理概说》较早地对我国历史和文化发展的趋异到趋同、历史和文化发展的分异和扩展等理论问题开展了探索性的实际管理工作。王会昌的《中国文化地理》对中国文化形成与地理环境的特征之间关系进行剖析，并阐述了中国文化区域的形成过程和规律性。同时，金其铭、董新、汤茂林等专家学者也对自然人文景观，尤其是对村落人文景观提问进行了较多的深入研究，并获得了较显著的成效。而谢凝高、武弘麟、吴必虎、肖笃宁等专家学者也尤其重视自然聚落人文景观的问题。尤其是赵荣、李同生在《陕西文化景观研究》中，从历史文化地理的视角，以陕西省地区历史文化风景为例，探索了历史文化风景的判识理论原则和方法。另外，《黄河文化》《巴蜀文化》《吴越文化》《台湾文化》等大量重点范围、地方上传统历史社会文化作品，也揭示了地方上传统历史社会文化的许多特点，推动着中国人文景观科学研究的进一步发展。

大量人文地理学论著的相继问世和大量成果的发布，文化景观的研究内涵也越来越广泛，研究范围也日益扩大，成果日益丰富。许静波根据人文景观的特点，认为人文景观具备了时代感、继承性、叠加性、地域化和民族特色五种特征。人文景观的时代性，即人文景观的形成在时代上有着先后顺序，各个历史时代的人文景观，都是各个时期人类社会文化相互作用的产物，经过人们对人文景观的深入研究，就能够找到许多历史上的理论依据；人文景观的继承性，即人文景观在形成之后，就有着延续与保持下去的惯性作用，也就是由于这种历史文化的惯性作用，使人文景观不断得到延续发扬，每一时期的人文景观都是延续与发扬了前一时期人文景观的成果；人文景观的叠加性，即各个时期的人文景观都是对当时人类价值观的反映，不仅体现了先前时期人类的共同价值观，而且体现了此后时期人类对待该文化景观的共同心态，也体现了前后时期人类的共同价值观；人文景观的地域性，即人文景观的生存以地域为基础，所有人文景观均生存在特定的地域，而物质人文景观则由于其实体性而处于一定的范围，非物质人文景观也要以地域为载体，才能表现出它的存在；物质人文景观也有着民族特色，各个少数民族在各种各样的自然环境中，逐渐产生了赋予自身少数民族风情的产品生活方法和思维价值理念，进而塑造出了不同形态的特色人文景观，深刻地体现出民族性的特征。通过对人文景观五大特征以及相互之间关系的介绍，既能够对人文景观的特征作出科学划分与详尽说明，也能够在人文景观的使用上产生积极效应。

赵荣、李同升指出人文景观具备如下重要特点：一是基本要素的复杂化，因为人文景观并不单指由人所创造的物质文化精神与非物质文明，也应当包括成为人类文明载体并给人类文明发展产生巨大影响的自然要素。所以，人文景观的构成基本要素都具备了明显的复杂化特征。二是种类多样化，因为各地环境、人口、历史、经济诸多原因影响，使各地从人种、人口、语言、民族、社会风俗到科技、工业、政治体制等均具有了千差万别的特点，也就必然使人文景观种类具备了复杂的多样化。三是动态变化与相对变性，传统人文因素成为一个非常活泼的社会文化景观因子，它在营建文化景观的整个过程中，既反映着一定自然景观的基本特征，同时也在不断地改变、发展、流传，甚至进行着改变，因此使人文景观形式处于一种不断地相变过程之中。另外，他们还提出了文化地域综合体的概念，认为一个文化地域综合体由三个层面组成：一是作为基础的自然地理因素；二是受自然地理因素强烈制约的可视的物质文化和民俗文化层面；三是弥漫于整个地域的可悟的文化气象和精神心态，这是文化地域综合体内在的灵魂。第二个层面是叠加在第一个层面之上的，而第三个层面则穿插并渗透于前两个层面，把三个层面紧紧联结为一个有机整体。这个由三个层面所组成的文化地域综合体一旦生成，则彼此影响并彼此加强，使其整体特征日趋明显和成熟。

在考古学研究方面，通过一代代考古学家的共同努力，从20世纪80年代开始，中国考古学的时代谱系在我国各地已基本形成，并逐渐进行了完整与细分。长期以来，人们都称长江流域水系为中华民族的父亲河，视长江流域地区为中华传统文明的发祥地，把华夏地域视为中华传统文明的核心内容。大量的考古发掘，快速拓宽了人类的眼界，通过对于在世界各地不断涌现的史前时代的城址、祭坛、大墓地、大规模夯土筑基址，以及精致的玉石、彩陶和漆器，人类重新发现了中华远古文化的多源与丰富多彩，也发现了我国文明起源历史过程的新层次，并认识到了中华民族传统社会文化形成之悠久，成分之复杂。多元化合一是中华民族文明起源、发展的特点，区域之间的差异性及其千丝万缕的相互联系，无疑是理解地域文明发展的一条主要思路，也是区域文化遗产保存与发扬的主要基础。通过多元一体的文明进程，包括与此有关的错综复杂的自然地理单元，考古学家、历史研究者、地理学家们对中国各地多姿多彩的地方历史文明进行了广泛的考查与研究工作。除宏观的区域历史文化研究以外，尚有许多关注具体历史与人文现象的历时性或共时性区域研究，为人们进一步认识中国非物质文化遗产的地域特征及其发展演化的时间背景，奠定了扎实的学术基础，也成为中国人文景观科学研究的主要方式。

“20世纪的70至80年代是我国考古文化学研究蓬勃发展趋向成熟期的转变期，通过60年代的摸索和解悟，最终找出一种具有我国特点的考古文化学研究道路，一种带本质的专业研究基本理论，这便是我国考古文化学研究文化区系分类学说”。著名考古文化学者苏秉琦先生着眼于我国的文明源流、特点与未来进一步发展路线，在我国区域内把中华史前考古学的传统文明分成了六个区系类别，即以燕山北南长城地区为重点的北方，以山东为主要中心地区的东边，以关中（陕西）、晋南、豫西为中心的中原，以环太湖为主要中心地区的东南方，以环洞庭湖地区和四川盆地为主要中心地区的西南地区和以鄱阳湖——珠河三角洲等一线地区为主要中心地区的南国。在此基础上，他还创立了有名的考古文化区系分类说，即“区是块块，系是条条，种类是支系”，既说明了中国文化的地域差异性，又说明了中国文化的悠久历史传统。这一学术思想在考古学界形成了重要影响，并促进了国内地方考古学的进一步发展。考古学家严文明曾论述过我国史前文明的统一性和多样化，把我国考古学历史文化区分成了华夏、甘肃、山东、燕辽、江浙以及黄河上游六大历史文化区。考古学家张光直也曾把龙山文化区分成了彼此联系的山东、良渚、黄河上游、齐家、清龙泉五大区域。考古学家郭大顺曾把我国分类为三大文化小镇，即以印纹陶器、尖底锅和粟作农产品为主要特点的中国文化小镇，以鼎和稻作农产品为主要特点的东南沿海地区和南部文化小镇，以筒型陶瓮和渔业产品为主要特点的东部文化小镇。这都是根据史前考古学文化特点所开展的区划调查工作，从某种程度上也体现了文化的地域性。这些对考古学历史文化的分析，本来就表明了中华文化蕴含的丰厚多采，正如苏秉琦先生所言简意赅的概括——“满天星斗”。同样，对古代少数民族文明遗存的发掘与研究，也使多元一体的中华民族与我国各少数民族统一国家的建立与发展的过程越来越清晰。

20世纪80年代开始，环境考古学与景观考古学的重要进展，对文化景观遗产的保护产生了重要影响。环境保护考古学研究是揭示人与社会文化相互作用产生的社会环境并且研究人与大自然相互作用的考古学研究分支专业，是环境保护科研和考古学结合的产品。环境保护考古学研究的定义于20世纪

30时代明确提出，在60年代发展为一个专业。环境保护考古学研究的主要研究对象，涉及人产生之前的整个第四纪时期同人相关的自然问题，研究的重心是从新石器时期至历史时代初期，人类文明同大自然之间的相互关系。由于环境保护考古研究的进展和研究手段的完备，很多重要考古学研究项目的完成，均有赖于环境保护考古学研究的帮助。例如，利用对古迹周围生态的复原，探究自然与人起源和发展方面的关联，明确了古迹周围各文化层的年龄，理解了古代人们所生存的自然界及其演变历程，从而探知古代人类地理环境与气候方面的关系变化对人类文化的影响。国际文化人类学术界于20世纪80年代开始对自然环境与人的互动关系展开探讨，并强调自然环境是由人来创建的、有意义的而且是有争议的。在这一历史背景下，景观考古成为考古学界探讨的新兴范畴，并促进了景观考古学的产生。自然景观考古学并非传统意义上的环境考古学，它更注重人对环境的了解与认知。此处所指的自然景观并非静止的、被动的天然物体，而是一个人的自然景观。而由于人们对认知的改变，自然景观的内涵也发生改变。相关专家与学者指出，人类景观考古学的核心内容主要有三个：一是运用自然科学的各种手段来认真地研究人类环境，其主要研究的课题是社会学的基础；二是指出人和自然环境之间的互动关系是历史随机性的、动态的和可持续变动的，而这些关系又受制于文明观念和过去人们的经济活动；三是意识到人类环境本身的变化，很大部分上是人们行为过程动态地和大自然相互作用的结果。

三、文化景观遗产的探索与国际共识

“景观”最早一直属于人文地理学的研究范畴，19世纪开始出现在学术界。景观在人文地理学的研究范围从“自然”的形式转变到“聚落”的研究，因此，文化景观的研究也出现了天然形成的“自然景观”以及人类景观聚落发展演变的“文化景观”。卡尔·索尔最早将“文化景观”这一理念引入学术界，并将文化景观定义为是在自然景观的基础上由人类文化群体重新塑造的景观。景观会随着文化发展在不同阶段的影响下呈现出不同的视觉效果，循环往复。世界遗产提名地评估是由ICOMOS（International Council on Monuments and Sites，国际古迹遗址理事会）和IUCN（International Union for Conservation of Nature and Natural Resources，世界自然保护联盟）根据提名的类型分类别完成，但是人们对于遗产的自然价值和文化价值还没有充分的认识，因此，文化景观的提出丰富了世界遗产的类别并且对世界遗产体系也产生了很大的影响。1984年，在世界第八次世界遗产大会上，乡村景观作为世界遗产的文化景观被提名并经过激烈的讨论。在当时，《实施世界遗产的操作指南》（以下简称《操作指南》）还不够对文化景观有一个很完整的范围诠释，因此世界遗产委员会召开专家会议来讨论是否以自然和文化为特点的乡村景观作为文化景观以及文化景观的认定范围，并于1985年对《操作指南》提出了修改意见。在1987年英国湖区乡村景观申遗过程中，ICOMOS认可了湖区作为文化景观的价值，但是IUCN给予了否决意见。同年，专家组再次召开会议讨论关于自然和文化的景观以及乡村景观的问题，他们认为许多乡村景观提名地的乡村景观的价值并不符合自然遗产标准和文化遗产标准，但是，在自然与文化的结合上使乡村景观具有了一种混合的遗产的价值，因而应该作为自然和文化混合的遗产类别来认定这些乡村景观。根据对乡村景观的探讨研究以及“人与自然和谐共生”这一理念，世界遗产委员会将地理学术研究中提出的文化景观这一概念运用到遗产的类别提名上，并且在第十四次代表大会上首次提出将乡村景观列为文化景观的范畴。1992年，修改后的《操作指南》通过，文化景观在世界遗产领域作为一种遗产类型最终被确立。

此后，在《关于城市历史景观的建议书》中所提出一种保存遗产和管理历史名城的创新方式，即城市历史景观方法在世界遗产委员会第三十六次会议被通过，并且对于文件此前出现过的历史区域城市、历史城区、城市遗产等重要概念进行了汇编。世界遗产文化景观的认知和发展进入了新的阶段。在1992年12月，联合国教科文组织世界遗产委员会第十六届会议在美国圣菲召开，“文化景观”代表《保护世界文化和自然遗产公约》第一条所表达的“自然和人类的共同作品”被列入了世界遗产的范畴，成为自然与人文环境的纽带，连接物质生活和自然因素，在经济文化的作用下促进人类与环境相辅相成的进化。

（一）文化景观遗产保护的探讨

1992年世界文化遗产将文化景观确定为世界文化遗产，人们对世界文化遗产的认识更加丰富，文化景观作为一种特殊的世界文化遗产在人类与自然的类别被重视起来，自此，衡量文化遗产的标准“突出普遍价值”也随着人类对世界文化遗产的重新认识发生了多次调整。其中，人们重新思考世界文化遗产的性质，有了许多实质性的进展，对于文化景观类别的确立，使世界遗产所代表的范围更加具有宽泛性、普适性，也让自然和文化、人类与自然环境以及物质遗产和非物质遗产之间的联系更加紧密，世界文化遗产更加具有代表性。《操作指南》将文化景观分为人类有意设计和建筑的景观、有机进化的景观和关联性文化景观三种类型。其中由人类有意设计和建筑的景观是人类根据自身的审美和发展需要所营造的园林景观，这类景观常常和宗教信仰或者纪念性建筑有很大的联系。“有机进化的景观”是在原始的社会条件、经济发展以及行政和宗教的影响之下，随着时间的发展演变与周围的环境达成一种相对融合的状态而产生的一种形式。“关联性文化景观”是指景观与自然宗教艺术或者文化有明显的联系性，景观作为表现文化的一种物证存在。文化景观遗产的存在用自然的形式记录了一个时代的文化，更加全面而完整地体现了人类与其长期生活的自然“和谐共生”的理念，相对于单单表现遗产来说，文化景观更加强调人与自然“和谐共生、可持续发展的理念”。

1993年10月，在德国柏林，联合国科教文组织举行了一项有关“世界具有突出文化的价值遗产”的会议，在这次会议上，联合国教科文组织提出了一项关于“未来行动计划（文化景观）”的计划，目的是对于《世界遗产名录》的提名认定和管理评价的文化景观范畴给予一定的指导，这一计划对于文化景观的专题研究起到了非常重要的作用。1994年，在第十八届世界遗产委员会上专家认为，主题研究可以作为《世界遗产名录》的有效方法，并且提出了关于《世界遗产名录》的“全球战略”，建立了具有代表性和平衡性的世界遗产类型。这时候，人们突然意识到，欧洲的建筑和人造的景观类型以其宏伟壮观和富丽的外观在《世界遗产名录》中占据了明显的优势。而相对来说以其深度、复杂度和多样的传统文化环境而形成的景观建筑类型失去了优势，极少有代表。这种现象是由于过去将遗产简单地分为“自然遗产”和“文化遗产”而造成的。而新提出的文化景观正好弥补这一现象。正是因为《世界遗产公约》的精神文化遗产在保护实践中不断完善调整，《操作指南》的内容也在不断调整变化，才使我们的世界文化遗产逐步扩充调整，以至于能够代表它的普遍价值。在1977～2005年的28年，《操作指南》就经历了高达17次的修改完善。在世界文化遗产的保护方面，从只重视文化方面的保护转向文化和自然相结合的遗产保护方面。例如，世界文化遗产类型的“文化与自然混合遗产”就是由文化景观和自然景观混合而形成的“文化景观遗产”，已经成为世界遗产保护的重点保护的对象。

另外，在学术界关于“文化与景观”为主题的专题会议也在如火如荼地进行。例如，在国际景观生态学会（IALE）与美国地理学家协会（AAG）的学术会议上、1994年的美国第九十届地理学关于“文化研究在地理学中的应用：神话、景观、通讯”的年会上，以及1994年的世界自然保护同盟（IUCN）大会上提出要利用景观生态学的原理以及土地资源的管理来促进文化景观的发展战略，1995年国际生态学会上提出对于景观的类型，文化景观的可持续发展等。美国学者霍纳蔡夫斯基在1999年提出了“生态导向”这一概念，他认为美国城市的生态被严重破坏以及城市无序蔓延是因为美国人的观念更加注重土地的潜在经济价值，从而忽略了土地的生态价值。根据这种现象，他提出了“生态导向”这一理念。“生态导向”理念的提出迅速在全球范围内得到了积极响应。逐渐从“生态优化”重点的“保护”开始转向生态重点的“生态导向”方面发展。至此，美国也开始在区域开发中实行“精明增长”这一计划，并且提出了一系列目标，包括如何控制城市的扩张、保护土地和生态环境以及提高人民经济生活水平等。“精明增长”这一计划以其健康平衡的保护区域发展的模式得到了全世界人民的普遍认同。

同时，越来越多的文件和国际公约出现，标志着人类对于人与自然和谐相处的文明达成全球共识。例如，《伊斯坦布尔宣言》在1996年联合国第二次“人类住区”会议上的发布，表明了各国政府致力于帮助改善全球相对发展较为滞后的国家的人居环境的决心；《世界文化多样性宣言》在2001年联合国教科文组织第三十二届会议上被通过，标志着“人类共同财产”这一文化多样性首次在国际社会上被承认，并达成一个民族共识，那就是在文化的表现形式上可以是丰富多彩并多种多样的。届时，我国也颁布了《中国21世纪议程——中国21世纪人口、环境与发展白皮书》，将生态环境的可持续发展作为我国的基本国策之一。对于21世纪的人类来说，我们的时代已经进入了“生态时代”，在解决人类衣食住行等所有问题的同时首先要考虑的就是生态问题，将生态这一思想作为人类生存现象的指导思想，同时强调人类的生产生活方式最重要的是与自然和谐共生。21世纪，国际上已经把生物的多样性从三个层次扩展为四个层次，分别是“基因、物种和生态系统”到“景观、景观生态学、景观建筑学、景观规划学”。这些学科虽然和景观在内涵上表现得非常接近，但是又有从自己学科出发的视角以及延伸的本学科的内容。至此，在这些层次中，文化景观这一概念被赋予很高的评价，因此，文化景观拥有很崇高的使命。文化景观作为世界文化遗产的新的特殊类型，不仅是“生物多样性的最后储藏所”，还是世界文化遗产保护上一项重要的内容；不仅能反映人类在这片历史文化土地上生存的证据，而且也应该成为人类利用这片土地的一个模版，并能够继续为人类提供人与自然和谐共生以及文化多样性的一个机会。

（二）文化景观遗产的保护与管理

随着世界文化遗产将文化景观划入《世界遗产名录》范畴，人们对于文化遗产景观的关注也越来越多。实际上，在这几十年中，各国都非常积极地探索、发展、保护各国的国家和地方文化遗存，将这些文化遗产和生态经济建设以及社会的发展紧密结合，并且为城市的规划以及土地管理利用相关政府部门对于文化遗产保护区的划定，提供了积极的管理、便利的认定、科学的决策，以及新的可执行的管理和保护的思路。也为区域协调发展战略提供了有利的支撑以及许多成功的经验案例。例如，美国最早实行了“国家公园”（National Park）的制度，这一制度的建立和实施，将重要的文化景观遗产归为国家所有，既能保留土地以及类型丰富的国家文化遗产，又能保护文化景观遗产的公益性、完整性、科学性。这一制度的确立，无疑是非常明智的一种保护手段；意大利非常认同保护就是不改变现状，对于文化遗址的保护在庞贝古城的遗址保护中体现得淋漓尽致；英国约克郡曾经通过编制“地下古迹分布图”的办法来防止文化遗产在大规模的建设中被损坏，通过编制这些图纸来保护遗址的方法也为现代提供了一个保护模版和科学依据；日本则是通过法律来实施文化遗产保护，通过国家和地方立法，再由中央和地方政府实行，才使京都和奈良的文化遗产作为历史文化遗迹保存下来；德国使用现代的航空测量和遥感技术等科学技术手段对本土的文化遗产进行普查。

1979年，澳大利亚制订了《保护具有文化意义地方的宪章》(《巴拉宪章》),《巴拉宪章》是多年来备受关注的关于文化遗产保护的文件类型。该宪章将“地方”这个概念定义为“场所、地区、土地、景观、建筑物（群）或其他作品，同时可能包括构成元素、内容、空间和景致。”它用“地方”这个概念来表达文化遗产的概念，这点与国际上的表现有所不同。国际上文化遗产是以文物、建筑群和遗址来变现文化遗产，而且它还鼓励更加宽泛地理解文化遗产，认为在历史文化长河中占有重要历史文化地位的“地方”都可以视为文化遗产。那么这将不可避免地涉及文化的重要程度，文化的价值不仅体现在历史、美学和科学上，还体现在社会生活和精神生活上。《巴拉宪章》中表示，文化遗产保护首先最重要的就是保护“地方”文化，强调地域性的体现。不仅是因为具有文化遗产重要性的地方具有历史纪录的意义，而且它还是国家认同的物质上的有形的表现形式。这些定义，涵盖了各种各样类型的世界文化遗产存在形式，还提出了有形和无形的保护概念。“地方”这个概念第一次提出是在20世纪50年代的人文地理学研究范畴，它将“地方”作为“有一定意义的区位”，这些区位能够作为我们对一个场地初识的理解和观察，帮助我们认识和理解世界。而在《巴拉宪章》中所提到的“地方”，更加像是一种宽泛的概念来解释和定义文化遗产的范畴，这个“地方”可以容纳很多种活态元素，这些元素的介入对于文化遗产的保护以及“地方”所处的人们来说具有非常重要的作用。它能够使“地方”更加具有当地文化特色，也能使当地的民族具有归属感，并且通过文化遗产保护还能更好地促进不同民族之间的理解和认同。

21世纪之交，在奥地利联邦科学研究和艺术部的倡议之下，推出了一项“人文景观”的研究计划，计划内容是关于人类环境和生态发展的问题。在该计划的序言中指出：“为了保护我们生存空间的生态功能，为了保障经济框架条件和当地居民的生活质量，必须力求在充分考虑生活空间不同功能、人对空间的不同要求，以及与生态框架条件之间相互关系的情况下，加强利用空间的计划编制。因此，文化景观研究的任务是，在可持续利用生态空间的意义上，针对存在的问题，选择奥地利文化景观的发展方向，制定实施相宜战略的基础。”这项计划指出了纲领性的目标：第一，减少人为的物流；第二，优化生物多样性与生活质量间的关系；第三，在具有活力的景观内促进生存和发展的选择。这三个目标以“生物多样性”与“生活质量”这两个问题的核心要点出发，为发展提供了多种的方案选择，也为奥地利的文化景观事业的可持续发展战略提供了基本方针。奥地利政府将文化景观的概念和科学地保护地球生态环境的理念结合起来，将人为的生活习惯和自然关系通过文化景观紧密联系在一起，并且丰富地表现出来，把生态景观建设的可持续发展和保护上升到文化保护的高度，把文化景观的可持续发展研究作为国家研究的重点计划，这一系列的措施是奥地利紧跟世界脚步和对世界文化景观研究事业的积极贡献。

（三）文化景观遗产保护国际共识的形成及相关范例

1. 国际文化景观遗产保护条例及研究

在21世纪，文化景观遗产的保护理论和方法才逐渐达成共识，在此之前，对于文化景观遗产的保护经历了一个较为复杂且漫长的过程。2001年2月，联合国教科文组织在越南会安发起了一项关于探讨建立和颁布最佳保护范例的区域标准，参加此次会议的成员来自南亚、东亚和东南亚的考古、建筑、城市规划及遗产地管理等领域的专家，目的是使亚洲的遗产能够得到保护。此次会议上特别强调遗产保护在可持续发展中的重要地位，他们认为："亚洲的历史文化遗产在自然和人为的遗产范围上不仅和它所在的地方的地理条件和人文环境有密切的联系，同时也表现着非物质文化遗产的文化传统。"因此，专家们特别强调了自然遗产中的非物质文化遗产和文化景观遗产保护之间的联系性。在文化景观的理解上，此次亚洲会议认为："文化景观指的是所在场地经历的历史事件、人物活动或展示出了其他的文化或美学价值的表现形式，包括当地的文化、自然资源、野生动物、饲养家禽等资源。"而专家认为："文化景观能够表现不同地区的文化的哲理和认同的观点，这对于文化景观的认识和保护以及文化遗产的多样性具有极其重要的作用。"文化景观并不是静态的景观形式，我们保护文化景观并不是要保护其现有的状态而是要通过多文化景观的认识观察，探索以一种可持续发展的心态来了解在这些文化景观形成过程中的文化人为历史演变过程。2005年12月，《会安草案——亚洲最佳保护范例》在会安被联合国教科文组织通过。

2003年7月，第二十七届世界遗产委员会会议在巴黎召开。会议上对于高层建筑这一问题展开了激烈的讨论。会议上关于维也纳"中央车站项目"的高层建筑高度的问题提出了讨论，包括该项目建造三栋高层塔楼的问题以及延伸到世界遗产和历史城市附近建筑高度的问题。经过一系列的研究讨论，世界遗产委员会要求世界遗产中心就这一问题召开专题会议进行研究。2005年5月，以"世界遗产与当代建筑——管理具有历史意义的城市景观"为主题的国际会议在维也纳召开，专家实地考察了维也纳的历史城市景观的保护现状。根据调查发现：维也纳的历史城市景观通常以4～6层建筑高度为特点，城市楼房的屋顶普遍采用19世纪的古典主义的建筑风格，形成协调统一的城市文化景观。但是教堂和宗教建筑作为城市的地标建筑，其形式区别于其他普通楼房的风格形式，往往采用穹顶和尖顶，确保可以从城市的各个角度看到。当然，这座城市也存在一些高层办公建筑，但是这些高层办公建筑也因为地理环境的原因并没有影响到城市文化景观。这些高层建筑兴建于20世纪50～70年代，坐落于历史中心的边缘位置，所以在当时并没有人认为这些高层建筑影响了城市文化景观。2001年，《世界遗产名录》将维也纳历史中心列入遗产名录，这一事件极大地提高了维也纳市民对城市文化景观的认识程度，由此，他们提出了一系列的质疑，包括新建城市高度对于城市的轮廓线和城市文化景观的影响，这些问题也引起了世界遗产委员会的关注。维也纳会议还提出了其他国家城市对于世界遗产城市的新建筑扩建以及住房和办公场所的新建对于城市文化景观来说可能产生的威胁作用，这些国家遗产城市包括北京、加德满都、科隆、里加、波茨坦、阿维拉和危地马拉城等。

此次会议的重点是：关于如何协调历史文化名城或历史地区在现代化建设的关系；如何在满足建设现代建筑投资要求的同时保持原有的文化特性和历史特点；如何了解文化景观可以接受的改造范围；如何建立完整适用的评价标准等问题。会议形成了《保护具有历史意义的城市景观备忘录》(《维也纳备忘录》)，并提交到第二十九届世界遗产委员会会议获得通过。《维也纳备忘录》文件的形成，具有很重要的历史意义，当代建筑的发展在文化遗产保护上对于城市文化景观具有指导性意义。维也纳会议的“历史城市景观”的概念也是一个新的理念，超越了国际宪章中使用的“历史中心”“整体”或“环境”等术语的范畴。历史城市景观所包含的区域非常广泛，而且考虑的范围和方面也比较充分，充分考虑到当代建筑、城市可持续发展和文化景观完整性之间的关系，因此被视为一个关于在提倡采取综合方法维护城市景观方面非常重要的声明，并且作为《内罗毕建议》的补充性区域级指南。2005年10月，联合国教科文组织第十五届《保护世界文化和自然遗产公约》(《世界遗产公约》)缔约国大会在巴黎通过了《保护具有历史意义的城市景观宣言》，此次宣言的重点内容是强调在当代建筑的新建和扩张时应该将新建建筑融入当地的历史城市景观中去，并且着重提到开展文化和观赏影响研究的重要性。宣言还要求各国都将《维也纳备忘录》中所确定的几项原则内容纳入各自的遗产保护政策中去。

2005年版的《操作指南》对文化和自然中一直运用的相关标准进行了整合，此版操作指南规定：“如果遗产符合下列一项或多项标准，世界遗产委员会将会认为该遗产具有突出的普遍价值。(1)代表人类创造精神的杰作；(2)体现了在一段时期内或世界某一文化区域内重要的价值观交流，对建筑、技术、古迹艺术、城镇规划或景观设计的发展产生过重大影响；（3）能为现存的或已消逝的文明或文化传统提供独特的或至少是特殊的见证；（4）是一种建筑、建筑群、技术整体或景观的杰出范例，展现历史上一个（或几个）重要发展阶段；（5）是传统人类聚居、土地使用或海洋开发的杰出范例，代表一种（或几种）文化或者人类与环境的相互作用，特别是由于不可扭转的变化的影响而脆弱易损；（6）与具有突出的普遍意义的事件、文化传统、观点、信仰、艺术作品或文学作品有直接或实质的联系；（7）绝妙的自然现象或具有罕见自然美的地区；（8）是地球演化史中重要阶段的突出例证，包括生命记载和地貌演变中的地质发展过程或显著的地质或地貌特征；（9）突出代表了陆地、淡水、海岸和海洋生态系统及动植物群落演变、发展的生态和生理过程；（10）是生物多样性原地保护的最重要的自然栖息地，包括从科学或保护角度具有突出的普遍价值的濒危物种栖息地。”

2. 我国文化景观遗产保护的理论与实践

2005年10月，在西安召开了第十五届国际古迹遗址理事会，在大会期间举办的“古迹遗址及其周边环境——在不断变化的城镇和自然景观中的文化遗产保护”的国际科研研讨会上，各国的代表互相交流了众多的案例并进行了深刻反思，使大会最终形成并通过了《西安宣言》。《西安宣言》的内容主要关于“保护历史建筑、古遗址和历史地区环境”，宣言强调采取适当的手段来应对生产生活方式、农业发展和旅游以及大规模的天灾人祸所影响的城市景观的变化是非常必要的。对于城市文化景观遗产的保护、建筑遗产的延续以及其周围的环境也具有很重要的意义，这些手段的运用，对于减少对文化遗产在历史进程中的真实性和历史价值的损失及所有建筑及周边有特殊文化历史意义的环境的保护都具有重要意义。当然，周边环境除了周围建筑外还包括建筑与自然环境之间的关系；在历史文化的长河中，所有的时间节点所产生的人类社会和精神实践、传统习俗的认知活动，以及现代社会活跃发展的文化经济，这一系列的人类文明，共同创造出了一个历史文化场地的周边环境的非物质文化遗产。

《西安宣言》是一项关于文化遗产保护的文件，对于国际文化遗产保护事业具有里程碑式的意义。国际社会第一次在行业共识性文件中关于《西安宣言》的重要性提出以下观点：文化遗产是以历史文化作为载体，以及地理环境共同形成的文化遗产，若是单单只有历史或者地理环境一方面，那么文化景观将会成为单一的标本。虽然，我们不能否认单体文物的重要性，但是文化生态环境同样不可或缺，文化遗产的整体性在历史环境中能够给人们提供强烈的精神记忆，因此，“人文环境”最能体现文化遗产中的真实性部分。2008年6月，在杭州西湖召开了关于“世界遗产保护·杭州论坛”，正值我国第三个“文化遗产日”前夕，此次会议汇聚了80多位文化遗产专家和遗产地管理者，这些专家来自全世界的15个国家，他们探讨了关于文化景观遗产保护事业所面临的挑战以及应该采取的相关措施。各国的专家和代表结合本国的文化景观遗产的特色进行了深入的交流以及研究成果的共享，对于文化景观遗产保护与利益相关者、文化景观遗产突出的普遍价值的认定、文化景观遗产的管理和监测、文化景观遗产保护与提高生活品质、文化景观的可持续发展等热点问题进行讨论。各国会议代表一致认为，虽然不同国家的文化景观根据当地的特色环境形成不同的特色，但是每个国家的文化景观遗产都面临着同样的问题，即新的城市建设的扩张和自然灾害的破坏。解决这些问题，对于文化景观遗产的保护刻不容缓。因此，我们应该重视文化景观遗产的保护理念，科学地认识文化遗产的内涵，完善地评估标准以及制定有效的法律规定，并且将文化景观遗产的保护融入民众的日常生活当中去，让文化景观遗产保护和人们的生活息息相关。

虽然文化景观遗产的概念提出已经经历了多年的历史，但是真正意义的对于文化景观遗产的保护和认识思想形成的时间还不长。在我国有56处遗产被列入《世界遗产名录》，但是作为文化景观遗产却只有五处。正是因为这一不平衡的现象，反映出我国对于文化景观遗产的认识和研究的不足，以及关于保护的思想也较滞后。实际上，我国地大物博，资源辽阔，文化景观遗产的类型也非常丰富。目前，我国逐渐对文化景观分批次保护，例如，设定国家级和省级历史文化名城、名镇、名村，设定国家级和省级等重点文物保护单位以及国家重点风景名胜区、国家级自然保护区等。这些丰富的历史文化，都是人类与自然共同完成的作品，这些文化景观也应该作为文化景观遗产被保护。截至2019年底，国家文物局重新设定了《中国世界文化遗产预备名单》，名单按照在中国世界文化遗产专家委员会考察、评估和推荐工作的标准，包括了共81个项目，深刻体现了我国历史文化遗产的丰富多样性，也表现出近年来国际社会对于文化遗产的认识有了新的认识和扩展。经过一系列的分析，我国目前可以列为文化景观遗产的遗产景观约占三分之一，包括嵩山古建筑群、杭州西湖·龙井茶园、元上都遗址、哈尼梯田、丝绸之路中国段、大运河、藏羌碉楼及村寨等。如果这些文化景观遗产能够上报《世界文化遗产》名录中，那么对于国际的文化景观保护和研究具有举足轻重的作用。因此，我国对于文化景观遗产的申报具有很大的潜力，对于国际文化景观遗产的丰富性提供了很大的帮助。

第四章　中国传统人文要素在景观中的重要性

4

随着时间的沉淀和发展，中华民族上下五千年历史拥有的是源远流长的、独树一帜的传统文化。传统文化反映了中华民族的特质，是各民族历史上各种思想文化和观念形态的综合体现，它区别于当代文化和外来文化。

第一节　传统文化符号在景观中的重要性

符号学一开始是为研究语言以及语言学的规律渐渐形成的一门学科，后来与其他学科交叉发展成为交叉学科。传统文化符号是传统文化与符号学的结合，任何一个社会形态都有其对应的文化，任何一种文化都需要历史和人文的积累，并具备延续性和历史继承性。传统文化符号不仅承载着文化传承的功能，还体现着地域文化中的重要元素。

设计类学科具备文化生活和信息交流的特点，所以在符号学中，符号的语言和原理方法论可以与景观设计相融合，在景观设计的大环境之下给予符号有关的概念和理论，这样可以成为景观发展的理论依靠和形象标记。

传统文化符号承载着丰富的传统文化知识，也体现着当地突出的表现元素。中华民族的传统图腾就是具备深刻文化底蕴的中国符号。实际上景观设计就是由各种各样的符号按照既定的比例结构和设计方案组合起来的，是表现当时的地理背景与人文特色的重要载体。景观设计的载体有时是具体的形体，有时是时间，有时是空间色彩等艺术形式的存在。我国的传统文化符号往往用平面的符号方式来表达，例如，在古典园林中，绘有动物、植物、太极、瓦当等图案的图腾。这些平面符号可以砖雕，可以木雕，也可以彩绘来装饰建筑和景观表面，形式多种多样，屋脊兽头、檐口瓦当、柱头木雕、花墙漏窗、地面铺装等都是常见的装饰形式。这些图案都承载着人们对自然和祖先的崇拜，是伦理意识和道德观念的混合载体。而立体的符号形式则主要出现在小品建筑中，阙、坊、幢、碑、塔、柱等小品建筑都表达了当时的历史背景下人们的感情和崇奉。一个空间形态的符号形式往往需要时间

图4-1　亳州花戏楼砖雕

图4-2　东阳木雕建筑装饰

才可以被人们体会到它的全貌，如中国古代古典园林当中，曲径通幽的廊道和四处漏窗的花墙就体现了我国古人追求婉转、曲折和自然的空间审美观点（图4-1、图4-2）。

在全球化的浪潮中，我国的景观设计逐渐与国际接洽，在景观设计中融入了大量的外来元素，导致我国本土的文化特色正在逐渐流失，因此将传统文化符号应用到景观设计中十分有必要。纵观近几年的景观设计，传统文化符号的内涵没有被完全表现出来，设计人员在设计过程中偏重于物质表现，对传统文化了解不深，设计成果白璧微瑕。传统文化作为我国的民族象征，不能那么轻易地就被外来文化所取代。景观设计作为一种文化载体，在吸收外来元素的同时要注重我国本土的文化特色和地域特征。

20世纪初诞生的新兴学科——符号学，为相关的学科提供了研究方法和理论架构的重要依据，这些学科包括现代语言学、结构主义和人类文化学史学。符号对现代设计专业领域也有许多影响，它诞生于这些学科又渗透到人类社会和科学的方方面面。人类社会中存在的一切事物都是一种符号，这是学界普遍认为的观点。符号学是研究事物变化的本质，通过人的意识对其进行解读和解释符号背后的意义，是人类意义的世界。设计符号学是一种综合性、交叉性的表现形式，是一种文化艺术形式，具有独立的审美意识。设计学与符号学之间密切地联系在一起，相互融合渗透。景观设计具备艺术与科学双重学科属性，研究过程中需要对自然科学与艺术人文的相关因素进行有效的整合。符号学理论能够汲取景观设计中蕴涵了复杂的语义指涉关系，并且能够把各个学科的相关成分进行整合以有效提高信息的关联性。传承文化和超越传统是景观设计的核心问题，同时也是人类精神意志物化的表象之一。将符号学理论与景观设计结合形成完整的景观设计符号学，通过全面、准确的语义分析，能够实现对原有文化景观的认识的再突破、再创造和再发展。

一、造型

具体来说，在景观设计中，传统文化符号首先体现在造型上。在景观设计中运用传统文化符号的表现形式就是对其造型进行抽象、简化。由于传统文化符号形体过于具体繁琐，细节内容过多，因此现在的景观设计中大都对传统文化符号进行了简单的抽象简化，这样就可以把传统文化符号运用到一个形象的整体概念中。在这个过程中，传统文化符号所承载的传统文化背景和意义并没有消失，仍然可以代表一个时代的文明。在这个抽象简化的过程中，通过景观空间组织中的“面”元素来表现传统文化符号的整体外貌，将景观形体抽象为轮廓线之后改变成景观空间中的面，这是一种简洁明了的方法，如立面实体、墙体镂空、图案化都是这个方法的具体表达。在保留传统文化符号的整体形状的同时去除一些不合时宜的、过于烦琐的细节，通过现在的技术、手法和材料加以呈现，就是焕发着新生机的、体现时代背景的新文化景观。如上海的金茂大厦，通过层层内缩和檐口处的外挑在顶端形成塔尖，就是对中国古塔形体的整体把握，去除部分细节、简化结构，进行简单的形式变换，表现出了传统形体的特征。昆明世博园的牌坊“巴渝园”，也是对传统牌坊的继承更新，与传统牌坊相比，“巴渝园”的牌坊保留了传统牌坊的基本结构框架，在这个基础上推陈出新，去掉一些装饰细节，既继承了传统又突出了时代特征。在传统园林文化中，“地花”是一种特殊的文化运用。通过卵石、碎瓦片等材料进行地面铺装，铺筑出各种各样具体或抽象的图案来表达人们的祝愿和祈福。在现代景观设计中，设计人员仍然采用各种在地面上的铺装绘制各种平面图案，与古人一样表达祝愿祈福或单纯作为一种装饰，都体现了“地花”这种传统文化符号的发展。

二、色彩

景观设计中，传统文化符号还体现在色彩。不同的民族、地区，不同的宗教、习惯，不同的文化、习俗等，都可以用不同的色彩来表示。色彩是景观材料的基本属性，一个地区或民族代表的颜色也是一种传统文化和地域文化的重要特征。例如，提到北京，就可以联想到故宫的红墙灰瓦，提到苏州，可以联想到白色的墙体和深灰色的马头墙。苏州传统民居的主要建筑色调粉墙黛瓦运用到了苏州博物馆的建筑设计中，从视觉上就给人一种静谧、清雅的感受。这也是传统文化符号在现代景观设计中的运用体现。

三、材料

作为景观设计中的基本成分，合理利用材料运用到景观设计中也可以在景观的空间设计上进行创新，使其发展成为景观的细节。景观设计中运用的一些地方素材已经成为一种必要供给而不是为满足客观需要。景观设计中，传统材料与现代材料的结合和恰当组合也可以体现传统文化和地域特点，这在景观设计中也是一种重要的表现手法。例如，北京奥林匹克公园同时采用了传统建筑材料和钢结构。奥林匹克公园中将传统建筑材料青瓦作为景观设计中主要的铺装设计形式，又采用钢结构叠加形成半通透的景观墙，体现着明晰的现代感，同时也体现着北京传统的文化意蕴。苏州博物馆中的亭设计也是如此，在钢骨架支撑的系统上运用了双层的玻璃顶，并且覆盖了木饰贴面的格栅，在整体的结构梁上增添照明的灯具，以此体现出新的景观设计理念。

四、空间

我国古典园林设计中对于园林意境的空间序列营造，往往运用以小见大、先抑后扬的表现手法。当代景观设计深受西方景观设计理念的影响，在景观设计中往往注重空间结构和几何布局，侧重空间形式的设计，从而忽视了意境的营造。虽然目前我国在景观设计中也取得了不小的提升和延伸，但是空间设计还存在较大变化。如在设计面积巨大的风景区时，在规划景观建筑等级、服务对象和空间属性时都发生了一定程度上的变化，目前空间属性的营造仍然是景观设计中的重点设计对象。

五、传统文化符号

传统文化符号是早就被运用到景观设计中的，如传统的绘画、汉字、图案纹饰等都在我国景观园林设计中有所体现。随着我国人民传统意识的加强，以及新的设计理念和施工技术的发展，传统文化符号在景观设计中得到了更加广泛的运用。

（一）汉字

汉字作为中国传统文化中的重要组成部分，凭借它独特的造型和深刻的文化内涵在设计领域得到了广泛的运用。在景观设计中，汉字可以被篆刻在石壁和砖墙上，可以被书写在木头上表现园名、景名，也可以被用于陶冶情操，抒发人们的情怀和所感所想。汉字的运用使园林景观诗化，具有较高的审美价值。文化符号是一种价值的体现，例如，2010年上海世界博览会的建筑中，中国馆的设计就运用了江南园林的设计风格，搭配文字篆刻，赋予了中国馆语言特征。在苏州园林中，大量的天体符号的综合运用，表达了古人的精神寄托和对自然的崇拜，如“日”“月”“云”“风”“雨”“雪”“虹”等气象符号最为常见。日之意向代表了新生的希望，日月体现着空间与时间的有序更替变化，它的起源可以追溯到原始的对太阳的崇拜。日之意向的形成正是一个祥和世界的存在基础，而月之意向则表露了古人对于思乡怀古的情绪（锄月轩、响月廊、风到月来亭等）（图4-3），日月交替体现了古人天人合一的思想。云之意向则蕴含着丰富的意蕴与雅致，是时间的意向符号，它具有轻盈、高雅、飘渺的意味（梯云室、卧云室等）。风有清风池馆；雨有听雨轩；倚虹位于东半亭。古典园林中墙就是一道景，也是一种文化。苏州园林取法自然，将圆窗、圆形洞门等元素配以天体装饰，日月星辰穿梭其间，展现出传统文化的精妙。苏州园林中对“福”字的直接运用较为广泛地体现在铺地、家具、隔墙、漏窗等之上，通过谐音和象征手法表达人们心中的精神

图4-3　苏州网师园风到月来亭

寄托。古典园林中大量圆形漏窗都采用对称简约“福”字镂空雕刻手法表现，也有许多门窗采用蝙蝠的纹样形式，寓意美满、幸福、富裕、长寿；常见的还有“鹤”纹样，鹤是中国的吉祥圣物之一，“松鹤长寿”表达了长寿、吉祥、神圣的寓意；鹿是“仁兽”，更是与“禄”同音，意为仕途顺利通达，鹿与松的配合形成“松鹿长寿”；鱼与“余”谐音，鱼的图案在苏州园林中的表现，多装饰在铺地上，寓意年年有余（如拙政园的“鱼连图”）。中国的祈福文化由来已久，文字符号化的表达正体现了古人最感性的意向追求，古典园林中的文字符号应用表现出浓厚的传统色彩，这是古人对于传统美学意向追求的智慧之处。

（二）传统绘画

传统绘画在景观设计中也多有展现，讲究构图的绘画与景观设计有着相似之处。景观设计中对于空间结构的设计、植物的种植搭配、意境的营造设计都借鉴了传统绘画中的道理，如中国画中的高山种松、岸边栽柳、水中置莲等植物配置的原理运用到景观设计中，可以将景观设计打造出统一和谐的效果。如深圳万科园就将传统绘画中的设计理念运用到景观设计中，白墙设计得高矮不一、虚实结合并且与房屋、山石和林木相构筑，布局变幻莫测，整体效果又十分统一，传统文化与现代元素的结合可以形成独具风味的设计风格。而苏州博物馆在建筑设计中运用了水墨画的设计元素，以假山为背景，墙壁作为画纸，石头作为画面内容构筑出一幅三维的水墨画，把平面的景象用立体的方式表现出来，是传统文化符号在景观设计中的生动展现。

美丽的山水总是带给人们无限的快乐，古代文化雅士热衷于参与造园规划，众多享有盛名的园林，其主人都是耳熟能详的诗人，如王维的辋川别业，司马光的独乐园，范成大的石湖，苏舜钦的沧浪亭，白居易的庐山草堂，苏轼的寓园，谢灵运的始宁庄园，沈括的梦溪园等。诗、书、画作为艺术是纯粹的符号，中国的诗文、山水画、书法与造园一脉相承，这是古代文人将诗画意景的纯艺术二维符号在古典园林中以自然元素转化构建的三维空间效果，因此可以说山水画是古典园林的设计图。明末的计成少年时期善画山水，喜游山水名胜，曾有诗“秋兰吐芳，意莹调逸”，是一位“能书、工诗、善画，熟悉经史礼乐”的造园家。他的《园冶》被喻为世界造园学最早的名著，在自序中有说到：“少以绘名，最喜关仝、荆浩笔意，每综之”。《园冶》采用特征为“骈六骊四”的骈体文，其文学成就颇高，是集诗文、绘画与园林的相互渗透之大成的名著。一座园林就是一首诗，清代钱泳以用诗文比喻园林，在《履园丛话》中说："造园如作诗文，必使曲折有法，前后呼应；最忌堆砌，最忌错杂，方称佳构。"刘勰在《文心雕龙》中说："驭文之首术，谋篇之大端。"用诗的章法、韵律来意会园林的造园法则。阚铎以绘画喻园林："画架以笔墨为丘壑，掇山以土石为皴擦；虚实虽殊，理致则一。"学者王国维认为："文人造园如作文，讲究鲜明的立意，使情与景统一，意与相统一，形成意境。"由此可见诗、画艺术浸润于园林艺术之深刻程度。园实文、文实园，中国古代园林诗词与古典园林相伴两千余年，二者融会贯通、情景交融。可以说诗文、绘画素材十分丰富，传世作品颇多，当代景观设计如将绘画、书法、诗文字传达的意境，以山石、水体、植物、建筑等元素植入景观设计，则势必产生既传统又富新意的文化景观。以贝聿铭自小在狮子林生活，虽长期旅居海外，却坚守中国传统文化，他以北宋书画家米芾的山水画为创作灵感，采用了米芾的山水画以水墨点染，不拘形色勾皴的艺术特点，将山水画的精神和意境在苏州博物馆山水园中表达出来。贝聿铭通过米芾的"以壁为纸，以石为绘"的手法表现山水画的意境，放弃了苏州园林传统的叠石手法，将石板切割来拟山，再用火将石板上烧出自然石材的效果后置于白色的院墙前，实现了将诗画的艺术精神到园林符号的转化（图4-4）。

图4-4　苏州博物馆山水园　贝聿铭

（三）图案纹饰

中国传统图案纹饰始于原始社会的彩陶图案，至今有六、七千年的历史。这些传统图案中有云雷纹、祥云纹、蟠螭纹、凤鸟纹、回形纹、万字纹等，都是随着时间发展形成的独特的艺术体系，凸显着我国的民族精神和传统文化。传统图案纹饰在景观设计中的运用也相当广泛，如深圳万科五园中，喷池的造型运用的是传统纹样中的回形纹，直曲的结合形成了强烈的对比。曲折的造型和由内而外的生长模式，本质上与水纹的扩散效果相对应，从而呈现出一个良好的效果。

六、植物图谱

唐代王维的诗句“人闲桂花落，夜静春山空，月出惊山鸟，时鸣春涧中”勾勒出了一幅花鸟的缤纷画面。植物图谱绘制不仅是严谨的科学过程，同时也具有绘画艺术的特质。中国的工笔画盛行于唐代，成熟于五代，鼎盛于两宋时期，流传下来的花卉工笔画记录着一幅幅完整、细腻、精致、实证的古代植物图片，“格物”是画家科学严谨的绘画态度和高超的写实技巧以及良好的法度和规律的最好体现，具有较高的研究和参考价值。图谱作为科学性的植物形象真实的呈现，对于花鸟画创作者提高和丰富花鸟画表现手法的认识是非常有益的。纵观中国传统的花卉工笔画以及西方植物图谱的表现技法，虽然有作者个人的技法差异，但作画的目的就是图示植物包括外观、细节、质感的真实状态。中国古人对于花鸟的世界情有独钟，汉唐以来，在典籍中多以白描的形式记录各类植物以及药草，绘图讲解如何辨认和利用这些植物。两宋时期的工笔画家笔力深厚，线条遒劲，层层套染，循序而成，十分讲究，符合生长规律和生态特征，是夺造化而移精神的作品。清末冯澄如是中国第一位采用西方科学绘画手法来描绘生物物种的人。中国的植物绘画虽与西方的科学绘画不同，但结果却也一致。西方的博物学图谱不仅直接为花鸟画写生与创作提供了静态直观的文本资料，也同样有益于创作者积极的艺术观念和宽广视野的形成。如《玫瑰图谱》背后的故事一样：法国皇后约瑟芬特别喜欢玫瑰，在拿破仑远征之时，她就在玛尔梅松城堡中的花圃里种下了当时所有知名的玫瑰品种。1798年，当花朵绽放时，约瑟芬向花卉图谱画家皮埃尔・约瑟夫・雷杜德发出了邀请创作。到1814年约瑟芬去世时，这座花园里已拥有约250种、3万株珍贵的玫瑰。雷杜德耗时20年完成的《玫瑰图谱》，其分类描绘的玫瑰多数来自玛尔梅森城堡玫瑰园。它共有170幅版画，由法国园艺家、植物学家兼文学家格劳德・安托万・托利撰写介绍文字，行文清俊，描述明净简洁，阅读起来让人静心养气。植物科学绘画阐述了作品背后蕴含的科学、文化、历史、艺术知识。植物图谱绘画这一视觉艺术的表达手法，有着摄影无可比拟的图解作用，对于景观设计师了解中西方植物学的发展有着重要参考价值。总之，植物图谱绘画作为集中科学的严谨与艺术的美感于一身的文本绘画资料，对于景观设计师在设计过程中的观察认知、素材积累、题材拓展以及表现语言的拓展都有一定的意义。

在文化景观设计中，不能单一地只对传统文化符号或者西方文化符号进行借鉴参考，还要对传统文化的精髓和内涵进行探索、有取舍地继承，对国外先进的设计理念触类旁通、有选择地运用。不断创新和传承我国的传统文化，使中华传统文化符号在新时代的文化景观设计中绽放新的生命力。对传统文化的学习和运用不能浮于表面，要对传统文化的内涵与底蕴进行深刻的把握，运用新材料，结合最新施工工艺与技术对传统文化符号进行创新，促进中国传统文化符号的继承和发展。

七、古典园林装饰符号中的思想内涵（以苏州园林为例）

（一）古人对自然的崇拜

“智者乐水，仁者乐山”，古典园林体现出人们对自然的向往和追求，园林中的建筑、叠山、理水、花木和陈设体现出的山水之意表达了文人对自由、雅致的品读。“大道无形，生育天地”“龙凤呈祥”“大人者，与天地合其德”以及亭台楼阁、轩榭廊坊等各式纹样所展现的是古人对自然的敬畏和朝拜。苏州园林甲江南，其中的闲淡、幽雅、意境、精致体现出了对自然的崇拜，也是对园林自身的精神空间塑造，“山居秋暝”“岁寒三友”“悠然见南山”体现出了文人在大自然界中寻求精神的寄托的意境。用自然符号寄托种种有形和无形的事物，把自然之物看作良师益友，在雅致的环境中约束自身的品格身性，这是中国文化体现出来的价值观。“君子以玉比德”，中国传统园林长期以儒家文化为主导，兼具佛、道、儒三家文化长足亲润。中国人自古看重“道德情操”的重要性，“德高望重”的身份能够得到世人的尊敬和推崇，“比德”环境对中国传统的艺术形态和审美产生了重要影响，比德天地、山水情结以及植物情节充分体现自然的不可忽视性，保持敬畏就是对自身最好的寄托。文化景观需要大量的符号来传达信息，苏州园林作为重要载体，完美地将自然界中的元素进行具体运用，使苏州园林在给予人们美好的生活环境之外，更包含了一种圆满而又十分内敛的期望。

（二）匠心独具，文人风雅

苏州园林历史源远流长，被称为“文人写意山水园”，最早可追溯到春秋时期，明清全盛时期有200多处。“虽有人作，宛如天开”，姑苏自古繁华富足，得天独厚的地理条件助力着苏州城经历浓郁的吴地文化的熏陶。苏州园林小桥、流水、诗意、人家给了文人雅士追求安逸、高尚品质生活的造园美学想象。宋代苏舜钦的沧浪亭，史正志的万卷堂与蒋希鲁的隐园等都少不了文人参与造园浓墨重彩的一笔。苏州园林“咫尺见山林”，造功细腻、造型典雅、黑瓦白墙、装饰多样、因地制宜、精美多变，体现了苏州人崇尚与自然的高度融合，更是凸显个人思想、高逸品位的最佳诠释。苏州园林中的装饰极富文化底蕴，一块铺地、一个屋脊、一面白墙、一片窗花都是风雅之士文化修养和精神寄托的体现。苏州园林建筑构件名目繁多，装饰纹样具有浓重的文化色彩，在门楼和裙板上有使用儒教伦理故事作为主题的雕刻纹样；在漏窗等的建筑构件上则用琴、棋、书、画“四雅”装饰元素营造出传统文化氛围；在苏州园林的花窗、漏窗、铺地等运用花卉、鸟兽、山水等元素加以装饰（图4-5）。中国园林以“雅”为主，文人雅士总是在园林各个角落的设计中蕴含出他们的思想追求。

（三）在白墙黑瓦中“以清为雅，以淡为高”

道德经中讲：“人法天、天法地、地法道、道法自然”。道家“道法自然”“无为而治”的追求也被苏州园林体现得淋漓尽致。“隐世”可以使文人回归自然的同时找回自由。庄子曰“五色令人目盲”“五色乱目，使目不明”，如

图4-5　苏州园林中的花窗

此浮体刮落，独露本美，庄子的“隐”就是介于城市与自然之间。苏州园林不同于皇家园林和寺观园林，它倡导“怡淡寡欲”“平淡趣远”的装饰审美意识，淡雅虽朴实却隽永，羡质而恶饰，处实而弃华，这也是苏州园林的理想追求所在。装饰纹样中“鹿”“鹤”“鸳鸯”等元素的使用则将与世无争、追求闲适、清洁高雅的自我理想目标体现得淋漓尽致。苏州园林中突出江南水乡的装饰韵味与古典皇家园林的庄严、恢弘形成了鲜明对比，安详、宁静更显人与自然的特点。文人的价值观将自我归属于自然园林中，满足于雅兴的自由，实现自我的理想追求，使园林成为抒发情怀、寄托精神及激发灵感之地。

设计师要在尊重历史文化的前提下，结合现代的设计思想和审美意识，将传统文化符号加以创新地运用到景观设计中，能够更加体现出中国景观独特的地域性，增加设计作品的内涵和活力。

第二节　物质文化景观与非物质文化景观的表现

文化景观由自然和人文两大因素组成，包括物质和非物质两方面。文化景观不仅是人类的物质创造，在时间和空间积淀的过程中，文化景观发展成了一种文化成果，也成了可以集中反映民族特色、信仰传承、文化融合等非物质现象的物质载体。

一、物质文化景观

（一）物质文化的外在表现

物质文化景观是物质文化的外在表现，主要是指人造的实物景观，如建筑景观、纪念性艺术、装饰品景观等。

1. 建筑景观

建筑方面的成就可以与文化中其他方面最辉煌的成就相媲美。古代埃及人建造巨大的金字塔来纪念死去的法老，时至今日，这些建筑学上的奇迹仍是埃及文化的标志。以钢材和玻璃为建筑材料的摩天大楼，许多大型圆顶式的体育馆和巨大的拱型结构建筑（如现代化的航空港）都显示了现代文化的技术力量。因此，建筑是文化的特性与价值的反映，体现着文化的重点和追求，也是技术与经济的反映。

2.纪念性艺术

在美术家对文化景观的影响中，雕塑是最强烈的。埃及的纪念性建筑和雕塑一直是尼罗河两岸的主要景致。克里特人绘有花纹的陶器、壁画，古希腊与古罗马的圆柱、雕塑，拜占庭的镶嵌工艺品，中国古代的壁画和皇家园林等，艺术家们创造出众多永久性的纪念物，形成了对可见文化景观的最大改观。

3.装饰品景观

一个地区人群的特征可从其居民的衣着和流行的建筑特点上判断出来。在受法国影响的达喀尔的建筑中，从沃拉弗人修长、优雅、飘逸的长袍中可以确定这里是西非，而不是地中海地区。斐济当地人的传统服装——苏鲁，不仅是服装，也是复性社会里（由多数人种组成的）的一种文化标志。印度男子喜好穿短衣，而妇女喜欢长披肩（莎丽），穆斯林男女都穿一种能遮住裤子的白色长锦衫；西方人所穿的半正式服装、裤子、裙子和上衣基本相同，领带已变成西方文化的一种标志。服装是物质文化的一个重要方面。虽然它不是文化景观的“固定”特征，但却是文化景观的形成要素。

（二）物质形态的人类创造物

物质文化景观是指具有物质形态的人类创造物，如建筑形式、农田形式、聚落形式等。

1.建筑形式

建筑形式是中国悠久的历史创造出的灿烂文化，古建筑就是其中的一个重要组成部分。从上古到清末，中国营造出许多传承至今的建筑形态，如宫殿、陵寝、庙宇、园林、民宅等。这些建筑形态以及它们的营造方式不仅可以为我国现代建筑设计提供模板借鉴，在世界上也同样具有深远的影响。那些史前远古的传说、秦皇汉武的丰功、盛唐帝国的气概、明清宫禁的烟云，都作为文化元素以物质存在的形式保存在了建筑形式中。

2.农田形式

我国传统农业中人与自然的关系表现为人、天、地、稼的关系，有两种比较典型的农田景观形式，分别是北方“二耜为耦”和南方“桑基鱼塘”。北方采用“二耜为耦”的方法，是因为在北方薮泽沮洳的自然环境下，人类为了开发低平地区，开挖排水洗碱的田间沟洫，形成畎亩结构的农田。畎亩结构中，畎是沟，亩是垄，畎亩法就是一种垄作法，是最早出现的一种抗旱耕作法。南方土地利用的深入发展促进了“桑基鱼塘”的形成和发展。所谓“桑基鱼塘”，根据广东《高明县志》记载，办法是把低洼地挖到一定深度成为水塘，挖出来的泥堆放在水塘的周边作为基，基与塘的比例是六比四，基上种桑，塘中养鱼，桑叶喂蚕，蚕排出的粪便饲养鱼，鱼塘中的泥土取作桑树的肥料。这样循环以往，就有了“两利俱全，十倍禾稼”的经济效益。

3. 聚落形式

聚落形式是物质文化景观研究的重要内容，聚落分布的地区差异大部分与自然环境相关，同时也深受文化传统的影响。就像山区聚落大多是环山分布或者是分散分布的；而到了河流阶地，聚落多是沿着河岸呈带状分布的；到了东北和华北平原，聚落就是大规模分布的。

二、非物质文化景观

（一）非物质文化景观的概念

非物质文化景观是一个比较新的概念，之前没有人使用非物质文化景观这个词汇，并不代表不存在非物质文化景观。

景观设计中对于非物质文化景观的概念可以分为四层。一是非物质文化景观是为满足人类游憩、旅游等休闲活动的美感、好奇、陶冶情操、精神层面的需要。二是非物质文化景观是在利用自然物质加以创造出的物质景观基础上提升出来的精神与意念，是相对于满足人们物质生活基本需求的物质生产而言的，以满足人们的精神生活需求为目的的精神生产活动。三是非物质文化景观反映的是人类价值趋向折射的追求，是高层次的精神活动，其内涵是文化景观的精神气所在。四是景观的非物质性偏重于以非物质形态存在的精神领域的创造性活动与结果，而不是与物质绝缘。

非物质文化景观的发展过程是不断积攒与革新的，它首先展现给我们的是宗教艺术、民俗制度这些外在形式，德国古典哲学家黑格尔在《美学》中所说的“美的要素可以分为两种：一种是内在的，即内容；另一种是外在的，即内容所借以表现出意蕴与特性的东西”。非物质文化景观内在的意蕴和内容就是凭借外在形式体现出来的，二者相互依存，互为补充。

（二）非物质文化景观的内容

在物质文化和非物质文化之间并没有绝对的、截然不同的界限，非物质文化景观与物质文化景观的区别就是景观的可视性与非可视性，非物质文化景观的研究难度较大，因为它是不可视的。非物质文化景观主要包括音乐、戏剧和舞蹈、法律制度、感觉区等。

1. 音乐

一个民族的文化，实际上是对他们生活方式的描述，音乐是这种描述的重要内容。在无文字的社会里，音乐的作用至关重要，因为歌曲与演奏是他们记述和传播人类的历史及人们崇拜诸神的方式。音乐具有区域性，从印度、日本、阿拉伯世界的音乐中，可以大致想象出这些地区的情景，感受到它们的气息。音乐作为一种文化现象对文化地理研究具有重大意义，并随着文化的改变而改变。在欧洲，音乐的巴洛克时期、古典时期、罗马时期和现代时期与其他文化领域内的各个时期相对应。音乐是一种力量，一种用于达到某种目的的力量，如革命歌曲、战斗歌曲和国歌带有浓厚的政治色彩。音乐也是一个民族的骄傲，并得到优先保护和发展。

2. 戏剧和舞蹈

戏剧和舞蹈不论在物质文化和非物质文化景观中都留下了足迹。在东亚（中国、朝鲜、韩国、日本）具有把戏剧和舞蹈结合在一起的传统。在西方，芭蕾舞、话剧、协奏曲都是独立发展的。在日本，舞蹈剧（歌伎舞）和其他艺术表现形式都与宗教有关，它在文化中占有中心地位。中国的传统戏剧多涉及道德标准而不倾向于宗教。西方的舞蹈有一些独自的表达形式，包括民间舞蹈、舞厅舞蹈、社会舞蹈、舞台舞蹈等。戏剧在其发源地伦敦经过几个世纪的兴盛以后，在纽约又经历了长期发展，现在已经面临衰退。而随着舞台戏剧的不景气，电影已经对大大小小无数地区的文化景观产生了影响。

3. 法律制度

法律是文化的一个要素，从最原始到最先进的所有人类社会为了维护社会秩序，都产生出一系列口头的或成文的法则。法律制度的界限并不总是与地理区的范围甚至国界相一致，法律制度易于改变。法律制度的影响在可见文化景观中是见不到的。但是，作为非物质文化区，法律制度能在空间上反映某个社会内历史、政治和其他文化要素的差异。

4. 感觉区

在景观中可见的物质文化要素能构成区域，语言、方言、音乐和艺术等非物质要素能使我们增加印象，这种区域称为感觉区。感觉区在每个人的头脑中都有区域的印象和概念，感觉区主要处理五觉信息（嗅觉、味觉、触觉、视觉、声音），这些知觉中既含有物质文化，也包含非物质文化的内容，依赖于我们知识库的积累。景观和自然环境有时会是一个突出的印象，这些特征促进了区域整体概念的形成。感觉区并没有一条清晰可见的边界线。假如你乘汽车到内蒙古，你不可能认出与其分界的一般地方，相反你将记住所看到的与内蒙古地区有联系的文化景观的特征，直到这样的特征逐渐增多到一定程度，你会想：我现在确实到了内蒙古。这种印象可能来自打开收音机听到的蒙古族民歌，可能来自路旁饭馆的一张饭菜单，可能来自有人说蒙语，也可能来自你经过的地区有座蒙古包等。这些印象已变成内蒙古整体感觉的一部分，可以从不同尺度上去研究感觉区。从某种意义上说，作为文化地理学的一个概念，感觉区概括了民间文化和流行文化、物质文化和非物质文化。

这种文化景观中可以视觉感受到的具体事物之外的、抽象的难以表达的，与宗教民俗、社会道德、政治制度有关的，都称为非物质文化景观，也可以称为精神文化景观。

（三）非物质文化景观的表现方式

非物质文化景观的表现方式有两种，一种是集中展现，另一种是在生活中的展现。生活中的展现这里不在赘述。

非物质文化景观的集中展现主要表现为以下几种。

（1）博物馆：博物馆是营造非物质文化景观的极好场所，是保护、研究和映现非物质文化景观的重要载体。博物馆具备收藏和保护藏品的功能，最早出现在奴隶社会。随着政治、经济、文化的发展，博物馆也在不断地变革与发展，其功能延伸到了科研和宣传教育。20世纪后期，博物馆的形式和内容也更加的多元化。21世纪以来，博物馆在全球化的浪潮中更加展现出为社会服务的实质，展示和宣传文化的功能占据了重要地位。

（2）民俗风情园：其实民俗风情园也具备博物馆的部分性质，单拿出来说的原因是人类本身以及人类的言谈举止、行为服饰等是非物质文化景观中最具有代表性的载体。那些生机勃勃的不便于以博物馆的形式来展现的，非物质文化中一些不能物质化或者符号化的口头语言和技术就要通过民俗风情园来展现。

民俗风情园是以收集、保存、展示民族文化遗产和民俗文化为中心，融教育、娱乐、休闲为一体的多元化、综合性的，以人工创造为主的大型游乐区。如新疆的喀什西山民俗风情园就是一个典型的非物质文化景观场所，这是一个带有浓重民族特色，集历史、人文、景观于一体的民俗风情园，集中展示了喀什地区维吾尔族的歌舞、饮食、服饰等非物质文化景观。民俗风情园中保存下来的社会风貌和生活方式不仅可以向游客展现当地的民族文化，还可以为下一代人的成长过程渗透传统民族文化。

民俗村是相较于人工创造的民俗风情园而言的，是在不影响和改变土著居民的生活方式和民风民俗的前提下，设计建设成为以深厚积淀的民族文化和特征突出的民俗文化，并且具备非物质文化景观能力的自然村落和民族聚落。

（3）宗教场所：宗教活动以及进行宗教活动时使用的寺、观、庙都是集中展现宗教类非物质文化的主要场所。它不同于博物馆的展陈和民俗风情园的人工模拟再现，宗教类非物质文化景观主要通过宗教中使用的器物、宗教徒的行为和观念体现。宗教信徒和他们的行为只有通过物质的宗教场所才能体现宗教中的文化和规范。

三、物质文化景观与非物质文化景观的联系和区别

与文化的结构相适应，物质文化与非物质文化的区别在于一个有形一个无形。因此文化景观可以分为物质体系的景观和非物质体系的景观。物质体系的景观也就是具象景观，指的是人类在从事生产活动时产生的聚落、城市、公园、景观小品等技术的、器物的、非人格的客观实体；非物质体系的景观也就是抽象景观，即人类在从事生产活动中形成的宗教、民俗、古典园林中的意境等规范的、精神的、人格的、主观的意想。

文化景观体现了物质与非物质之间的联合互动。构成文化景观的元素比较复杂，不只包括了生动形象的物质实体，通常也包含着文化的起源、扩散和发展等非物质方面的文明成果。物质因素主要包括聚落、街道、房屋、人物、服饰、交通工具、栽培植物、驯化动物、文字、图腾、书籍、典册等有形的人文因素。非物质因素主要包括语言、思想意识、生活方式、风俗习惯、宗教信仰、社会制度、审美观念、道德标准、生产关系等不存在具体形态的人文因素。

文化的两种表现形态包括物质文化与精神文化。物质文化有其物质表现形式，而多种精神文化也有一定的物质形式。通过对文化事务的物质表现形式来分析和区别物质文化与精神文化，因其是直观、形象、普遍的。文化属

性要从功能性上加以分析，主要标准是看文化事务在功能性上的主要是社会意识形态还是社会物质存在，尤其是精神文化的物质形式。物质文化和精神文化是连在一起的，在物质文化景观和非物质文化景观中也没有明确的界限，只是研究时的侧重面不同，物质文化景观研究注重物质性，非物质文化景观研究注重非物质性。就如法律制度，它虽属于精神文化，但具有法律文本、律师事务所和法院等物质形式表现。所以不能简单地认为精神文化是抽象的且没有物质形态。

第五章　文化景观的设计方法及表现形式

5

第一节　文化景观特性解析

一、文化的多样性特征

文化的多样性是指中国是个地大物博、多语言、多民族的国家。根据气候影响、地理条件、经济发展水平、生活环境、政治文化的差异形成了多种多样的文化。例如，北方政治文化活跃，是中国的政治文化中心；南方经济产业发达，地处沿海地区交通便利，更加方便了南方的经济发展。各种方面的原因导致了中国文化发展的多样性。地域不同，生活条件和生活环境、生活需求不同，所以形成的文化也不同。南方人大多喜爱米饭，北方人多食面食；南方的方言繁杂，相对来说北方就比较单一。南北民居建筑的差异使中国建筑有“南尖北平”之称。南方的建筑高而尖，适应地形起伏的环境，防潮防兽，又因为南方雨水多，天气潮热，斜坡屋顶有助于排水和通风散热，建筑材料多用木结构、仿木结构、钢结构；北方的建筑大多为平屋顶，房屋密封，冬季防寒保暖。既节省材料又可在屋顶作晾晒场地，建筑材料大多以砖、石为主。因此，造就了生活上南北方文化的差异。

（一）文化的继承性

所谓文化的继承性，就是经过五千年的文明、历史的变迁，取其精华，去其糟粕。如中国的儒家思想、建筑、服饰、音乐等。文化被一代人创造，被一代人淘汰，随着时间的演变历史的推移，文化的时代性变成一个时代的民族记忆、特征，代表着当时的时代背景，寄托着当代人的期望。正是这种创造与淘汰，循环往复，才得以推动人类文明向前发展，生生不息。普同性，艺术无国界，文化有共识。文化的普同性表现在各民族的行为和意识具有一致性，表现在哲学、道德、艺术、文学和教育等各方面，各民族趋于融合，经济全球化，高新技术的发展，生活差距逐渐缩小，文化趋向普同。在景观设计中，我们应当做到和而不同，将优秀文化不断传承下去。在文化融合的同时要保留我们民族的特色，是我们进行景观设计时要思考的问题。

（二）文化的开放性

景观艺术往往要依托一定的空间场所，因此具有相当的公开性，可以将景观设计看作是建筑外部的空间设计。景观所在空间往往有很多群众休闲娱乐设施，如城市的广场以及街心公园等，这些空间为人们提供了娱乐休闲空间，也是人们进行社会交流的公共场所。因此，景观设计往往体现出人类的社会性和价值观念，各个地区的景观设计必须遵循开放性的原则，景观设计师在进行项目设计时不能简单地模仿和抄袭，景观设计必须符合大众的审美特点，将区域的人文特点和时代充分结合，让传统与时尚并存。

（三）文化的独特性

受不同地区的社会因素、地理位置以及地形地貌特征等因素的影响，城市的形态会出现具有地域特色的人文景观和自然景观。因此，景观设计师在进行项目设计时，要充分考虑景观设计的地域特色以及文化气息。独特气质的城市景观设计能够与人们产生共鸣，让观众有追求美好生活的理想。文化景观除了一些具象的、看得见的物体以外，还包含一些抽象的、极具价值的东西。如地区文化的起源与发展、兴起与衰落。文化景观不仅能反映出空间上的差异，还能折射出时间上的变化。空间上的差异体现在各个地区文化环境的不同，造就了不同的景观形式；时间上的变化则清楚地反映出民族文化的发展变迁。不同地区的人有着不同的文化背景，也就导致了不同的景观特点。我们可以通过对不同地区的景观的研究调查，了解关于该地的文化知识、生活习性等。

二、文化景观的设计方法

在进行景观设计时，设计手法的使用非常重要。景观设计的有序性和多层次的手法运用将设计过程中的无序的不合理的东西向有序、合理的方向转变，为现代城市景观设计的布局注入新的血液。需要说明的是，只依靠设计手法的转变和创新，并不能取得高水平的景观设计效果，有效的景观设计方法是进行景观设计的基础，但是景观设计的灵魂还是离不开对优秀文化的继承，特别是地域文化在景观设计中的传承和延伸，以此才能设计出具有强大影响力的设计作品。乡村景观和城市景观设计都需要注意地域文化效用的发挥。与此同时，景观设计需要充分考虑地区的地理环境因素，进而设计出体现地理环境特色和人文生活的景观设计作品。地域民风习俗和文化历史的深层次内涵，是城市景观的现实资源，景观设计师通过挖掘所在区域的优秀文化传统，并将优秀传统文化中最能体现区域精神的内容进行精简提炼，融合到景观设计中。因此，景观设计师要善于把握设计发展的前沿知识，不断地系统学习设计理论和设计技巧，通过高超的设计技巧和手法将传统文化特点表现出来，将现代的技巧与传统文化融入景观设计中。只有这样的景观设计才能够以熟练又有时代性的表现手法使得设计作品的深层次内涵得以体现，并且还能够很好地继承本土传统的优秀历史文化。例如，以杭州市西湖景区的景观设计为例，设计师在对西湖景区进行方案设计时，首先是对西湖周边地区原有的历史故事和传统文化进行了实地考察和了解，并且将西湖原有的建筑保留在设计规划中，同时采用开放式的设计方式，吸引大量的游客免费进入景区旅游，通过旅游了解西湖文化，进而拉动消费者就近消费，而非通过传统的门票方式创收。地域文化的研究既是某一地区社会发展进程中高层次的精神层面的提升需求，更是物质层面需要不可或缺的部分。

展现地域文化特色，就是展现文化自信，传播地方文化对于地方经济的发展尤其是在招商引资、发展旅游业都是一种有效途径；展现地域文化特色就是促进地方经济以及文化的发展需要，这有利于地方文化的传播、促进地方经济的发展，有利于挖掘地方自身的文化特点，实现多种文化元素的交融和再现，从而产生新的文化价值；展现地域文化特色就是满足地方人民物质文化的需要。据实地调查后可知，当地居民非常希望自己熟悉、热爱的文化可以得到广泛地传播和认识，这样可以提升民众对于地方文化的家乡优越感。

三、地域文化特性对人文景观的影响

（一）在民间建筑特性方面

这里说的民间建筑是指与人们生活息息相关的民居建筑。中国传统民间建筑源远流长，对地域文化中民间建筑方面的探究，有利于更好地展现人文景观的整体风貌。中国传统民间建筑是传统文化的载体，是社会学的活化石和居住科学的代表，是我国建筑艺术的明珠。民间建筑在建造的过程中，有必要根据当地的自然条件来选择形式和材料，完全是以一种物化的方式表现出当地的实际情况，形成具有显著特点与整体风貌的人文景观。

（二）在生活民俗特性方面

由于自然环境、社会条件、经济水平的差异，中国各民族在生活方式、服装服饰、饮食习惯等方面形成了各自独特的风俗习惯。通过对地域文化中生活民俗方面的探究，可以更好地展现人文景观中的精神内涵。我们在理解和定义人文景观的时候，大多是从宏观的角度出发，它包含了物质和精神两个方面的内容。在地域文化中许多口传身授的非物质文化内容，往往对人们思想上的影响是牢固的。

（三）在民族文化与民间艺术特性方面

中国自古以来就是一个多民族国家，每一个民族都有自己独特的文化传统，中华文化是由各族人民共同创造的。弘扬优秀民族文化和民间文化，提高各民族自尊心和自信心，民族共同发展进步，是祖国振兴腾飞的前提。对地域文化中民间艺术方面的探究，可以更好地发掘和展示人文景观的艺术形式。民间艺术承载着各民族多样化的传统技艺和传统风格，是一个地区的象征性特征，也是当地劳动者根据自身的生活和审美需求而创造的独特的艺术形式，对提升地域性人文景观的艺术价值有着直接的影响。

第二节　现代景观设计的特点与现状

一、现代景观设计的特点

将传统“以物为主”的造景艺术性转向现代“以人为本”的可持续性生态设计理念，这是现代景观设计的一个重要特征。这种理念的转变突出了艺术与技术的结合、形式与功能的结合、物质需求与精神需求的结合以及发展与生态可持续性的结合，在设计过程中充分考虑使用者的心理需求特征，以人的心理和行为为主导，力求最大化体现“人性化设计”。具体表现为以下特点。

（一）功能的多需求、多方位、多元化

随着社会经济的快速发展，生活水平得以提高，人们对于生活中的物质需求以及精神需求都有了很大的改变，甚至产生了生活环境改善的要求，因此，现代景观环境使用者广泛地分布在各个阶层，文化素质、年龄结构等都有着较大的差异。现代景观设计在功能方面更多地考虑到使用空间功能的多样化，而不只关注单一功能的使用情况，以适应不同阶层的使用人群的不断变化及发展的多层次需求。

（二）设计风格的现代化

随着社会环境和人们思想认识的变化以及审美水平的提高，"简约"成为现代景观设计最基本的风格特征和设计特征。这不仅要体现在设计过程方面，设计手法和视觉效果等方面都要体现出简约的现代化风格的要求。在技术上采用现代科技的手段；在形式上运用构成设计美学法则；在施工上充分地将现代生态材料，以实现技术与现代艺术以及传统文化等设计潮流结合。

（三）时空存在的多维性

现代景观设计从传统的基本的二维空间景观到三维、四维、五维以及多维空间景观发展。

（四）可持续性的设计理念

随着人居环境的变化，在价值观以及审美观方面不再仅追求美观，现代景观设计的"可持续性"理念也得到重视。在以自然环境为基础的人造活动中，人们力求在不破坏原有环境的基础上进行改造，同时将改造完成后的发展和维护同时纳入设计中，现代景观设计追求的不仅是眼前的效果，而是在注重视觉效果的同时更加讲究生态效益、环境效益、社会效益，因此，现代景观设计应更加具有前瞻性地关注后期整体系统的发展。

（五）评价的多主体性

设计者、经营者以及公众作为使用者和评价者，评价的范围包括社会、经济、环境等。

（六）构成的多要素

现代景观设计包括自然与人文诸多元素的综合刺激。自然要素包括空气、山川、自然风景等元素，共同构成景观材料的肌理和质地。人文要素包括社会风情、民俗、伦理观念和宗教意识等创作意象和环境人文成分。景观环境通过以上要素与观赏者进行文化信息和情感信息的沟通。

二、现代景观设计的现状

艺术家与设计师的合作越来越广泛。随着经济的发展以及科学技术的更新换代和突飞猛进，设计师与艺术家的交流与合作越来越多，艺术家带入新型前沿的艺术形式，而设计师们则热衷于高科技的运用。这使很多项目重要的设计决策都是由艺术家参与共同完成的，从而使现代景观设计转向对艺术形式的表现以及隐喻内涵发展。另外，近些年随着“生态景观”概念的提出，使设计过程中离不开高新科技的运用，可能对于设计的实用性和功能性更加固化，导致了人文因素的缺失，从而产生了人与环境的距离感。

三、现代景观设计中地域文化元素的体现

（一）地域文化元素的传承与创新

1.地域文化元素的传承应用

在具体设计中，现代景观设计与地域文化设计相结合，主要体现在运用物化的视觉元素来表达设计理念。这样的过程首先依赖于对不同类型的地域文化进行深入的理解和研究，只有对这些文化组成元素进行分析、归纳和提炼，最终归纳出的事物才最能代表地域文化的最根本特征，因此，这一研究过程的环节在整个设计过程中是非常重要的。

2.地域文化元素的创新方面

在地域文化具体应用方面如何与景观设计相结合，如何提升景观的文化内涵？设计的关键一步是在对地域文化充分了解的前提下持续探索，提炼出最具有代表性的文化元素符号。进一步说，对提炼出来的文化元素如何运用的问题一定不是简单、直接地照抄原形，而是必须对原有的事物进行有针对性地创新设计运用。要根据文化元素的内涵剖析、转化，创新的过程一定要考虑到文化的传承、景观的持续性发展等多方面的问题，然后提出景观项目的理念定位，设计出既具有鲜明地域特征、又满足现代景观多方面需求的设计。

（二）地域文化元素与现代景观设计的再融合

1.地域文化元素在现代景观设计中的创新体现

地域文化的元素提取不应该仅仅将原生的视觉或功能形态直接进行原有形态的运用，而应该是一种再创作的过程。因此，在对传统的地域特色文化运用时重心应转到与具体设计要素相结合的方面，是设计理念与实践相结合的过程。当然这一切都是在进行充分了解、剖析后进行的，也是最难的部分。例如，在现代景观中，更加注重材料与形式、技术与现代视觉需求的结合，同时也注重点、线、面构成美学法则的运用。

2.地域文化创新元素在现代景观发展趋势中的作用

纵观现代景观发展的趋势，在创新元素的运用中对传统文化的再认识、再学习、再创造是一个很好的切入点。现代的景观设计特点，一是在功能方

面的多元化体现；二是对生态和环境的重视，体现可持续化设计理念；三是体现在对新材料、新技术的接纳与结合；四是不同文化的碰撞与融合。纵观中国的现代景观设计发展历程，人们意识到要不断地发展具有自身特色的现代景观设计风格，这种意识也产生在历经了对西方现代景观技法已经形成的生搬硬套等弯路之后。因此，将地域文化与现代景观相结合，对其文化元素进行提取、创新是非常重要的。前文中提到过，C.O.索尔1925年发表的《景观的形态》中，认为文化景观是人类文化作用于自然景观的结果，主张用实际观察地面景色来研究地理特征，通过文化景观来研究文化地理。文化景观是人类活动所造成的一种景观现象，反映出不同地区的文化体系和地理特征。文化景观是人文地理学中文化地理分支的研究对象，是一个包含大地、田野、海滩、山谷、湖泊以及人物所构成的复合体。

第三节　文化景观与建筑

建筑是文化的重要载体，而文化是建筑的表现形式，因此从广义范围来说，建筑也属于文化景观的一部分。我们从建筑史中可以了解当时的文化、制度、科技、生活习惯，它记录了历史，承载了宗教、美术、哲学等因素。人类的每一天都离不开建筑，从一开始的穴居半穴居，到现在的高楼林立、华灯璀璨，建筑已经成为人类生活中从生存需要到精神需求不可或缺的一部分。中国的建筑景观在建造时首先要保证结构造型，注重群体组合美等特点，还要考虑自然对建筑的认同感，注重自然与建筑的高度协同。而西方建筑具有严密的几何形，巨大的体量和超然的尺度，善于将建筑和景观作为一种具体原理运用在设计中。

一、建筑与景观的关系

建筑与景观的关系体现在三个方面。

（1）选址。一座景观建筑作品设计要因地制宜，考虑地形、水体、植物状况等问题，确保建筑景观和周围的环境和谐统一。景观建筑作品设计稿落成之前必须考虑地域文化和周围环境对我们的设计方面的影响，既能使建筑与景观融合，又能够体现建筑的独立性，成为景观环境中别具特色的风景。

（2）定题。草图方案设计的概念性思考要考虑建筑的结构功能和外观立意，最后还要在强调艺术氛围的基础上深入研究。

（3）布局。在组合形式中，建筑是主景也是整体环境的一部分，建筑和景观的布局主要考虑他们的组合形式、对比关系。整体环境空间可以使建筑形成一个群组造型，形成连续性的景观模式，也可以通过景观的表达手法来衬托建筑周围的环境，从而形成一个相对开放的空间。对于环境空间来说，可以是中国北京传统民居形式四合院式空间（图5-1）；可以是福建土楼等用建筑围合成一个向心性和封闭性的空间环境（图5-2）；也可以是安徽宏村这一类分散又集中的民族文化村落布局（图5-3）。在建筑和文化景观的营造手法中，要注意强调主次关系，对比就是把两种因素相互衬托表达出景观和建筑各自的独特风格，但

图5-1 北京四合院

图5-2 福建永定土楼

图5-3　安徽宏村徽派建筑

切不可喧宾夺主破坏景观的完整性。

景观的设计方法通常有规则和不规则的两种，景观设计手法要层次分明，富有韵律和节奏，错落有致方能增加景观的趣味性。在园林景观设计中常采用借景手法，为景观环境增加艺术趣味性，丰富景观结构的变化，以达到符合民众思维的景观视觉感受和对整体性的理解。中国的古代宫殿建筑群的建造手法讲究中轴对称，以彰显皇家的威严，古典园林的造园追求“虽有人作，宛自天开”的自然意境，西方园林则采用规则形的对称布局。19世纪40年代，美国近现代景观园林风格的创造者唐宁强调了景观和建筑之间的区别，他认为建筑和景观相互关联，是“邻接”而不是“亲和”。中国塔是集文化与景观功能为一体的建筑，它们的形制精巧，比例协调，是中国古代建筑艺术之大成者。塔不仅是建筑，在中国还是记录象征宗教信仰、美学观念等文化的载体，它见证了一个时代的历史变迁，虽经历风雨战火依然不改其形态。

二、文化景观建筑保护

1919年，英国建筑学家霍华德提出了“田园城市”的理想模式；1990年钱学森先生提出了“山水城市”的概念，之后我国相关学者又提出“园林城市”的评价方式，近年来又提出了“生态城市”的理想模式。但是随着经济的快速发展，各大城市中老旧的城市街道统统被拆除，一座座高楼拔地而起，一条又一条的商业街灯火辉煌，商贾云集。现阶段，我们面对的最大的问题就是文化景观建筑的保护。有些城市建筑遗址拆除然后又在遗址上建造新的仿古建筑，虽追求的是修旧如旧，但已经找不回老建筑原有的面貌。一个城市要得到更好地发展，首要任务是提高城市的核心竞争力，要提高城市的核心竞争力最关键的就是提高城市人文精神认同，而文化景观建筑的保护就是一种最好的精神认同的体现。

三、文化景观与建筑的存在形式

文化景观建筑的存在形式，包括传统民居、宫殿建筑、少数民族建筑、古代城墙、宗教建筑、园林景观、寺庙佛塔等。此处以传统民居、宫殿建筑、少数民族建筑为例展开讲述。

（一）传统民居景观

中国传统民居因为民族地域差异、文化差异、气候多变、自然环境多样，所以呈现出不同的民居表现形式。传统民居景观主要是指反映出与各族人民的生活生产方式、习俗、审美观念的特征，以及在历史实践中反映出的本民族本地区最具有本质的和代表性的东西。古时，齐鲁大地战乱频发，受齐文化与鲁文化的影响较大，地处黄河中下游，东临渤海，南接苏皖。以山东中部山区的石头房子为例，因该地区平地极少，丘陵山地地势起伏，民居村落多分布在山坡陡地，随山地形态而建。整个村落远远望去，民居院落高低起伏错落有致，与脚下的青山土丘融为一体，随四季花草树木的季相而变化，景色非常优美，形成独特的文化景观。这样的构建方式以求尽量少的占用耕地，山区的民居院落也多以三合院为主，且多以北为正房，东西为厢房，南为大门。这样的布局因地制宜，空间自由、实用性强。山东山区的石头民居经济、耐久、施工方便，就地取材，多以附近山石垒成，整个院落从门楼到围墙，从台阶到墙身，都用大大小小的石板石块砌成。屋顶的檐板石气势颇大，有的竟达1米多长，这种石头民居加上原木的木门窗构件给人质朴粗犷的感觉。这类民居在山东泰安、临沂、莱芜、淄博、潍坊等地山区还保存完整。另以胶东沿海民居的海草房为例，胶东半岛属于沿海丘陵地区，村落大多是明朝以后从内地移民或屯兵设防而形成，所以这里的村落历史不算太久远，村落布局也基本保持了原有村落的形式。胶东民居依坡就势、阳坡面海、依山面海而建，民居建筑充分利用了当地的自然材料，结合当地的自然条件而形成了一种独特的海草建筑风格。庭院狭小，街道也较为狭窄，但家家户户都能保持良好的通风与采光，这里的民居院落多为三合院、四合院、正厢院的形式。山草、海草保温隔热经久耐腐，用它们作为屋顶材料冬暖夏凉、浑厚朴实，别有海洋景观的意味。这些海草房的墙体由当地出产的天然花岗石砌成，随圆就方、墙体厚实，整个民居给人粗犷、朴实、稳重的感觉。胶东海草房以它独特的建筑样式和悠久的历史丰富着地域文化景观（图5-4、图5-5）。

图5-4　山东石头民居　临沂常山庄

图5-5　山东荣成　东楮岛海草房

（二）宫殿建筑景观

中国古代宫殿建筑群是汉族建筑艺术之精华，是封建制度下等级制度的体现，从秦朝历代帝王取得统治权之后，大兴土木，修建宫殿以衬托帝王一统天下，突出皇权的威严。在中国古代宫殿建筑中，最有名的就是北京故宫和沈阳故宫，但两处宫殿建筑群的地理区域不同，所以又呈现出不同的形制。北京故宫大都有所了解，此处不再赘叙。沈阳故宫位于辽宁省省会沈阳，始建于1626年，是努尔哈赤开始修建的，至皇太极时期建成，后又经康熙、乾隆皇帝不断地增建。沈阳故宫具有满族特色，又融合了满、汉、蒙、藏的艺术文化。该建筑群建筑形制既学习了汉族的中轴对称的思想，又承袭了民族特性。建筑群分大政殿和十王亭、崇政殿、八亭三个部分。十王亭分两列展开，呈左右两侧对称、东路八字型开放的布局。沈阳故宫是一个建筑结构精美、保存完整的历史建筑群，具有浓郁的民族文化特色，其营造方式以及装饰艺术，反映了不同时期的中国宫廷建筑艺术形式（图5-6）。

（三）少数民族建筑景观

中国是一个多民族国家，各民族建筑百花齐放，此处以西藏传统民居为例。西藏地域辽阔，地处高原，位置独特，富有特色的西藏藏式传统民居是我国民居建筑的重要类型。藏东建筑独特的表达方式和存在方式使藏族建筑展现出了浓郁的地方特色，藏族多元文化使其成为了中国民居建筑的一颗明

图5-6　沈阳故宫

珠。藏东地区指的是昌都地区以及林芝地区东部，其典型的文化特征就是宗教的多元化。藏东建筑按照社会制度、家庭情况、信仰和生活方式组成了建筑部落形制。在藏传佛教影响下，此地的民族建筑也呈现出宗教的色彩，与宗教相关的装饰符号在建筑中随处可见。古代寺庙不但有宗教职能还包括政治职能，藏传佛教从传入青藏高原的第一天，就被赋予了政治背景。大昭寺又名“祖拉康”，始建于7世纪吐蕃王朝的鼎盛时期，是藏族人民敬仰的佛教胜地，也是吐蕃时期兴建的藏传寺庙的代表，在佛教中拥有至高无上的地位。它是西藏最早的土木结构建筑，并且开创了藏式平川式的寺庙市局规式，融合了西藏样式、唐代建筑风格以及尼泊尔、印度的建筑特点，成为藏式宗教建筑的千古典范。西藏的寺院多数归属于某一藏传佛教教派，而大昭寺则是各教派共尊的神圣寺院。总之，藏东建筑以厚重的墙体、多彩的窗框、流光的宝幢、坦平的屋顶，配以静谧的杨林、深邃的蓝天、雄峙的雪峰、金色的阳光，完美地将地理、环境、人文、技艺融为一体。藏族历史悠久，多民族文化的融合，以现代建筑的风格形式、空间组织、建筑装饰艺术等形成了极具特色的设计思想、人文精神和建筑风格（图5-7）。

图5-7　西藏　大昭寺

四、文化景观与建筑的关系

美国建筑设计师莱特曾说过，“建筑设计的最终目的是走向建筑的消失”“一个建筑应该看起来是从那里成长出来的，并且与周围的环境和谐一致”。我们理解的消失，并不是建筑本身真的不存在了，而是将建筑融入景观中，作为景观的一部分。他又说：“建筑的色彩应该和它所在的环境一致，也就是说从环境中采取建筑色彩因素。”建筑设计和景观设计在基础科目和基础技术上有着交叉性，因此说，景观和建筑密不可分，相互依存共生，相互影响。建筑设计是对建筑外部空间、内部使用空间和各种功能的合理安排，受到各种条件和因素的影响，文化景观则属于景观设计人文思想的表现形式。景观设计从具有观赏性的建筑文物发展到具有文化传承的空间设计形式，其中建筑是景观的组成部分也决定景观的构成，景观与建筑的设计结合的边界地带通过设计的方式更紧密地融合在一起。建筑和景观的关系体现为：景观包裹着建筑，又独立于建筑之外，建筑属于景观，景观是各种地理信息、建筑形式和结构类型的综合，景观设计是对园林结构优化、景物构成和景物形态的综合规划。

（一）优秀的建筑设计需要景观的配合表达

环境是一个有机的整体，建筑和景观都不能游离于环境，应该发挥环境的整体性作用，将其中的景观和建筑部分进行有效地整合。在建筑设计中通过景观设计配置相应的元素，可以起到良好的配合作用，优秀的建筑设计风格可以表达出地域风貌和人文特点，建筑与景观配合共同表达出建筑设计的理念和风格。例如，将有地域特点的景观设计在建筑设计中，可以使有代表性的人文艺术得到进一步延伸。地域特征的景观设计可以抽象地表现独特的文化符号，也可以具象地表现建筑的主体风貌。这种设计方法在给人特定观感的同时，可以提高人们的认同感和舒适感，体现出文化景观设计的独特价值和作用。

（二）景观设计需要建筑设计进行合理性配置

《马丘比丘宪章》中规定：“城市中的每一座建筑及空间不是孤立的，而是系统中的一个单元。”可以这么认为：新建或改建现有建筑时，应尊重现有的城市景观，现代建筑风格与周围环境互相协调，使建筑景观和周围环境景观达到和谐统一。优质的景观设计需要建筑物的进一步完善作用，通过建筑设计可以使景观设计更加合理，与此同时，景观设计可以在客观上起到建筑风格的保护作用，在提高景观观赏性的前提下，促进建筑物的保护和再利用。曾经在一段时期内，一些古代民族文化建筑群因社会与经济发展需要而面临拆迁的问题，关于新的建筑风格特色一度成为城市建设者及设计者和使用者争议的焦点。例如，济南泉城路的改建就存在类似的问题，有人主张体现现代的建筑风格，有人提出建筑应考虑历史、人文景观等因素，体现中华民族文化的内涵。最后，泉城路的设计在空间、建筑风格上都以现代建筑风格为主，大部分老建筑被拆掉，如今的泉城路虽寸土寸金，但也失去了济南独特的地域文化风貌。老济南历史环境和文化景观没有得到延续和发展。

几乎每一个城市的建筑都有着时代的烙印，并形成自己独有的特色，因为每个城市在其发展过程中都会受到社会和自然条件的影响。如广州的现代化气息、杭州的湿地韵味、济南的泉水城市、青岛的滨海风貌等。尊重历史与环境就是要让建筑与周围环境协调，并非提倡建筑盲目“复古”，而应将环境与建筑有机结合起来，同时突出地域文化个性特征，不断地给城市增添新的风景点。正如普利兹克奖的评委会所说：“中国当今的城市化进程，正在引起一场关于建筑应当基于传统还是只应面向未来的讨论。”中国美术学院王澍教授的作品就有一种强烈的文化符号，它可以超越时间，超越质疑，呈现出中国传统文化的传承性和延续性。他始终在寻求一种中国文化与当代建筑之间的平衡关系，认为建房子与中国传统山水画一脉相承，建筑与自然密不可分，强调塑造与山水共存的建筑。造房就是创造一个世界，这个世界里有房子、有人在生活，万物一起生存，这才是建筑。建筑的不断改造已经成为改善环境的一个契机，建筑师对基地的生态环境日益重视，并将之列入建筑设计的内容中，有更多的建筑师将恢复和改善建筑基地的自然状况、生态环境作为建筑的目的之一。与环境协调是近年来建筑界的一种新主张，建筑与环境设计思想的发展在于时间不可能倒流，破坏环境的结果造成了对自然的直接侵蚀，削落了人们心灵中保存的对生存环境美好的历史性记忆，与自然共生的道路是一条必走之路。与自然共生强调人类与自然生态的协调关系，人类与自然环境的一体化与可持续发展，使景观系统中诸多要素形成一个有机系统，从而使景观系统维持不断地生长与完善。而生态观体现于建筑整体环境协调中，就是从宏观创造和谐宜居的人居环境，达到生态系统与人文系统、视觉美学系统以及科技系统的高度融合，使自然环境与人工环境都得以保护而形成独特的建筑空间。

（三）建筑设计中体现文化景观设计思想

景观可以分为自然和人文两大部分，城市景观是城市发展的积淀，在建筑和景观设计工作中应该将环境的整体效应进行重新分析和研究。中国的传统建筑设计强调的是与自然景观的融合，当下城市建筑设计中应该加强山体、水系和花木等自然景观元素的运用，将建筑设计和景观设计融合统一，协调发展。融合的设计思路是我国建筑和景观设计的宝贵经验，应该对此加以充分利用和发扬。从景观设计的角度看，建筑的外部空间与景观有着密切的联系，建筑物构成不同层次的空间。建筑是景观的组成部分，共同构成风格各异的环境，并且在表达建筑设计个性和特点的基础上，丰富和体现着景观设计的风格和意念。总之，景观和建筑相互影响，景观设计起到了装饰建筑和体现建筑风格的作用，它蕴涵着丰富的物质和人文财富，强化设计的精神和文化，充分表现设计的思想内涵；建筑设计在强化空间形态和建筑思想的基础上起到构成和形态作用，并体现设计的功能和作用。如何才能实现建筑与城市景观协调发展？首先，必须对城市有总体的认识并了解和研究城市。在综合分析城市的自然条件、区位、地段及性质之后为建筑设计提供依据。其次，要了解城市的文化、风格、标志、色彩等文化特征，使建筑创作在继承的基础上求得新的表现形式。最后，要满足甲方及规划部门以及追求土地开发利用价值的要求的同时，更应注重社会文化效益和环境效益，延续城市历史，进而塑造与其身份相符的建筑气质，既能突出建筑个性，又能融入城市整体景观系统。

因为每个城市都有它自己的过去、现在和未来，保护历史与地域的人文环境，与不断创新的建筑创作风格一样有着重要的意义。所以，建筑创作应从城市既有空间环境、社会传统文脉中继承、延续与发展，协调与创造文化环境景观。如今的大多数城市建设在不同程度上都存在破坏自然原生环境与人文环境，缺乏可持续发展与生态概念的问题，这或许与时代背景相关。鉴于上述现象以及人们的审美水平提高，要求城市建设者和设计师必须转变观念，将建设者、规划师、建筑师、景观师多工种联合协调工作，不要出现脱节现象。文化景观设计必将成为我们生活地区的基本结构，而不仅是城市建设的点缀与装饰，或者仅是绿化与美化。无论环境经过怎样的建造或改造，都必将整合景园、建筑、规划，使三者互为融合与补充，建立密切的联系，营造人与自然和谐共处的人居环境，使景观建筑学体现于城市建设的各个层次与全过程。“绿水青山就是金山银山”，生态是当今最受关注的话题之一，景观和建筑与自然发生密切的联系，这就必然涉及环境、人与自然的关系问题，文化景观设计的最终目标就是让景观融入建筑，让建筑影响景观，二者在尊重自然、尊重文化、尊重艺术的基础上和谐地融为一体，最终达到建筑与景观的融合、自然与人和谐共生的人居最高境界。

第四节　文化景观与美术

一、“美术”的由来及表现形式

“美术”一词，出现于17世纪的欧洲，五四运动后才在中国开始流行使用。从广义上来看，指的是具有美学意义的活动或对象，是一种用可视的物质材料塑造平面或立体的艺术。美术又被称为造型艺术或者视觉艺术，现代学者有时还把书法和篆刻等归入美术的门类。鲁迅先生在1913年解释“美术”一词时写道:“美术译自英之爱忒。爱忒云者，原出希腊，其谊为艺。”“爱忒”是从英文“art”音译过来的，也可翻译成“艺术”，后来中国就遵循这两种叫法至今。艺术传播指的是作者通过某种方式向观者传达自己的意识形态的过程。美术种类繁多，大体可分为平面设计、绘画、雕塑、建筑艺术四大门类。每个门类可根据题材、表现形式等划分出更细的类别。以下从绘画、雕塑和建筑艺术三方面讲述美术与文化呈现的关系。

（一）绘画

根据地域不同，绘画可划分为东方绘画和西方绘画；根据题材不同可划分为人物画、山水画、花鸟画；根据工具不同可划分为水粉画、水彩画、油画、水墨画、壁画和版画等；根据表现形式不同，可划分为海报招贴、年画、设计插图、漫画等。

（二）雕塑

雕塑指的是用一种可雕刻的材料塑造出一种形象来表达作者情感的艺术。根据制作工艺不同，可分为雕和塑。雕是将一个实体的物质通过雕刻、削减、打磨从而塑造形象，如徽派建筑常用的“三雕艺术”（砖雕，石雕，木雕）。塑是将可用的材料整合粘接到一起，塑造一个形象，如天津泥人张的泥塑。

根据表现形式不同，雕塑分为圆雕和浮雕。圆雕属于立体雕塑，不依附于任何材质，可全方位观赏。浮雕是在平面上将想要的形状雕刻出来，如汉代出土的画像石和画像砖等。

（三）建筑艺术

建筑艺术是人类通过物质材料构筑的用来居住和活动的艺术。建筑艺术具有设计美学思想、民族性和时代性。按照功能不同可分为园林建筑、宫殿建筑、纪念性建筑、住宅民居等类型。随着科技的迅速发展，建筑技术提高，人们不但对功能的要求提高，还会更加重视建筑的审美要求。

综上所述，美术在文化景观中扮演什么角色呢？希腊人和罗马人将雕塑和石像作为教堂、庙宇和公共建筑等的装饰；象征纪念胜利意义的凯旋门本身就是一件艺术品；印度庙宇本身就是精心制作的雕塑；伊斯兰建筑墙壁上镶满了马赛克，这种装饰已经不仅是装饰，它显然已经成为了建筑的一部分，成为文化景观的重要组成部分。在中国，许多建筑也运用了图案寓意他们的期许。北京故宫的保和殿殿前的“云龙石雕”，是用来自北京房山的石料“艾叶青石”雕刻而成的，清朝乾隆年间，去掉了明代的花纹，重新雕刻图案。在石雕周围用卷草纹装饰，石雕的下方用海水江牙纹点缀，中央有九条龙飞云簇拥，还有五座浮山，这些浮雕图案寓意九五之尊。古代帝王或贵族陵寝前，在长长的神道两侧，有着成对的石雕人物或动物雕像，称为“石像生”。石像生起源于秦汉，兴盛于明清。石像生是古代帝王权利的缩影。明代举行大典时，不仅需要文武百官军事仪仗，还会将人工驯养的狮子、大象等动物装在笼子里放在道路两侧，用来显示皇帝的威严。皇帝死后，也要有同样的仪式，于是就在陵寝前设置了石像生。石像的种类根据阶级的不同，摆放也很讲究。例如，帝王的陵寝前立石麒麟、石辟邪、石象、石马等；而大臣的陵寝前，只能立石羊、石虎、石人、石柱等。到了唐宋时期，又增加了文臣武将、侍女使臣等。唐代规定，只有四品以上官员才能用石兽。清代规定，二、三品以上官员用石羊、石虎、石马各一对；五品官员用石马、石虎各一对；六品以下官员不准用石兽。较有代表性的当属唐太宗李世民的“昭陵六骏”浮雕，昭陵六骏是唐太宗之墓的陵墓雕刻艺术。六骏是唐太宗在开国征战时骑过的六匹骏马，每一匹骏马都有名字，“飒露紫”“拳毛騧”“白蹄乌”“特勒骠”“青骓”“什伐赤”，每一匹马都记录了一个故事。浮雕中这些马有悠然侍立、款款徐行、腾然奔驰三种姿态，由唐代画家阎立本起稿，造型雄浑刚健，体积感强，反应了我国古代雕刻艺术在唐代所获得的成就。

二、民间美术在文化景观设计中的应用

民间美术在文化景观设计中的应用能够实现民间美术和景观设计的完美融合，从而使现代景观设计体现民族文化气息，彰显不同地区的文化特色。民间美术文化在景观设计中的价值讨论以及认识如下。

（一）民间美术文化能够反应所在地域的社会审美观念

民间美术文化来源民间，受地域、风俗的影响较大，因而其表现形式多样，是最能够代表地域文化特色的艺术元素之一。民间文化是一种具有农业社会生活的背景、保留了较多传统色彩的文化，它具有自发性、传承性、程式化、娱乐性的特征，将民间美术元素运用到景观设计中，能够在现代景观设计中体现民族文化特色。因此，如果能够将民间美术文化很好地运用在景观设计中，可以助力设计师打造一个更加优秀的彰显地域文化特色的文化景观作品。

首先，民间美术运用在现代景观设计中能够体现情感价值。如果要实现民间美术文化与现代景观设计的融合，就要深耕民间美术的历史和文化内涵，向人们展示地域民间文化精华并选取相关的素材，进行二次创作后应用于景观造型和设计中。设计师将民间文化元素设计情感融合到景观设计中，就能够有效地提升现代景观设计的文化影响力。其次，民间美术在现代景观设计中的应用是对源远流长的民族文化的继承和发扬，最能够体现乡土情怀和民族情感的艺术再现。我国民间美术文化类型繁多且极具表现力，将诸如传说、历史故事、民俗文化等民间美术的文化元素移植到现代景观设计中作为民俗文化的传承载体，不仅增添了景观设计的文化底蕴，而且能够使其根植于区域文化的土壤，激发区域文化发展的新活力。拥有民间美术文化元素的现代景观设计具有独特的乡土气息和故乡情怀，从而赋予景观设计民族之魂，再次提高景观设计的人文价值。最后，民间美术在现代景观设计中的运用能够增加其文化底蕴价值。我国民间美术有着数千年的文化历史，如天津市西青区杨柳青镇的杨柳青木版年画、河北省唐山市乐亭县乐亭镇的皮影、江苏省苏州市昆山市巴城镇的昆曲、浙江省绍兴市嵊州市的越剧、江西省南昌市青云谱区青云谱镇的灯彩、山东省滨州市阳信县洋湖乡的鼓子秧歌、云南省大理白族自治州南涧彝族自治县宝华镇的彝族跳菜、陕西省延安市安塞区的安

塞腰鼓、西藏自治区拉萨市堆龙德庆区乃琼镇的藏戏等。漫长的历史长河，积淀了数不胜数的民间美术，这些民间美术经过时间的洗礼，都已经成为中华民族的文化精髓。这些文化艺术如群星般灿烂，在乡土大地闪耀着光辉。在将民间美术应用于景观设计时要深入了解民间社会的文化与生活状态，并把握好民间美术作品的社会文化价值与存在状态，理解民间美术文化更深层次的文化内涵，使民间美术与现代景观设计完美融合。当景观设计体现了民间美术的文化精髓的时候，才能提高现代景观设计的文化底蕴，将其与景观设计完美地结合，使景观设计作品真正的成为具有文化传承价值的文化传播载体。

（二）现代景观设计对民间美术的应用创新

文化景观设计要在传统文化的基础上实现发展与创新，在运用民间美术文化元素的同时提高现代景观设计的文化感、历史感、认同感、自豪感，使民间美术文化能够和现代景观设计更好地融合在一起，从而提高现代景观设计的文化底蕴。

首先，关注民间美术人与物的关系在现代景观设计中的创新应用。民间美术是组成各民族美术传统的重要因素，是一切美术形式的源泉，民间美术的人与物的关系是静态的，这种静态的关系是历史文化沉淀的结果，是对人们生活状态的美术化反应，究其根本是将人们的生活状态、思想发展进行物化的产物，也是民间文化作为区域文化传承载体最大魅力的体现。文化景观设计将自己的艺术创作灵感利用物化的景观设计进行表达，是将人的思想物化的过程，从而展示设计师对文化、自然、社会的感悟，因而民间美术文化与现代景观设计在这点上是具有共性的。在现代景观设计中，就是要做好对民间美术人与物静态关系的利用，将这种人文的物化关系嫁接到现代景观设计的物化过程中，这种设计思维方式能够改变我国文化景观设计中片面追求大广场、大草坪的这种缺乏设计感的物化过程，给现代景观设计赋予新的内涵，提升现代景观设计的表现力，从而使现代景观设计和民间美术相融合。我们从民间美术中人与物关系处理的实践中去借鉴、汲取营养，在景观设计中充分体现人本思想，创造满足不同人群需求的人性化景观。其次，讨论民间美术中人与自然关系对景观设计的启示。民间美术是广大劳动人民最朴素的审美观念，是根据自身生存的实际需要，自行设计和制作就地取材，主要为自身所享用的产物。民间美术在内涵上追求“天人合一”的辩证性的思想，这是我国民间美术文化之所以具有巨大的文化表现力的根源。民间美术文化作品诞生于自然和生活，并结合人对自然和对社会的主观意识，是人与自然、人与社会最直观的意识体现。民间美术生根于我国的传统文化，它的合理性和艺术性已经被现代社会发展所证实，并伴随着人类文明的发展一直发展至今，所以它必定成为现代景观设计新的创作灵感来源。再次，文化景观设计在运用美术材料时更加能够体现人与自然之间的关系。设计师要敢于创新地运用自然材料，并最大限度地因材施艺，将自然与人文完美地融合在一起。文化景观设计在运用民间美术时需要正确处理人与自然、人与社会的艺术关系，准确地把握民间美术的艺术表现精髓，并在设计处理中灵活地融合民间美术的艺术元素，只有这样才能创造出富含人文价值的景观设计作品，才能使景观设计和区域文化与自然完美融合在一起，提高景观设计的文化表现力和自身的设计竞争力。最后，用现代景观设计赋予民间美术文化新的功能。文化景观设计对民间美术文化的应用应当选择其中的精华部分，因为它经过漫长的历史长河冲刷和沉淀，有些内容不可避免地被历史演变和社会进步所淘汰。因此，在应用民间美术文化与现代景观设计的融合中，要做到真正的、系统的统一，就作者实践经验来说，照本宣科是无法实现现代景观设计与民间美术文化的融合的，需要经过不断的艺术的创新，才能焕发民间美术文化的景观艺术感染力。具体到设计中，现代景观设计可以采用引借、夸张、转化等创新手段，将民间美术文化与设计师的设计思维和表现内容融合，实现对民间美术的创新运用，从而实现以民间美术文化元素的运用提高现代景观设计艺术表现力的作用，彰显区域文化特色的同时提高设计师的文化景观设计艺术感染力。

（三）美术在景观设计作品中的应用表达

如公园景观规划、儿童活动中心因为复杂多样的美术表现更加活力多元。景观折线之美、折线形式越来越多地被运用在景观设计中，如房地产的大区景观规划、城市公园主题设计等。折线设计具有极简的艺术形式，较强的设计感、设计力度和表现力，可以更好地处理环境的高差变化，富有韵律感，丰富景观层次。古语有云“步移景异”，折线景观就很好地诠释了这一词语。折线景观在设计中又体现在很多方面，例如，景观小品、水景设计、景观装置、直线景观等。

1.景观小品设计

运用折线的不同形状将小品分割，呈现出不同的状态，带给景观小品不可预见的惊喜感。在景观设计中，景观台阶的竖向设计可以说是整个设计的最重要的部分。景观台阶能够完美地处理高差，还能够打破传统的设计布局，丰富空间环境，为设计提供更多的景观细部，为用户提供更好的休息观景空间。在现代景观设计中，树池和座椅的搭配屡见不鲜，既能够满足人们驻足休息的功能，还能将美化环境融入其中。通过折线的变化，将景观的刚硬和植物的柔和搭配在一起，提高了景观空间设计的趣味性。铺装设计折线在铺装设计中有非常高的施工要求，难度极大，施工精细化程度高。除了铺装的美观要求，还会需要对线性、收边、缝宽达到一定的完整性。包括和景观的一些连接处理，既要合理平整，又要美观大方。

2. 水景设计

折线在水体的设计上多采用动静结合的手法，刚硬的线条和灵动的水体，使声色光影融为一体。不同的折线伴随着水流的方向呈现出各式各样的水景设计，波光粼粼，别具一格，精妙绝伦。景观曲线之美不同于直线的稳定刚硬，曲线具有女性柔美的特征，整齐的曲线会让人联想到流畅自然，不整齐的曲线会有一种生硬、混乱的感觉。在美术表现中，徒手绘画的曲线给人一种自然流畅的感觉，相反，运用工具绘制的曲线往往会显得生硬。曲线在路径、水景、铺装、装置等景观的运用中最为广泛。路径的曲线变化会产生不同的视觉感受，自古以来就有“曲径通幽处”的诗句。路径有导向的功能，给人们带来一种向往，引导人们向前。曲线连接转向的不确定性，给路径带来无限的可能性。水景，中国古代就有“曲水流觞”之景，曲折婉转的水路像是水中精致的油彩，精彩纷呈。流水和陆地结合，营造出一种随水流动、变化多端的景象。在现代水景设计中，曲线的应用更加多元。滨水景观中常见的海浪曲线，设计的样式像是海浪的纹理，与水景形成鲜明的对比。在现代大区景观设计中，水景往往结合休闲区域设计，精致的休闲空间、沙发座椅与水景交相辉映，流畅的曲线水景环抱着休闲空间，表现了当代人们对美好生活的诠释。有时规整的铺装难免恪守成规，而曲线的铺装会更有趣味性。结合地形的起伏，设计出等高线的样式，增加铺装设计的趣味性。如美国巴尔的摩国家水族馆广场前的铺装，用波浪的曲线象征不断变化的地形，从海岸线一直延伸到水族馆。还能在波浪线的空隙中，点缀上绿色植物，增加休息和观景空间。有时不止是曲线，还可以画上各种各样的图案，让公众参与其中。儿童活动除了精致的曲线造型，还会配上鲜艳的色彩，丰富环境活力。图案的变化往往根据场地的要求绘制，不同的场地也会呈现不同的景观变化。海口市五源河文化体育中心的设计中，提取了奥运五环的颜色和形状打造出别具一格的体育文化公园。五环象征山林海沙花，呈现出每个环不同的状态。

3.景观装置

纽约一家艺术和建筑工作室开发了一种“结构条纹”的建筑系统，用定制设计的零件可以形成复杂的自支撑曲线表面。位于美国马里兰州的公园亭，名为“蛹”，就是采用了这种结构设计，主要服务于公众，也可作表演的舞台。它是一个建筑，一个展馆，一个树屋，也可说是一件公共艺术，在公园中随时被激活。为了达到与公园景观融合，采用“结构条纹”的方式将形式、支撑、经验凝聚在这件作品中。位于美国罗德岛大学的双曲面装置亭，采用仅有3毫米厚的铝设计出一件公共艺术作品。为了在结构、美学和经济上发挥最大作用，设计了一个双曲线几何结构，采用铝单面，绿色的流畅曲线中，表面的切割模拟力流的方式，将阳光渗透进来，光会根据时间、高度、轨迹对人产生不同的视觉感受，增加人与装置艺术的互动性。这件装置亭作品成为标志性结构和罗德岛学院的视觉形象。

4.直线景观

直线在景观设计中最为常见，常常给人一种安全可靠的感觉，直线具有阳刚的感觉和力度，水平线则有平和、安定之感，垂直线有庄重、上升之感。直线具有很强的视觉冲击力，景观设计中也常常与折线进行调和设计。直线景观可以是道路、花坛、阶梯、栏杆和花架等，有序排列为景观增加了律动和节奏。

位于泰国曼谷最繁忙的街区之一的Onyx，其周围是建筑群，该项目为打造“街道”的形式存在，为城市增加体验性的过度空间。过度空间体现在两个方面，一方面，人们从主干道进入街道，引入眼帘的是极其优美的“石花园”；另一方面，他们将穿过12米长的墙，这道墙不仅隔离了声，还屏蔽了主干道的视线，成为一个地标。直线形状的铺装线条简约，没有过多的装饰，清爽而时尚，通过各种直线的组合铺设形成千变万化的形式，还能通过改变直线的方向、排列方式、尺寸大小、材质等呈现出不同的铺装样式。位于墨西哥城圣菲公司大楼的屋顶花园，属于一个小尺度的线性花园。设计师根据设计需求将露台改造成花园，还放置了一个重要雕塑。

加拿大June callwood park是一座粉红色的公园，在现代城市绿色公园中非常亮眼，吸引了大量的人来打卡拍照。粉红色的长凳和海棠树让这个小小的公园表现得非常特别。此公园是为了纪念June callwood的名言“我相信友善”而设计的，设计公司将她在最后一次采访中说过的“I believe in kindness”通过声波技术转化成一张地图，作为公园设计的基础。公园非常紧凑，在各种形状成长条的茂密的小树林中创造了几何形状的开孔，分为六块特色的区域，以声波的形式创造一条条路径，用来提供社区进入公园的通道。

第五节　文化景观与儒家文化

位于山东省曲阜市的孔庙是孔子的本庙，儒家文化从曲阜发源，逐渐传播到整个亚洲乃至世界。从汉高祖亲临曲阜孔庙祭孔，到东汉汉桓帝任命国家管理孔庙的行政长官，这时的孔庙实际已由“家庙”发展成为“国庙”。贞观年间唐太宗下诏：“天下学皆各立周、孔庙。”使孔庙遍及全国，并且为适应科举制度，逐渐发展成“庙学合一”。历代帝王将相、文人墨客和曲阜孔庙有关的各种表达，通过建筑、碑刻、画像石、诗词歌赋、装饰艺术等构筑了一道深厚的文化景观。

孔庙作为一种重要的古代礼制建筑，拥有完整的文化理论体系，其中蕴含的孔子儒家思想文化在中国古代产生了极其重要的影响。结合孔庙的历史对曲阜孔庙的各种文化景观元素进行较详细的研究，如庙内的建筑单体、碑刻艺术、水体植物及地面铺装，以及曲阜孔庙的建筑空间组合分析、景观空间布局分析，重要的是研究儒家艺术景观哲学思想对中国园林景观以及生态建设的影响。

一、儒家文化景观对当代景观设计的研究意义

人与自然关系是人类社会最基本的关系，景观哲学与文化景观同以人与自然关系为核心，也是艺术景观研究的根本目的。在全球经济一体化发展的背景下，我国能够体现儒家文化景观的曲阜孔庙成为世界关注的焦点。作为儒家的本庙，曲阜孔庙不但是后人瞻仰祭祀“至圣先师”孔子的重要场所，

更是儒家文化思想沉淀、发展、传播、弘扬的中心“场”。曲阜孔庙景观的发展演变是儒家文化在中国不同历史时期发展的实体缩影，也是儒家文化思想与不同历史时期政治、社会、历史变迁的辨证存在和见证。曲阜孔庙景观与其历史背景存在着共生关系，探究这一共生关系的内在意指，对孔庙的景观环境以及儒家艺术景观哲学思想、中国传统环境艺术的影响研究，以及中国当代城市特色艺术景观和生态文明建设有着重要的意义。

长期以来，对于曲阜孔庙的研究大多聚集在儒家哲学思想意义及价值的探索，以及对于曲阜孔庙的世界遗产申报、古建筑保护、考古、旅游开发等，以历史为背景，比较少的是从景观的角度研究孔庙。通过对曲阜孔庙文化景观的研究，理顺在历史背景下的儒家文化艺术景观哲学的形成过程。针对当前中国城市建筑、景观、环境建设雷同化现状，以及国家对生态文明建设的高度重视，充分显示了曲阜孔庙景观环境对中国城市生态及特色艺术景观的指导意义。文化景观在历史发展的过程中历经不断发生延展的人类文化活动，转换为某种文明和文化的“符号化”注解。通过梳理曲阜孔庙文化景观与其历史背景存在着的共生关系，既是对儒家文化标志性建筑景观在不同历史时期发展特点以及传承性的分析探究，同时也是探寻儒家的哲学思想对现代景观发展的启示作用及重要价值意义。另外，也可从儒家思想的历史延续性、空间连续性、统一多样性以及文化传承性等方面研究孔庙景观环境艺术的当代价值，以及儒家艺术景观哲学思想对中国传统环境艺术的影响，包括这一思想对中国当代文化景观的指导意义。

二、从历史学角度研究儒家文化景观

在历史学背景下研究曲阜孔庙文化景观以及儒家景观艺术哲学的形成原因、发展脉络，需从孔庙的景观文化背景入手，探索与其景观相关的历史人物及其文化渊源。

（一）景观空间艺术研究

研究不同历史时期曲阜孔庙内部景观环境，重点是景观的艺术特色研究。注重其景观整体的物质文脉和精神文脉探索，挖掘其体现的人文内涵和审美思想，探索出适用于现代城市景观发展的人文思想和审美价值。

（二）生态研究

系统研究孔庙的水体、植物及地面铺装、排水系统。随着人们生活水平的提高，对生态环境也不断地提出新的要求，城市的不断扩张，更需要建造出与大自然命运相连、和谐统一的现代景观。

（三）可持续发展的现世价值研究

即研究儒家景观艺术哲学思想对中国传统环境艺术的影响，包括这一思想对中国当代城市景观艺术和“绿水青山，就是金山银山”的生态文明建设的意义。

（四）曲阜孔庙的历史演变过程探索

孔庙作为一种重要的古代礼制建筑，拥有一套自己完整的建筑文化观念，其中蕴含的孔子儒家思想文化在中国古代产生了极其重要的影响。中国古代以儒家思想为统治阶级的主流思想，儒家思想有其完整的思想体系，其中，“仁”与“礼”等儒家思想核心，崇尚“中庸之道”，人与自然、人与社会和谐相处之道，以及天地人伦常有序等思想，深深影响着曲阜孔庙的建筑景观以及中国古代建筑艺术景观思想的发展。清代学者皮锡瑞曾提到：“凡学不考其源流，莫能通古今之变；不别其得失，无以获从入之途。”要想深入了解孔庙的建筑景观发展的内在意指，必然要伴随对儒家文化这一源头的解析，孔庙建筑群的特色也正是这些思想在建筑上的反映，并隐含许多传统道德观来喻世警人。

曲阜孔庙最早是在孔子故居的三间小屋的基础之上建立起来的。古籍《水经注》中记载：“孔庙，即夫子之故宅也。宅大一顷，所居之堂，后世以为庙。”历代帝王将曲阜孔庙作为“祭孔活动”的固定场所，因此，不断地对孔庙加以修缮、扩建。汉高祖刘邦自淮南还京，经过阙里，以太牢祭祀孔子。永兴元年（153年），桓帝下诏重修孔庙立碑以记。魏文帝“令鲁郡修起旧庙”。东魏孝静帝兴和元年（539年），首次为孔子及弟子塑像。北齐天保元年（550年）和梁太平二年（557年）孔庙均得到修葺。唐代的孔庙已初具规模。到了宋朝，孔庙就已发展成三百多间房的巨型庙宇。明朝中叶（16世纪初），废弃了原在庙东的县城，而围绕着孔庙另建新城——“移县就庙”。清朝入关得天下后，仍然以儒家思想为统治根基，尊孔祭孔之风尤甚，因此，曲阜孔庙在清朝得以保护和发展，清代对孔庙的修建达十四次。

梳理曲阜孔庙的历史脉络，不难发现，自孔子的弟子以孔子故居“立庙祭祀”以来，尽管历史上曲阜孔庙也曾受到过战乱等破坏，但整体而言，孔庙一直为历代帝王重视发展。究其原因，与儒家思想的地位和影响是分不开的。曲阜孔庙在经历了千年的历史沧桑变迁后，在今天，仍将发挥其作为重点文化景观和历史文化遗产的宝贵价值。

三、曲阜孔庙的文化景观

曲阜孔庙作为儒家文化思想的历史景观，其自身独有的景观环境特色，是我们了解儒家哲学思想作用于景观建设的最好凭证。

曲阜孔庙是对儒家文化精神全面的诠释。孔庙的建筑景观处处体现着儒家“中不偏、庸不易”的中庸之美，“天人合一”其实正是外在的物与内在的意的高度统一，同时也是景观环境中理性和感性相结合的高度统一。

曲阜孔庙还是绝无仅有的文化景观圣地，是儒家人文思想活的宝库。曲阜孔庙因其历史地位的崇高和特殊性，在景观环境上有着独特性。其中，万仞宫墙和泮池是孔庙所特有的一种形制。曲阜孔庙以曲阜城的南城墙作为万仞宫墙，“万仞宫墙”之典故出自《论语》。唐朝贞观之后，孔庙与官学相结合形成了亦庙亦学的独特综合体。孔庙前部设有照壁、棂星门和东西牌坊，构成一个庙前广场。棂星门前或门右侧半圆形的池就称“泮池”。因孔子被后世封为“文宣王”后，以泮池为发端，一溪流水向西经过孔庙大门外，此溪水称为“泮水”；泮水之上有桥连通孔庙，此桥称为“泮水桥”。设泮池以蓄水，隐含有希望学子从圣人乐水、以水比德中得到启示之意。曲阜孔庙的景观环境的独特性，离不开国家社会发展对儒家文化的态度，儒家文化的影响成为成就曲阜孔庙的决定因素。

四、曲阜孔庙形制景观研究

曲阜孔庙的建筑和结构是典型的中国传统建筑样式，其建筑形制、功能以及结构与全世界的孔庙基本是一致的，但又具有特殊性。相比较其他地区的孔庙，庙与学同时存在，相辅相成，是彼此信仰的依存依据。

（一）曲阜孔庙的建筑景观

曲阜孔庙是目前国内仅存的，仅次于北京故宫、承德避暑山庄的三大建筑群之一，在世界建筑史上也有其重要地位，被建筑学家梁思成称为世界建筑史上的“孤例”，其建筑特色，为中国古建筑的发展研究提供了重要的依据和范本。梁思成在他的《曲阜孔庙》一文中也感叹到：“除了孔庙的‘发展’过程是一部很有意思的‘历史记录’外，现存的建筑物也可以看作中国近八百年来的‘建筑标本陈列馆’。”整个孔庙的建筑群以中轴线贯穿，左右对称，布局严谨，共有九进院落，前有棂星门、圣时门、弘道门、大中门、同文门、奎文阁、十三御碑亭。从大圣门起，建筑分成三路：中路为大成门、杏坛、大成殿、寝殿、圣迹殿及两庑，分别是祭祀孔子以及先儒、先贤的场所；东路为崇圣门、诗礼堂、故井、鲁壁、崇圣词、家庙等，多是祭祀孔子上五代祖先的地方；西路为启圣门、金丝堂、启圣王殿、寝殿等建筑，是祭祀孔子父母的地方。孔庙内较为著名的建筑主要有棂星门、二门、奎文阁、杏坛、大成殿、寝殿、圣迹堂、诗礼堂等。

孔庙的建筑称谓和匾额名称处处体现着儒家文化的思想，如大成殿和金声玉振坊即出自《孟子·万章下》："孔子之谓集大成，集大成也者，金声而玉振也"。孟子称赞孔子才德兼备、学识渊博，正如奏乐，以钟发声、以磬收乐、集众音之大成，用以赞誉孔子思想集古圣贤之大。后世君主皆以"大成至圣先师""大成至圣文宣王"命名孔子尊号，因此孔庙主殿又称"大成殿"。

总之，曲阜孔庙的独特形制形成了独有的景观，其景观的形成与封建礼制的规定有着密不可分的关系，对于我们研究古代建筑景观学有着重要的参考意义。

（二）曲阜孔庙中的园林景观

曲阜孔庙是中国古典园林三大类型中的民间景观园林，属于祭祀园林中的庙园。曲阜孔庙在园林景观上，彰显了中国古代造园的思想精髓，将建筑与自然美相结合，同时也体现了儒家文化所追求的"中、正、礼、法、和"之儒学意境。"天人合一"是中国传统哲学的主要特点之一，也是儒家学说的重要特征，在建筑中表现为追求"人-建筑-自然环境"的和谐统一。孔庙建筑通过与整个环境在形式和功能上的有机结合达到"天人合一"的有机和谐观，孔庙主体院落是中轴对称，以大成殿为中心，追求在"向心内聚"的基础上达到和谐统一。孔庙的植物配置简约，以柏树等常绿树种为主，其中种植杏树主要和孔子讲学的杏坛有关。孔子注意借助社会美和自然美，并发挥它们的美育作用。"君子比德"于自然景物是中国古代儒家思想所表达的文化价值取向。让植物美与社会文化的蕴涵意义内容相统一，并借园林植物赋予人生精神品格的寄托。

孔庙中植物的种植形式大部分为规则式种植，采用的形式为丛植、列植、对植和孤植。大面积的绿化空间都采用丛植式。运用这些规则种植的柏树让拜谒者感到孔庙祭祀环境的肃穆，同时规则式的植物种植也体现了孔子的“礼制”思想。孤植的植物是有纪念意义的，大多属于长寿树种，其中“先师手植桧”就属于孤植树。

（三）曲阜孔庙中的人文景观

曲阜孔庙的人文景观丰富多彩，不仅有以孔子为代表的儒家古圣先贤构筑的人文遗迹，更有历代帝王文人墨客所留下的文化痕迹，可以说曲阜孔庙是历经千年内涵丰富的人文景观宝库。孔庙保存汉代以来历代碑刻1044块。孔庙碑刻是中国古代书法艺术的宝库。孔庙著名的石刻艺术品有90余块汉画像石、明清雕镌石柱和明刻圣迹图等。另外圣时门、大成门、大成殿的浅浮雕云龙石壁也有很高的艺术价值。《孔子圣迹图》形象地反映了孔子一生的行迹，是我国较早的大型连环画之一，具有很高的历史价值和艺术价值。

对于曲阜孔庙的文化景观环境研究具有现实意义。随着社会发展，景观成为全世界探寻文化之旅、改善生态环境的源头。通过研究曲阜孔庙景观与其历史背景存在的共生关系，从孔庙的景观环境研究入手，分别对孔庙历史地位及意义、孔庙建筑景观的历史演变、孔庙建筑景观、孔庙园林景观、孔庙人文景观的特点，以及孔庙景观和儒家文化内在的关联等方面进行了详细的梳理和分析。通过研究历史发展背景下的曲阜孔庙的景观演变，进一步论证和阐述孔庙的景观哲学、艺术景观、空间序列、生态的现实意义等。系统的研究，旨在探讨曲阜孔庙景观环境在当代的现实意义。

曲阜孔庙的景观环境凸显的等级观、自然观和社会观，以及由景观环境引发的儒家思想的历史延续性、空间连续性、统一多样性以及文化传承性等方面探究，对中国当代艺术景观的发展提供了许多可以借鉴的价值。另外，儒家艺术景观哲学思想对中国传统环境艺术的影响，包括这一思想对中国当代城市特色艺术景观和生态文明建设的意义也不可忽视。

（1）曲阜孔庙的景观环境特色为现代城市景观发展提供了特有的传统文化基因。现代景观建设以服务现代人居环境、满足现代空间发展需要为主，讲求功能性。工业革命带来的社会进步，使园林的内容和形式发生了巨大的变化，促使了现代景观的产生。但是如何在现代景观的发展中，挖掘符合当下人文精神需要的文化因素，成为现代景观发展的当务之急。梁漱溟曾说过：“我今说文化就是吾人生活所依靠之一切，意在指示人们，文化是极其实在的东西。文化之本义，应在经济、政治，乃至一切无所不包。”如若说，我们今天的景观环境没有中国之优秀文化在于景观思想和理念上的存在，那岂不是可怕之事。以曲阜孔庙为代表的中国优秀文化传统景观，实则为我们探寻中国现代艺术景观发展提供了宝贵的资源，对其中优秀的文化和景观基因的提取借鉴，是我们传承传统和发展创造的坚强基石。曲阜孔庙的发展有其与历史发展的共生关系，我们现代景观的发展也必定与我们自身的历史有着不可分割的联系。

（2）曲阜孔庙建筑美和自然美的和谐统一所产生的景观“意境”，也为现代艺术景观的发展提供了重要启示。艺术景观的重要功能之一便是激发人们对自然和美的热爱。文化景观如何通过对人的心理、文化的研究，通过对景观意境的建构，探寻符合当代人的景观“意境”，这是不容回避的问题。中国传统文化中，不仅是景观园林，也包括诗词歌赋、绘画等无一不对“意境”之美有着深刻的理解和表现，如东晋简文帝入华林园所说：“会心处不必在远，翳然林水，便有濠濮间想”，古人“胸罗宇宙，思接千古”之意跃然现前。“意境美”是中国艺术向来追求的境界，草木山石、亭台楼榭只有纳入人的审美，才能使其拥有意义。建筑美与自然美融合是中国景观园林的主要特点之一。园林中为了适应人生活的多方面的需要，其中建筑不论其性质功能如何，都能与山水花木有机地组织在一系列风景画面之中，使建筑美与自然美融合起来，达到一种人工与自然高度协调的境界——天人谐和的境界。

（3）曲阜孔庙丰富的人文景观为现代景观文化性的提升提供了很好的借鉴。正所谓“山不在高，有仙则名”，文化的价值在于对人品格的滋养。中国各地的文化古迹名山大川，正是因为有了文化因素而鲜活起来。神话传说、书法碑刻、诗词歌赋、书画塑像、民间工艺等，正是这些优秀的人类文化创造，为各地的景观环境赋予了文化价值。我们通过曲阜孔庙不同时期的碑刻石，能生动地感受历朝历代的古人对孔子以及儒家文化的情怀。现代艺术景观中人文文化和精神的需求越来越趋于多元化，面对的挑战也日趋复杂，分析现代人文景观存在的各类问题，从优秀的传统人文景观中汲取营养，为现代景观的创新发展提供新的思路。

唐朝刘沧在《经曲阜城》诗中提到：“三千弟子标青史，万代先生号素王。”被称为“天纵之圣”的孔子，留给后人的是宏伟巨大的思想文化和精神财富，直至今日仍无可替代。优秀的文化是国家和民族的精神魂魄，深深镌刻着一个民族的生命力、创造力和凝聚力。曲阜孔庙作为儒家文化发源地，现今已成为世界各地人们探究中国文化的朝圣圣地，其影响力巨大。曲阜孔庙作为一种带有公共性质的建筑景观，是儒家思想的物化表征，是封建统治下社会生活的风貌写照。曲阜孔庙作为我国三大古建筑群之一，对其研究的历史意义和建筑学方面的学术意义不言而喻，同时也是对我国古代劳动人民艺术创造的诠释，是对华夏民族乃至世界产生深远影响的儒学思想的深入探求。同时，对曲阜孔庙渗透儒家思想的艺术景观和丰富的人文景观的研究，是传承发展现代艺术景观的必要途径，这对创建有中国审美特色的景观体系具有重要的现世意义。同时，也是继承挖掘优秀传统景观文化和推动中国现代艺术景观发展的重要契机。

第六节　文化景观与园林设计

在园林景观设计中融入地域文化特征元素可以使整个园林景观更加具有活力，更加具有生动性，从而产生耳目一新的视觉效果。并且能够促进旅游业的发展，提高城市经济，进而提升整个城市的竞争力。我国领土辽阔，各地域的多彩人物和优美的自然景观也有各自的特征，可以说一方水土养育一方人，更是造就了一方景。因此对于文化景观计师来说，需要具备一定的人文历史知识储备和园林景观设计专业技术能力。以地域特征为主要研究方向的文化景观设计具有高层次的现实意义，在设计和建设园林景观的过程中需要参考这些因素从不同的角度来分析考虑和设计建设，提高园林景观设计的质量以及水平。

山东建筑大学鲁敏教授在《园林景观设计》一书中说："园林景观设计是指在一定的地域范围内，运用园林艺术和工程技术手段，通过改造地形、种植植物、营造建筑和布置园路等途径创造美的自然环境和生活、游憩境域的过程……通过景观设计，使环境具有美学欣赏价值、日常使用的功能，并能保证生态可持续性发展。在一定程度上，体现了当时人类文明的发展程度和价值取向及设计者个人的审美观念。"园林景观设计是对园林中的构造、事物进行搭配和布置，通过设计来为游客呈现出优美、舒适的园林景象，使园林景观具备非常高的欣赏性，在更高的层面上体现园林景观的视觉艺术感。园林景观设计本身体现为景观的色彩上以及形态上的协调，其景观特征在很大程度上是地域文化因素的体现和对地域文化的追求。园林从整体景观环境出发，综合文化底蕴、自然条件、地段等限定因素，让观赏者在游览的过程中被“景”和“物”所吸引，感受独特的人文气息和艺术美学熏陶。以山东青州耦园为例，清咸丰《青州府志》载：“冯溥既归，辟园于居地之南，筑假山，树奇石，环以竹树，曰偶园。”“端敏练达、勤劳素著”，冯溥深得皇帝的信任，康熙十年（公元1671年）拜文华殿学士。耦园是一座集宅第、宗祠、园林的古建筑群，是中国唯一保存完好、具有康熙风格的一座人造假山，庭院不大但结构严谨，布局得体，别有一番情趣，它完美诠释了文人雅趣、盎然诗意，从一山（三峰假山），一堂（佳山堂），二水（瀑布水、洞泉水），三桥（大石桥、横石桥、瀑水桥），三阁（松风阁、云境阁、绿格阁），四池（鱼池、蓄水池、方池、瀑水池），四亭（友石亭、一草亭、近樵亭、卧云亭）中可以清晰地看到历史发展中的人文精神，以古青州的人文风范环环相扣，这些足以说明了园林空间与景观文化环境的共生已成为不可分割的一部分。不同地区的地域文化有着千差万别，地域特征的概念主要体现在地域空间，每一个地区都有代表该地域的不同的代表性文化符号。这种地域文化可以表现在自然要素上，如山东的泰山、黄河、泉水等，还有一些表现在人文要素上，如山东吕剧、高密扑灰年画等，在这两种因素的作用下使地域文化具有了整体性、人文性和区域性的特征。因此，在设计以及建设园林景观的过程中就需要根据不同的地域文化元素，体现出与其他地区不同的地域标志文化，体现出能够代表当地历史、社会、自然等多个方面的地域文化和人文因素。园林设计是一门综合性的学科，从实际的工程建设的角度来考量，园林设计者不仅要学习建筑以及景观的基本工程技术，还要了解建筑景观材料知识、设计规范和制图规范以及表达情感等。从客观分析当地文化环境的方法寻找突破的契机，在园林建筑设计中引入传统文化元素，打造充满文化氛围的现代园林景观设计。

一、园林的文化设计理念

在文化景观设计过程中，首先，有必要深入地了解建筑使用地的特殊文化背景，以提取传统文化中的精华元素，并进行创新转换，设计出全新的现代园林景观形式。其次，在园林景观的设计中，要使园林与整体城市保持一致性，需要充分展现当地的传统文化特征，使文化和建筑设计理念相互渗透，进而让城市空间形成系统融合的氛围。最后，从景观空间角度设计理念分析，展现地区的传统文化可以体现园林设计具有独特的符号，将传统与现代、文化与生态之间有机融合，设计出具有文化性、功能性与审美性为一体的园林景观。

二、园林的文化设计原则简述

（一）园林设计的可持续发展

生态学是研究生物与其环境之间的相互关系的科学。在设计园林景观时，首先需要从保护或修复生态系统角度出发，从生态的角度设计园林方案，最大程度发挥设计学内在的生态功能。在园林景观设计中不仅需要有效满足人类生存空间的需求，更是探索实现一种可持续发展的生态模式。由人类活动对环境的影响来看，生态学是自然科学与社会科学的交点，因此在设计中，需要重视合理调用土壤、河道、湿地、湖泊、山地、森林等自然资源，以及物质及非物质文化等社会科学资源，有效地设计出合理的园林景观，使其能够可持续地运行下去。在生态原则设计前提下，有效地发挥出园林景观的社会价值和经济价值，让园林在可持续性的发展道路上前进。

（二）使用的多功能化

由于人们在城市建设过程中对精神文明的需求度不断提高，因此迫切需要一个优美的生存环境。城市或乡村园林景观的建设就是为周围居住的人们提供一个多功能场所。因此，多功能、多维度复合型的公共空间是当前园林设计需要解决的问题。复合型园林不仅具有较高的经济、社会文化、环境水平。还能满足社会各方面的功能性需求，能够使当代园林景观在社会主义精神文明建设的过程中体现较高的价值。

（三）地域性

在不同地区和城市之间，其地域环境主要体现在历史、民俗、植物以及地形、气候等多个方面，园林设计必然会受到自然环境的影响，使园林中的地形、植物等设计要素都有着区域性的差异。在当下的园林设计中要体现城市面貌，还需要基于当地的文化民俗方面进行合理规划。因此，设计过程中要尽可能使用乡土材料，以期设计出的园林景观有着较强的地域性文化特征。王澍教授主导设计的中国美术学院象山校区以朴素的砖墙、石墙、夯土墙、水泥抹灰本色墙，隐藏在江南的弱势山水中。简单的砌筑方式，随自然而变，生趣盎然，间杂以简易木作、钢构，体现出人们在长期与山水的共存中，发展出一种面对自然的本能的基本智慧。整个园区不将任何人为的设计思想强加在这片土地上，将建构材料的选定为无前提的第一选择，认为它们应扎根在象山这片土地之中。因此说，在对园林进行改造的过程中，要基于传统文化的角度，引入传统文化要素，采用乡土材料，融入地域环境。

（四）注重社会效益及经济效益

园林设计及施工规程中应尽量遵守经济性原则，努力协调文化与经济的关系，使社会、经济以及环境实现协调发展，以此构建出可持续发展的设计思路。在一些地区的发展过程中，比如山东临朐，已经将传统的文化元素当作一种产业。山东临朐华艺雕塑园，将雕塑玻璃钢模型二次加工（雕塑工程中间产品，体现了经济性原则），按一定规律布置在园区中，结合各工种的车间，形成一个具备文化传承、实习、参观的文化教育与学习交流的空间场所。在园林景观建设过程中引入传统文化，将传统文化元素经济性地应用到现代园林景观，并对其中各种基础设施进行合理配置，保障在一个客观的成本投入范围内。

三、文化园林景观的设计途径

（一）汉字与书法文化元素

汉字是世界上最古老的文字之一，包括甲骨文、金文、大篆（籀文）、小篆、隶书、草书、楷书、行书等多种形态。相较于其他文明的文字而言，我国传统文化的汉字不仅在造型方面有着特殊性，在内涵方面也有着较为深远的意义。汉字是汉民族几千年文化的瑰宝，长期以来，都是传统文化发展过程中的重要基础，起到对传统文化的传承作用，成为将文化进行世界范围内交流的关键媒介，也是我们的精神家园。当下，汉字已经在平面设计、包装设计、家具设计、装饰设计等多个领域中得到了很好的应用。汉字在现代园林景观设计过程中的运用可从以下几个不同的方面入手设计。

（1）可以应用在壁画浮雕以及石刻艺术中，墙壁的浮雕壁画能够起到将建筑与文化进行结合的效果，可以让观众在行进过程中感受到文字与书法文化带来的艺术氛围。

（2）对园林景观的区域名称以及标识系统进行设计，让人们在游览过程中，切身感受到文化与情感的衔接。

（3）可以借鉴文字的形态进行植物造景，参照文字造型进行局部景观节点的构图参考等。这样的设计理念可有效推动园林景观的诗意化发展，使园林的文化及审美价值都能得到充分体现。

（二）剪纸艺术

中国有着悠久的历史，产生并传承下来的文化遗产众多。诸如京剧和昆曲、民间神话及传统故事、传统木结构营造技术、剪纸艺术等，其中剪纸艺术有着较为明显的景观设计价值。剪纸艺术除了被广泛应用到各种建筑的装饰中以外，在景观造型艺术上也起到了重要的作用。当人们走进西安大明宫遗址公园，最吸引人的要属风格迥异、题材多样的数百件雕塑作品，其中金属镂雕《步辇图》就具有独特的视觉效果，这件雕塑借鉴了唐朝画家阎立本的名作《步辇图》的构图与内容，采用民间剪纸的表现手法二次创作（图5-8）。

在山东省高密市街心公园，树立着一件以民间剪纸为表现形式的雕塑，表现的是“高密三绝”。随着传统文化的回归，民间剪纸以其独特的艺术语言被景观设计师所应用，近年来，中国公共艺术一直在探索新的表现形式，以摆脱

图5-8　步辇图　西安大明宫遗址公园的剪纸雕塑

图5-9　高密街心公园的剪纸雕塑

传统的西式的造型方式，剪纸艺术介入到景观雕塑设计领域为艺术家提供了创新的可能。剪纸平面化的特点丰富了景观雕塑的表现形式，它以纯粹的轮廓表达最直接的感受，其符号价值成为现代设计艺术与传统文化融合的内在驱动力，有力地拓展了景观雕塑的表现力。“高密三绝”雕塑与城市环境巧妙结合，凸现着高密深厚的历史底蕴和浓郁的地方特色，它表现的不仅是剪纸艺术这种形式，也包涵着社会各界以及设计师对传统文化的保护意识（图5-9）。在园林景观设计中重视剪纸艺术所带来的艺术价值以及艺术感染力，通过分析剪纸艺术在获取一定的灵感后，有效应用在园林景观的设计中，以此提升园林景观的艺术价值。具体到设计过程中，取剪纸艺术中具有的镂空与光影的特殊表现手法，可以形成诸多具有较高美观度的雕塑、灯具、座椅、垃圾桶等公共艺术及城市家具，可有效提升园林景观的生活气息和光影效果。

（三）传统色彩文化运用

五行说是古代哲学思想之一，五行的五种元素衍生出了五种色彩，即青、赤、黄、白、黑。因此，木青、火赤、土黄、金白、水黑就构成了中国最为古老的颜色搭配。儒家哲学在色彩理论上赋予了强烈的等级制度，除了继续沿用五色为正色，又将其他色定为间色，并将它们作为尊卑、贵贱等级的象征，代表君臣主仆上下关系。在长期的发展过程中，我国形成了特有的传统文化色彩表达，不同的色彩拥有不同的地位及含义，在不同的场合中，要应用不同的颜色。在景观设计中，结合色彩的使用习惯，将诸如中国红、青花蓝、琉璃黄等具有着典型传统文化气息的颜色应用在具体设计的某个节点景观中。在这样的整体色彩系统之下，不但能够吸引人们的注意力，更能营造出中国传统的色彩文化气息，让人们感受到中国园林的独特内涵。

（四）绘画因素的影响作用

如果对景观园林设计与传统绘画文化进行纵横向比较，其实可以发现二者之间有着诸多相似之处。在整体艺术表达中都十分重视构图设计以及视觉审美效果，在现代园林景观的设计中通过植物与建筑结构之间的连接，可以形成良好的生存空间以及视野空间，这一点与装饰绘画的相关技巧也十分相似。园林景观设计师需要首先对传统绘画有一定的了解，具备一定的绘画基础，才能将传统绘画应用其中。例如，设计过程中，可以借鉴或提炼出名画的艺术元素或构图或色彩的搭配并进行有效的应用；可以参考中国传统山水画中的植物、山石、建筑造型，以此形成具有较为深远意境的建筑氛围。有的名画（国画、油画均可）作品可以直接被复制或转化为浮雕壁画形式置于装饰墙壁之上，进而提升建筑的艺术观赏性，让建筑能够在艺术性以及观赏性方面形成较为统一的属性。绘画自古以来都是进行艺术创作的重要方式，因此，在景观设计中采用绘画元素能使园林景观体现出较高的艺术氛围。同时，重视对绘画元素的合理应用，可以实现园林景观的艺术价值提升，进而塑造园林景观的审美价值。

四、地域因素对园林景观设计的影响

（一）气候因素的影响

南朝宋谢灵运《石壁精舍还湖中》诗：“昏旦变气候，山水含清晖。”气候是地球上某一地区多年时段大气的一般状态，气候会因为经纬度的变化而改变，其因素影响也是地域特征的显著代表之一。中国幅员辽阔，跨纬度较广，距海远近差距较大，加之地势高低不同，地形类型及山脉走向多样，因而气温降水的组合多种多样，形成了多种多样的气候。地形的复杂多样，也使气候更具复杂多样性。因此，园林设计中应该考虑气候问题，不能单一地套用统一的设计模式。植物、树木、山、石、水等都是园林景观设计中的重要元素，其中受到气候因素影响最为明显的就是植物和树木，因此需要保证树木的种类可以满足当地的气候以提高成活率，同时注重外来树种与当地树种之间的共生关系，促进树木之间的互补，保证整体的生态环境。在设计中因地制宜，充分考虑当地的植物和水土，既要维持当地生态环境，又要防止因为树木种类不适应环境而造成的经济损失。

（二）场所因素的影响

“场所”英文为place，意为“基地”，广义上说就是“场地”或者“脉络”。本书中说的场所因素主要是指城市园林设计中的建筑、地形、河流、道路以及风俗习惯等。在园林设计中，需要考虑建设用地的主要地形，根据地形的特点来分配植物、建筑、道路、桥梁、山石、水系的分布，创造合理的设计方案。在山地景观中，应该顺应地势的具体走向进行设计，还需要保护山体植被，并且利用山地设计更具有特色的山水。在平地景观设计时需要合理利用现有的资源来构建开放空间体系，利用平原地形地貌特征创造出辽阔的景观视野。因此说，场所因素对于园林景观设计来说是有利的先天条件，设计师要以场所精神为研究方向，提高园林建设的品质。

（三）历史人文元素的影响

在城市景观发展过程中的一个非常重要因素就是历史，这也是园林景观设计应该着重参考融入的一个因素。以山东建筑大学校园景观为例，文化建设被列入学校“五大工程”之一，以孔子雕像为代表的诸子百家雕塑、以济南老别墅为代表的建筑博物馆群以及大师印记等公共艺术分布在校园中，使山东建筑大学园区充满了浓郁的历史文化的气息。因此，园林景观设计可以根据当地的历史文化特色来设立一些具有代表性的雕像、建设一些人文公共艺术等，以增加园林景观的文化色彩、展现当地的历史文明，为城市的未来发展做出贡献。

（四）自然地理环境的影响

自然环境特点就是地域特色的体现，地理环境必然对园林景观的风格有着决定性的影响。园林景观的设计需要与当地的自然环境相符合，表现自然景观所代表的人文景观。设计师需要充分地研究用地周边的生态、自然环境条件、该地区的天气状况，防止园林失去地形的优势。地理环境是一个物质文化的载体，它包含了一些人类的活动。就地理环境来说，一般认为，秦淮河以北为北方，北方多平原，冬天寒冷，夏天炎热，地表形态各异，造就了北方园林的粗犷和雄伟。以北京为例，由于靠近沙漠，所以建筑主要为坐北朝南，墙体厚实以躲避风沙与冬天的寒冷。北方园林是宏大的，在面积上就是南方园林无法比拟的。承德避暑山庄占地564公顷，圆明园占地200公顷，紫禁城也超过70公顷。相比之下，南方园林是小巧的，热带海洋气候带给它们极度适宜的生存环境，花木品种繁多，石材造型丰富，水系资源丰沛，自然环境优美。自然地理和人文地理构成了整体的地理环境体现，共同影响着园林景观风格的形成。

（五）植物的影响

植物与花木造型的柔美与园林建筑造型的硬直的配合给予了园林灵活的生命力，园林景观与植被结合是我们国家园林设计的重要特征，它们协调建筑与环境的和谐共处，使建筑物融入绿色环绕的自然环境中。首先，绿植自身就具备绿化环境、提高空气质量、改善气候、防止污染、保护当地水土的作用，不同的绿植具有不同的作用效果。其次，绿植（大中型乔木为主）还有定位空间、划分空间、围合空间的作用。最后，绿植在一年四季中季相不同，使不同地域下的园林建筑环境在不同的季节和不同的地域产生不同的变化，可以形成观花或观果或观叶的五感体验。在园林景观设计过程中，应该考虑园林树木种类的分布问题，避免植物过于单一，也避免植物种类过于繁多，具体的要求需要根据当地的季节、当地的特色植物进行分配和安排，以此保证园林建设的观赏性。

（六）地域人文情怀的影响

园林景观设计师在设计的过程中需要对地域人文情况具有充分的了解，了解地域人文内容主要包括历史文化、民俗民风以及重大的历史事件（包括自然灾害方面）等。首先，每一座城市和地区都有独特的文化特征，这种文化特征是与其历史发展息息相关的。每一个城市都应该具备符合自身气质的容貌，这种容貌应该形态各异，而不是千篇一律，这不仅是城市的文化区别更是历史发展的区别的结果。其次，随着社会的发展，多民族组成的大家庭交融在一起，也呈现了不同地域下诞生的不同的地域文化和人文情怀，表现在饮食、服饰、宗教信仰等各个方面，这些是非常值得设计师进行综合考量并且加以应用在园林景观设计中的，它可以很好地促进当地的旅游经济发展，还可以保证园林建设的丰富效果。

综上所述，地域文化中的本土的文化元素和精神品质都是园林景观设计师的灵感来源，具有地域文化的景观设计能够体现设计师对地域文化资源的利用能力。一个优秀的园林景观设计作品应当具备以下品质：首先，它要有历史和文化的根基；其次，应当具有时代感，传承时代的精神；再次，它能为美化城市环境、提高城市的文化品位起到重要作用；最后，它还应该具有原创精神和独具个性的作品，体现出人与自然和谐相处的中心思想，表达园林的开放性和共生性。最重要的是，能够融入人与自然环境，成为城市中不可分割的一部分。

第六章　文化景观设计元素分析及表现

6

第一节　设计要素分析

景观设计要素包括景观设计素材的特点和基本知识，所有的景观都是通过景观要素来体现的。景观要素在不同的景观构成中表现各自的景观内涵，对景观要素的认知学习是设计优秀景观项目的关键。要素包括地形、水景、道路与铺装、植物、公共艺术元素等。

一、地形

地形是指地球表面的三维空间起伏变化。在所有的设计要素中，地形是最重要的，是空间营造的初步设计。在景观中，地形衬托着其他的景观设计，所以地形起着骨架作用，影响着整体设计的效果。地形在设计运用中，起着支配性的作用，能提高设计的整体效果，发挥其美学性和实用性，保证景观设计的自然性。地形的大小、形状、高低起伏等都可以影响景观的变化，利用地形的因素可以实现对景观的整体切割。一方面，不同的地形可以构造不同的景观，同时地形的多样性能够有效增加园林景观的丰富性。另一方面，地形的高低起伏也为景观空间增添层次性（图6–1、图6–2）。

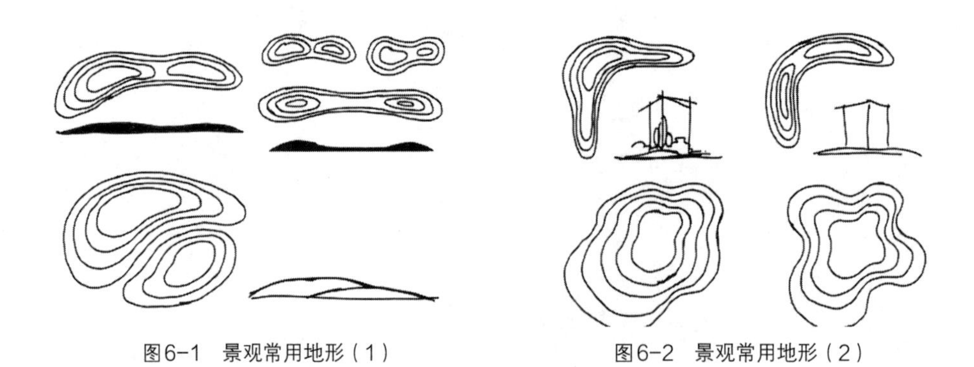

图6–1　景观常用地形（1）　　图6–2　景观常用地形（2）

（一）景观设计中地形因素对设计的影响

进行景观营造，要充分考虑地形因素，合理利用地形特点创造出特定的小气候，为动植物提供适宜的生存空间，因地制宜地进行设计。近年来，湿地作为具有较高生态价值的原始地形，成为三大生态系统之一。但是湿地存在的问题也应引起重视。由于城市化进程的不断加快，湿地生态系统受到了严重的损坏。大量的污染物和废弃物使湿地景观质量和功能逐渐退化，面积也不断减少。湿地景观的破坏使得其它生态系统也受到影响，滨水过渡地带的环境的破坏和人们捕食动物导致的动物物种的减少，成了亟待解决的问题。湿地是保护城市安全、净化城市水体的重要景观地形，在生态景观设计中要注重对湿地的充分认识和保护。地形是场地景观要素的基本承载者，同时也是景观设计及空间塑造最基本的元素，对景观空间的塑造有着直接的影响，关系到景观空间的功能、形态特征、美学特性、人的空间体验等重要内容。

地形能够直接影响景观空间的造型和构图，成为造景空间的基本元素。地形在景观空间中作为构景要素的空间底界面承载者，同时，地形伴随竖向变化，也可以是空间竖向界面的构景要素，不同高差、不同边界轮廓形态和尺度、不同材质基底的地形会构成各种形态、大小、围合程度不同的空间类型。例如，平地地形是所有地表形态中最简明、稳定的地形，没有明显的高度变化，总处于静止状态，往往给人轻松、踏实、稳定的心理感受，利用平地地形易于创造一种开阔、空旷的空间氛围，任何一种竖向元素在这样的空间中都会成为视觉的中心。但是，平坦地形因缺乏明确的三维空间竖向界定而无法形成高度围合私密空间，如需构成该空间则需要借助植被、墙体等其他要素来达成。有明显起伏变化的地形则无需其他构景要素也能构成相对独立的空间，如凸地地形因凸起的边界界定了空间的范围，凸起的坡面和顶部形成相对独立的空间，而凹地地形则具有明确的内向围合特性，较少受到外界干扰。但是，台地、坡地等凸起地形通常位置较高，易于成为空间中的视觉焦点，同时因视线开阔，通常是园林中的观景场地；下沉地的围合之势则会产生聚焦、向心性强的空间，给人包围感、安全感。总的来说，不同类型的地形有着自身独特的空间特征和视觉审美特性，会带给人截然不同的视觉与心理感受。除此之外，地形对于景观视线引导、场地排水、小气候环境及土地的功能结构等景观的使用层面也具有重要的影响（图6-3）。

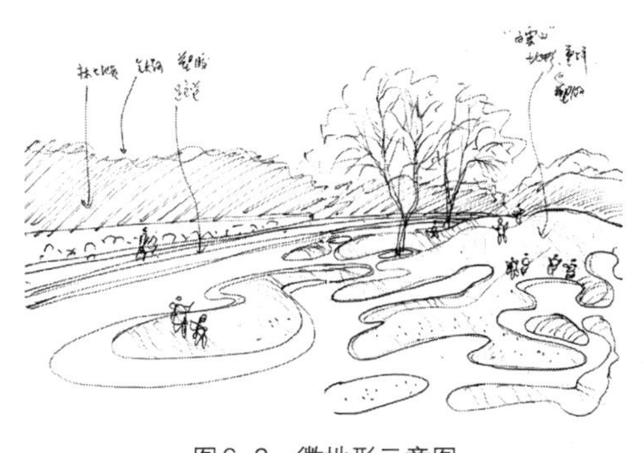

图6-3　微地形示意图

（二）整合地形的手段

对地形的利用可从整合、串联、修饰三个层次着手，即整合地形中具有价值的元素，运用景观手段将其串联、衔接并利用起来，通过修饰语言使其具有观赏价值和使用价值。地形是各种景观空间、造景要素、景观设施等的承载面，同时也是现代园林景观环境中重要的造景要素，其美学价值、实用功能作用不亚于植物、水体、建筑等其他造景要素，因此现代景观设计非常重视对于地形的处理和设计。这里主要从地形的利用、地形的改造以及艺术化的地形处理三个方面阐述园林景观环境中的地形设计。

1. 整合

统筹规划整合场地资源应立足于全局，整理、分析、评估原始地形现有的地形条件、空间形态和空间序列等情况，全面考察场地范围内原始地形的优势劣势、各种地形要素及其特征、各类地形的可利用程度，统筹安排各功能空间、景点、设施，充分利用和突出地形环境中的优势因素，尽可能地改善不佳的地形因素，最大限度地完善原有场地的综合功能。

2. 串联

在充分尊重原有地形条件的基础上，通过道路规划、桥梁架设和因地制宜地设置景观节点等有效的景观设计手法，在不破坏原有自然地形的基础之上，如穿针引线一般将散乱、无序的自然地形形态、景观形态粘合组织起来，使之具备可到达性和可使用性。

3. 修饰

如果说前面两点关于地形的利用是立足于整体框架的搭建和景点的建立，修饰则是对场地局部地形的修复和美化，在尽可能保持原有地形特质的情况下，增进原始地形的可利用程度，通过有效的修饰方法增强原有场地的视觉效果和审美价值。

（三）地形的种类

大体包含小地形和微地形。小地形是指地理范围相对较小，在一块特定区域（如一座城市，风景区等）内的地形，包含各种起伏相对较小的地形形态。微地形是经常用于景观设计的专业用语，是一种不可或缺的营造手法。它是指在景观设计过程中依照天然地形地貌采用人工模拟大地形的形态及其起伏错落的韵律而设计出的面积较小的地形，地面高低起伏但幅度不大，能够增加景观的深度以及丰富景观层次。微地形在设计中始终要营造两个维度：

在竖向上建立空间高差层次；在平面上注意软景横向空间开合对比的重要支持。在景观设计中地形可以分为：平地、坡地、凸起地、低凹地等。

（1）平地：缺少私密感，无焦点，景观趣味少，比较单调，但是平地受到的规划限制性小。

（2）坡地：具有动态的景观特性，为景观增添了情趣，同时可以利用坡度创造出很多动水景观。坡度设计的三个关键：起坡线、反抛物线、双曲线（表6-1）。

（3）凸起地：视野开阔，具有延伸性，空间成发散状。凸地形不仅是良好的观景处，也因为地形高处的景观比较明显突出，是非常好的造景处。

（4）低凹地：四周高中间低的地方。站在凹地里，四周都是呈现上升斜坡地势的地貌。

（四）地形对景观设计的影响、作用及设计原则

1.地形对景观设计的影响

从大的方面来讲，地形影响着景观区域的微气候。从设计方面来讲，地形影响景观的功能布局、平面布置和空间形态。

2.地形对景观设计的作用

（1）地形可以划分和组织空间，构成整个场地的空间骨架，组织、控制、引导人的流向和视线，使空间感受丰富多变，形成优美的景观效果。在地形的作用下，景观中的轴线、功能分区、交通路线才能有效地结合。

（2）地形可以提供丰富的种植环境，改善植物种植的条件，提供干地、湿地、水等多种阴面、仰面、缓坡等多样性环境，为不同生长习性的植物提供生存空间，同时将种植与地形结合设计，使景观形式更加多样、层次丰富。

（3）利用地形变化可以创建活动和娱乐项目，丰富空间功能构成，并给建筑提供所需的各种地形条件。

（4）地形与水体设计相结合，可以利用地形营造多种水体景观，并且可以利用地形自然排水，为场地排水组织设计创造基础条件。

（5）起伏的坡地、层峦叠嶂的山地地形既可以作为景物的背景衬托主景，也可以作为主景，起到增加景观深度、丰富景观层次的作用（表6-1、表6-2）。

表6-1　不同地形空间类型坡度研究度

类型	坡度值	坡比	角度	图示语言	不同坡度对人活动的影响
缓坡	3%~10%	1:33.4~1:10	7.71°~5.71°	33.4　1	人行走在其上，有如履平地之感
中坡	10%~25%	1:10~1:4	5.71°~14.04°	10　1 4　1	人可以站立行走，基本无不舒适感
陡坡	25%~50%	1:4~1:2	14.04°~26.57°	2　1	可用植物材料护坡，人可以站立，但不舒服，感觉吃力
急坡	50%~100%	1：2~1：1	26.57°~45°	1　1	需要做硬质材料护坡，人难以站立平衡

表6-2　坡度分析表

排水坡度	车行坡度	草坪	残坡道	自然土坡（稳定坡度）
2%	3%	3%~4%	5%~8%	1：3

3.地形的设计原则

在地形设计中尽量遵循整体考虑、扬长避短、因地制宜、顺应自然、适度改造的原则。设计师需要充分考虑地块的原始地貌，在设计的过程中尽量保持场地的地形感，体现当地的风土人情和自然地貌；也可以自己模拟当地的特色地形，对场地进行适当的艺术加工，从而营造丰富的景观效果。比如大面积的平地可以做些小的起伏草地，小面积的场地可以设计坡度相对较大的微地形，打破闭塞的感觉，丰富地形层次。地形塑造上要注意尽量就低挖地、就高堆山，填挖结合，使挖方工程量与填方工程量基本相等，达到土方平衡，不搞重复建设。

（五）景观设计方面对地形的影响

1.骨架功能

地形为景观骨架结构，对于景观整体构造的效果有一定影响。地形是景观设计方面最为基本的构成成分之一，为别的景观设计提供背景以及支持。

所以，设计进程当中，依照具体的需求来塑造出新型骨架构造，应当尽可能运用当地的自然地形，确保景观自然性。而且将骨架能力合理发挥出来，也会使设计整体的效果得到有效提升。

2.空间构造

空间构造影响地形起伏、大小以及形状均是被用来对于全部景观进行切割的。一方面，运用地形多样性来构建得到不一样的景观形象，能够使景观的丰富性得到有效增加。另一方面，运用不一样高度以及低波动地形，将花园分成不一样的空间，从而使对空间进行切割的目标得到实现，对园林空间分层的增加是有利的。在依照地形实施空间设计的时候，需确保整体的效果，并与时代发展进步的自然规律相符合，将地方区域特征突显出来。其中，按反抛物线地形遵循“一急一缓”的行走感觉会给人带来优美的视觉感受（图6-4、图6-5）。

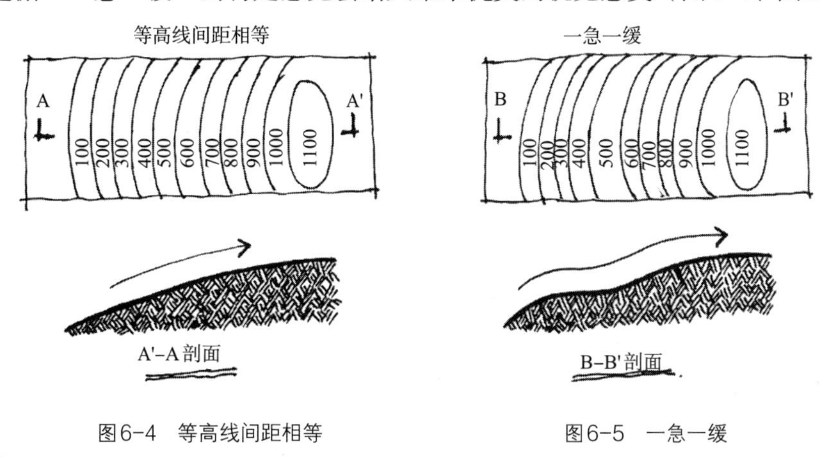

图6-4　等高线间距相等　　　　图6-5　一急一缓

（六）园林景观的规划设计方面的地形运用的准则

1.因地制宜

因地制宜需要设计人员在规划设计之初做好充分的调研工作，然后依照当地自然的地势来展开相应的设计工作。这个原则运用较多，充分挖掘当地丰富的自然基础条件，利用自然地形当作基础措施，在原有基础之上来对地势进行平整、依高堆山以及依低挖湖。因地制宜设计原则无论从设计原理还是经济成本考虑都是设计规划人员首选的设计准则，只有对原有的地形进行合理运用，合理科学地对地形进行设计规划，才会使园林整体的景观协调性得到有效提升，从而极大降低园林建造的经济成本。

2.协调性准则

在做好充分的地形调研之后，除了需要考虑因地制宜的设计原则，还需要根据协调性准则将规划用地整体协调起来。虽然地形类型有很多，但在实施地形设计时，不管地形是高低起伏的整体还是连续平坦的平原，协调性原则要求都要考虑景观之间的协调性。对不同的区域景观进行建造有着比较强的随机性以及独立性，为了使地形运用协调性得到有效提升，一定要考虑地形和其他景观的联系，如果整体景观发生失调，景观设计规划最终的结果也会不尽如人意。协调性准则在地形与道路、建筑、植被、景石、水景、附属景观等方面都有不同的要求。首先，地形和园林道路设计之间的联系要求道路一定要依照地形进行相关设计工作，用园路蜿蜒盘旋和地形特点来营造出峰回路转的感受。其次，地形和建筑联系应当确保建筑不仅不会对整体地形造成破坏，而且能够对全园景观进行协调。结合地形特点，建筑位置均能确保远看的时候出现若隐若现的感觉。同时，植被和地形之间也需要考虑协调性，依照地形采光性以及高度，来选取恰当的植被类型，并营造出自然之感。再次，于恰当位置放置景石，从而达到对景观进行点缀的影响。同时，水景和地形之间的联系是依照地势来建设相关的水景，山水相依为园林的景观设计关键的内容之一，如建设喷泉以及依地挖湖等方面都需要考虑景观的协调性。最后，附属景观和地形也需要依照地形的走势来构建得到相关图案，例如，大量园林运用走势和灯光配合来勾勒得到龙与凤的图案。

3. 艺术性准则

艺术性准则是在对园林景观进行设计规划的时候，除了要满足功能性还需注意到设计艺术的效果。以植物配置为例。首先，在整体方面，确保依托着地势所建立起的景观有一定规律。植被种植是从低至高的，植被的种植密度和种植措施的选取在考虑种植艺术时一般是采取不对称的准则，确保园林景观有着非常强的自然性。其次，需注意到植物易受到四季交替的影响，并对植物进行选取以及更换，确保景物的丰富性。最后，在对于整体的地势还有环境进行考虑基础之上，选取不一样气味以及颜色的植被实施组合运用，使设计效果的艺术性得到提升。

（七）景观设计地形种类与合理运用的措施

1. 平地

指坡度比较平缓的地形，这类地形会给大众一种自由、开阔的感受。在实际施工过程中，平地是遇到最多的设计地形，通过对其实施各类合理科学的设计规划，可以营造丰富的视觉体验。同时，平地施工的成本比较低，且工期非常快，可以节约施工成本。在园林景观当中，多运用平地为游览者供给多类举办活动的场地，运用也较广。

2.坡地

坡地能够使园林景观层次感得到适当增加，在坡地上增添凉亭等建筑物可以丰富园林景观空间规划。同时，借助地形坡度的变化进行植物配置并搭配道路的蜿蜒起伏，可以达到不一样的艺术效果，进而使设计的美感得到有效提升。

地形运用会对景观整体的规划效果造成一定影响，在景观的设计规划进程中，一定要依照当地传统地形实施相关规划设计，以确保设计协调性以及整体性。而且在地形运用以及地形塑造进程当中也需要遵循相关准则，对地形进行合理运用，使园林景观的艺术感得到提升（图6-6）。

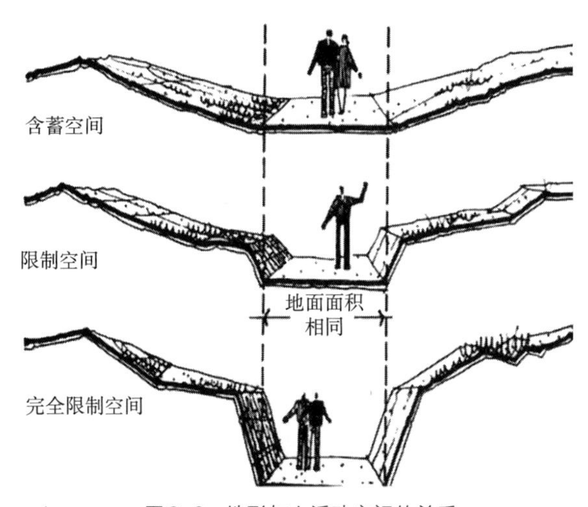

图6-6　地形与人活动空间的关系

二、水景

“仁者乐山，智者乐水”，水是人类与自然联系的纽带，水景是文化景观中最富魅力的元素之一，中国园林素有“有山皆是园，无水不成景”的说法，由此可见水对于景观的重要性。在古代，水景在我国传统文化中的寓意深厚，代表财运、福运等，所以总有“遇水生财”的说法。水是构成建筑空间品质的重要因素，水景孕育了城市和城市文化，也成为城市发展的重要因素。水景在景观设计中的重要性是不可取代的，它运用自己独特的美学特征和观赏性，与其他元素融合在一起衍生出丰富多彩的变化形式。水在中国人眼中一直都是灵性的象征，儒家朴素的生态思想和讲究“藏风得水”的风水理论使古人非常注重水体，“无园不水”“一池三山”“清泉石上流”“山光水色与人亲”等词语诗句都表达了古人对水的热爱。“有山必有水，有水必有山”，山是骨，水是血脉。在大部分设计中有山的地方，用水的柔软凸显山的雄伟高大，而山的坚硬更能凸显水的灵动、柔情，二者相依相融。如长春万科如园荣获中国建筑学会年度建筑设计奖，作品山水相依，尊礼、守序、似如、亦园。山有岩石、山峦、悬崖等，通过不同的手法将水引入景观设计中，从而形成了瀑布、溪流等水体，使景观灵巧生动、充满活力。在自然景观中，水是非常重要的自然资源，发挥着不可替代的作用。水能形成不同的形态，在不同的环境中，它的形态也不尽相同。如平静的水池、奔流而下的瀑布等。“水是万物之源”，从古至今，在景观设计中都少不了水景，缺少水景，整个景观就会变得沉闷。对此，设计师需要注重水景的设计，为景观设计增添生机与活力（图6-7）。

（一）景观设计中水的一般用途

1.调节气候

在古典园林中有“筑山理水”的说法。在古代，“理水”从功能层面来说，作为调节环境气候的一种基本设施。大面积的水景可以给周围景观增加空气的湿度，在不同的季节影响着环境的温度。夏天，当陆地的温度比水体高时，水能吸收和积累热量，微风轻轻吹过水面会把凉意带到陆地，降低周围环境的空气温度。冬天，水体缓慢地释放着热量保持周围空气的气温。

图6-7　长春万科如园水景

2. 增强景观的体验感

如今，人们对生活、休闲的多元化需求越来越高，水景成为一种必不可少的元素，借助水景来创造丰富多彩的娱乐场所。将丰富的水资源与人文有机融合起来，通过先进的技术创造不同的水上娱乐设施，体现景观环境的多样化。将喷泉、人工瀑布、池塘等融入景观中，使艺术环境与人文环境相交融，营造多层次景观架构，保护自然景观和水资源，促进人与自然和谐相处，为人们提供更多新颖的娱乐方式。

3. 调节听觉系统

人的听觉系统喜好搜寻悦耳的声音，汽车、建筑工地等噪声会产生不悦的氛围，水可以产生不同的声音效果，可以通过增加水的声音来隔离环境噪声。如冒泡的咕噜声、哗啦的水墙声、潺潺流动的水声，减少环境噪声对人们的干扰，创造一个相对宁静的气氛，为人们营造全方位立体柔和美感。

4. 提高景观的柔化程度

水具有流动之美，能够增强景观的连贯性和层次性，打破景观固有的局限形态，提高景观的柔化程度，给整个景观带来无限灵动。水的动与其他景观的静相融合，可以形成动静结合的艺术形象，使整个景观空间都“活”了起来。如利用水倒影成像的特点，扩大整个空间的视觉效果来呈现出不可替代的艺术氛围，在一定程度上可以弥补景观枯燥乏味的缺点。

5. 水体景观

如海岸线、河流、湖泊、池塘、喷泉等都是以水为构成要素，形成充满诗情画意的景观。冰雕等也是水的另一种景观表现形式。

6. 丰富水生动植物的生态环境

为水生动、植物提供生长基础，创造多样化的生态环境。景观环境中水中栽植的荷花、睡莲、芦苇等都是典型的例子。

（二）水体的三要素及静水、动水

《管子·水地篇》说：“地着，万物之本源……水者，地之血气，如筋脉之流通着……万物莫不以生。”文化景观设计尤其是文化庭院设计中，水景的运用越来越受关注，人们对水景设计的要求也越来越高，因此水景的设计越来越人性化，更加符合人们的功能与审美需求。人们可以在生活中看到各式各样的水景，在不同的空间环境中，水景的形式也各不相同，各种各样的水景与建筑小品以及其他造景元素相搭配，给景观增添风采、增加魅力。

1.水体三要素

形、声、色是水景设计中的三大要素。形是指水体的形式和形态。自然界中的水体表现形式主要有江、河、湖泊、海、溪涧、瀑布、泉、沟、水库、潭、港、湾、浦、沼泽、潮汐、波涛等，而在景观设计中水的形态主要分为静水和动水两种。形是水景设计中最重要的元素，在设计时要从大自然中获取灵感，以自然为师，将其融入自己的设计思想里，才会将水景设计得更加有意境。声是指各种流动的水体发出来的声音，比如瀑布的轰鸣声、泉水的喷涌声、小溪的流水声等多种各具特色的声音。在景观中，动水形成的水声能够引起人的好奇心和探索欲，增添水景的活力，在设计时可以利用这个特点来引导人们的行动流线，将景观布置得富有变化，让人流连忘返。色也是水的质感的体现，不同区域、质感的水的颜色是不一样的。清澈的小溪、碧绿的湖水、蓝色的大海都是因为水中所含的物质不同、所处地域不同、环境不同，才在颜色上有了不同。除了水本身的颜色之外，水的反射特性也能在视觉上改变水体的色泽，比如茂密的森林环绕的湖泊反射的是森林的颜色，那么它本身的颜色也变成了森林的颜色；在城市广场中的水池，反射的是周围的建筑物，那么它的颜色也就成为周围环境的颜色。设计师需要在设计时考虑水的颜色和反射特性，充分利用周边环境来进行设计（图6-8）。

2.水的表现形式

基于水景的功能表现，水景的形态也是各式各样的，重点分析以下三种。

（1）水景的基地作用形式。水景的基地设计用大面积的水池作为依托，扩大了视野和空间，充分地将整个水景的景观要素衬托出来。对于一些宏伟壮阔的大场面，能奠定良好的基础，给予一定的视觉冲击性。

图6-8　水的反射作用

（2）水景的焦点作用的形式。水景通过不同的形态和声响等表现形式形成焦点效果，吸引游客的视线。除了把握好水景与人的尺度关系外，还应将水景布置于不同的环境景观之中以满足人们游赏、娱乐休闲等需求，充分发挥其景观焦点的作用。

（3）水景的纽带作用形式。水的柔软性、灵活性使它在不同的空间环境中穿梭，将不同的空间联系起来，不仅营造出了丰富的层次感，又使整个景观设计基于一个整体。

3.静水和动水

（1）静水。景观中的静水包括池塘、湖泊、游泳池等。这些水景中的水面光滑平坦，与周围立面上的景物有着强烈的对比。水景周围的景物如同众星捧月一般将水体突显出来。静水能够营造一种静谧、幽雅的气氛，是人们思考、独处、静坐的良好场所。

（2）动水。景观设计中的动水一般是指瀑布、喷泉、溪流等流动的水体。瀑布是水景中最有魅力的景观，落水的形状和瀑布垒石的造型都是人们欣赏的焦点。自然瀑布利用水对岩石的冲击形成各式各样的形态，如扇形的、羽毛状的等。瀑布给人带来的心理感受跟尺度有密切的关系，大的瀑布雄伟壮观、气势磅礴；小的瀑布韵味十足，生动活泼。叠水具有瀑布的一些特性，但是更多的是连接高低不同的小地形的作用，叠水的形态光滑圆润、晶莹剔透，虽然是动水却创造出一种宁静的气氛。

（三）水景设计需要遵循一定的设计原则

1.满足功能性要求

水景的基本功能是给人观赏，所以必须要让人觉得赏心悦目，带来视觉享受。现在的人们对于亲水、戏水、娱乐、健身的需求日益强烈，所以在水景设计时要满足这些功能。

2.满足整体性要求

水景是景观的组成部分，设计的时候要考虑景观的整体效果，不能将其孤立出来，要根据水景所处的环境、建筑、植物进行设计，达到与整体景观设计风格上的统一。

3.满足技术和运营要求

水景的设计要考虑可实施性和运营成本，尽量利用原有的水资源进行设计，节约成本。现代科技发展迅速，新材料与新技术更是层出不穷，设计师应该多尝试使用新颖的材料和技术来提高水体景观的效果。

4.水体景观的设计要点

（1）力求创新，营造有特色的水景。设计师应该根据景观项目的设计理念来设计水景，结合不同地理区域和气候的特性，设计不同种类、不同形态、不同主题的水景。

（2）水景设计要注意点线面的结合、平立面的结合，营造丰富的视觉效果。水景设计要注意避免宽度一样的水道和单调的线形，应采用宽窄变化不一的设计手法营造一种“九曲十八弯”的效果。设计时可以在水道中添加各种景观节点，如喷泉、涵洞、叠水等，通过水帘、水幕等来丰富水体景观的表现。

（3）水景设计要动静结合。静态的水能安抚人的心灵，让人归于大自然的宁静与祥和；而流动的水体现了一种生机勃勃的景象，使人能感受到动态的美。设计的时候要注意动静结合，有张有弛。

（4）水景设计要重视人的参与和驻足。在居住区的景观中，水景除了观赏之外还需要让人参与进来，接触到水，才能达到亲水、戏水的要求。比如在水景中设计浅水区、嬉水区，在水景周边设置休息娱乐的场地，使人们能够在此交流、游戏，促进人际关系发展，促进社区文化，实现适宜人居住的景观目标。

（四）水景在景观设计中的特性

1.水的可塑性

水是一种流动的液体，水的形态取决于所盛放的容器，通过改变容器的形状来设计水体。而水的连续性，也成为连接空间的纽带，使整个设计具有统一性。由于容器的形式及表面材质的不同，会影响水流的速度，弯曲障碍多的地方，水流速度就较缓慢，平直处水流就会变得湍急。充分运用水景元素的特征，改变容器形式和材质，在同一地方营造出不同的节奏，增添了景观设计的活力与趣味。

2.水的倒影特征

在静水的设计中，水池形态非常重要，主要分为规则形和不规则形两类。规则形水池整齐匀称，严肃大气，但是相对于不规则形水池则稍显僵硬沉闷，所以在设计时为了缓和这个感觉，往往需要使用植物和景观小品进行柔化。不规则形水池以不规则的线形和植物搭配为特点，与周围环境能够很好地融合，相对于规则形水池来说更贴近自然。池中可以设计景观石，岸边可以设计驳石堆砌，高低错落有致，还可以将水生植物种植在水池的边缘，模糊水体本来的形态，同时设置浅水区，使其与陆地的界限没有那么明显，中国园林的水池形态基本都是不规则的水池。静水平静的水犹如一面镜子，在光线的折射下，将周边的植物和小品形象地映射出，使水景更加灵动，富有情趣。当微风轻拂，水面上泛起涟漪，在阳光的照射下形成波光粼粼的景象，波光使水景空间游动，倒影使水景空间扩大，反光使水景空间生辉，构成玄幻的空间效果。例如：夏天坐在湖边，微风袭来，水里波光粼粼的景象宛如一幅油画，给人一种悠然自得、洒脱飘逸之意。利用光影使湖面上复制出周边环境的影像，这种景观在湖面上若隐若现，扩展了景观空间的视觉层次感，光影也会在一天中有不同的变化，光的明暗变化加强了水景的肌理和质感，增添了空间环境的动感，从而打造出如油画般质感的景观（图6-9）。

图6-9　华润公园九里

3. 水声的特性

水声反衬环境幽静，水声激发欢快的情绪，水声增添空间的情绪，水声现出的动听节奏，体现出幽静、活泼、激情、律动感。水在不同的流速下会撞击不同的障碍物产生不同的声音效果。因此我们可以根据这一特性，来给不同的景观设计打造不同的意境美，例如："小桥流水人家"的意境美，通过溪水的潺潺作声、涓涓细流配合产生自然之美，令人心旷神怡。而大海的波涛汹涌、澎拜冲击，使人激昂、兴奋。水声之美远远不止这些，让它与整个设计相结合，会出现不同的反响。流是动水的另一种重要的表现形式，它不需要太大的空间就能带来宜人的效果。溪流更适合设计的自然婉转，大小根据整体景观来确定。不同线形的溪流可以使整个景观富于变化，流动的溪水为景观增添了动感，能满足人们的亲水需求。溪流的韵味还在于潺潺水声，在设计的时候可以增加一些落差，让溪流的声音多种多样。

4.把握好水景的尺度

在景观设计中要把握好水景元素的尺度。水是水景的主体，水的形式是多种多样的，在景观设计中，设计师往往会采用动态水的表现形式，给人带来灵动、愉悦之感。影响水景尺度的因素有很多，要坚持以人为本的设计理念，拉近水景与人的距离，使人置身于其中，把握好水景与人的合理尺度的关系，让人贴近自然，给予美的享受。

5.注重与其他元素相协调

景观设计中，注重水景元素与其他景观设计元素相协调，注重整体上相统一。水景需要根据当地的人文、气候和地形等的特点，来与其他动、植物和景观小品进行搭配，例如：水景中的水生生物，不仅可以给设计带来活力，还能净化水源，使人心情愉悦。但也要有适度的原则，过量反而会破坏生态系统。在水景中往往会搭配一些各种形式的喷泉或者雕塑等，使水景生动有趣，和人产生互动，体现了水景的亲民性。水与假山的结合犹如一种意境之美，从古代造园开始，水与山的搭配就必不可少，利用水景元素与假山、雕塑等设施搭配，使设计做到有主有次，相辅相成、互相衬托，将水的柔软与山的坚硬形成鲜明的对比，达到以柔制刚的效果，从而展现水的柔软之美。

6.体现水体的生态自然

在当今社会中，人们对生活品质的要求越来越高，增强了人们对生态自然的追求感。正因如此，水景发挥了很大的作用，不仅能满足人们的审美需求，而且能净化空气，调节空气的温度，改善生态环境的功能。在整体设计中，景观设计的水景常常需要与建筑相融合，一方面为建筑提供降温、净化空气、吸热等实用性功能，另一方面结合设计主题，营造出整体自然、生机勃勃的设计需要。综上所述，以自然为基、建筑为骨、景观为衣，三者相辅相成，为人们营造出生态自然的人文设计。

7.水与建筑环绕相生

水自古以来与建筑融为一体，它已经成为建筑设计中不可缺少的重要要素，无论是在古代建筑还是现代建筑设计中都得到广泛的运用。人们常常在湖泊等地修建观景台、拱桥等形式来增加水景的亲密性与观赏性。如在传统园林中的理水通常以静态的方式出现，设计水景时非常重视水能完美地和拱桥、亭阁搭配在一起，形成别具一格的建筑水景。在现代建筑中，水成为建筑的一种美学体现，不仅能分割和丰富空间，也让它与建筑共生。建筑以水作为底座来营造出建筑漂浮于水面上的效果，通过水的柔来打破建筑硬朗的视线，让建筑之力和自然之力在矛盾中共生。

8. 水与动植物搭配

为了凸显出水景的美感，从全面性角度上，合理地安排不同植物与水景进行搭配，打造一个生态环保的景观环境。为了确保水域的健康和和谐统一，运用对景、障景、立面、鸟瞰等方式角度将植物错落有致地排列其中。在水中可以饲养水生物种，一方面可以与水生生物形成互相滋养的状态，另一方面水生生物穿梭于疏密有度的植物中增加了水域观赏性。这种布置方式能在水域中建立起可循环、有生命力的食物链，发挥出水元素最大的艺术效果，与其他景观形成相互辉映的状态（图6-10）。

图6-10　香港壹号半岛

9. 营造水景的“活性”

从古至今，水是一切生命的源头。在进行景观设计的过程中，讲究宜“活”不宜“死”，水是景观中最活跃的部分，水是流动的，在不断的运动中将景观与城市文脉和人们的生活习惯等完美地融合在一起，营造出一种艺术气息。水作为城市的血脉，成为维系城市生命的重要组成部分，它的活力给予了城市健康良好的生态环境，给城市增添异彩起到了画龙点睛的作用。

（五）水景空间设计的要点

水景在园林景观设计中大概分为大型水景和小型水景两种形式。

（1）大型水景，即大面积的水景包围建筑，形成开场空间，空间随水体而变幻。例如，自然界的江河、溪流、湖泊等，通过改变流水形态在视觉上产生不同的效果。当改变渠道的形态，水随着渠道的动荡起伏来改变水体的形态、声响和流速来吸引人们的注意，极大地提高了园林景观的观赏性。在视觉上使空间比较深远，周围建筑、植物与水景相呼应，增加景观的层次感。放眼望去，海天一色、山水一体，微风吹过水面波光粼粼，景色山水怡人又沁人心田。

（2）小型水景，如喷泉、人工池塘等。它在景观中可以发挥连系和统一不同空间的作用，在设计中它常常与亲水平台、休息座椅、花坛等结合，以动围绕着静能够在感官上给人空间无限放大的感觉。水景的设计往往在景观的主轴线上，它们既能连系空间也能划分空间的边界来引导人们的视线。水的静动各有千秋，静态的水如镜，能照映出周围的建筑物，使空间无限伸展，如梦如幻地为人们创造新的透视点和观赏性。

水景的营造是景观设计中重要的组成部分，在传统园林中，湖泊的分布和理水的脉络，决定着园林景观设计的成败，在园林景观布局中几乎没有景点是没有水的，如山环水抱、建筑傍水、弯曲的溪流穿梭于岩石之地，以丰富多彩的理水形式创造出了万种风情的水景意境。现代园林景观水景设计以传统美学作为骨，以现代理论美学为血脉使景观水景设计迈上了一个新的高度。在进行水体设计时，水的形体变化依赖于外在条件，通过改变容器的容量、体型和凹凸不平的底部来控制水体的形状和流速。并且要特别注意水体与人之间的尺度关系，体现人们对亲水性的需求，拉近人与水景的距离，在保证安全的情况下，使人们能融入水景中。例如，在水中加入舫、廊、亭等建筑，为居民提供一个既可以依靠又可以观赏的地方，给室外环境增加活力和意境。利用水景营造的意义，通过动静结合，山水融合，水景的活力性，水景与植物、建筑的搭配等方式来开展水景的设计工作，为现代水景景观设计增添了更多的艺术价值，使水景更加富有层次感和深邃感。

三、道路与铺装

古人曰："人到之处必有路。"早期的道路通过人的循环往复不断踩踏而形成，人们通过排除行走中的障碍物，而障碍物又经过不断的踩踏融入在土地表层里，使走过的痕迹更加坚实，从而形成道路。中国古典园林中的铺地主要源于对宗教或礼仪的观念表达，同时也是对“吉祥文化”的追求。另外也受到市井文化的影响。中国园林的铺地艺术始终追求诗情画意的境界，园路与场地有意识地根据不同的主题在营造“因境而生”的环境氛围。

“寄情于景”，意境是文化景观的精髓部分，也是中国古典园林最精华的部分。尤其是在环境的渲染方面。随着古人在审美和设计上的追求，铺装的发展也逐步进化并拥有悠久的历史，如战国时期出现的“米字纹”和“几何纹”铺装，唐朝时期出现的“宝相纹”铺装等，都能体现铺装在我国风景园林史上的重要发展历程。我国在铺地这方面最早记载的是“吴地梓铺地，西子行则有声”，从字面意思就能感受到古代铺地艺术充满了人文色彩。计成在《园冶》中有“鹅子石，宜铺于不常走处”，古人铺装的纹样比较细致，铺装的色彩和纹路是核心，铺装的色彩在景观中一般是起着衬托背景的功能，具有很强的个性，用冷暖色对比和颜色浓淡的变化，与整个景观相辅相成，在统一中追求变化，在变化中寻求统一，通过合理运用色彩，不仅能营造出一种独特的气氛，还能成为设计师情感上的一种烘托，并能与人的心理产生共鸣，能给人精神上带来一种力量。在铺装色彩的搭配中，统一色调能带来亲和感和统一感，对比色调冲击力强、刺激感光强。明色调轻快活泼，冷色调给人一种宁静、庄重的感觉（图6-11、图6-12）。

日本设计师都田彻指出，“地面在一个城市中可以成为国家文化符号象征”。铺装是景观中最为重要的一部分，它的设计和风格，很大程度上直接影响整个景观设计的效果，既要满足在这个设计中的整体需求，也要满足人的心理和身体上的需求，体现出以“以人为本”的设计理念，使其在视觉上和空间上相协调。道路绿地率不得小于40%，红线宽度大于50m道路绿地率不得小于30%，红线宽度在40~50m的道路绿地率不得小于25%，红线宽度小于

图6-11　拙政园铺地（1）

图6-12　拙政园铺地（2）

40m的道路绿地率不得小于20%。然而，在实际设计中铺装设计往往被忽视，而且存在很多不足之处，很多地方的铺装出现如出一辙的现象，无法充分地将铺装与当地的文化相结合，更不能体现出此区域的特色。另外，一些铺装的耐久性也较差，质量也很差，让残障人士的安全无法得到保证。

（一）铺装材料

铺装材料是指具有任何硬质的自然或人工的铺地材料。人们日常生活中的铺装景观大致可以分为两种，一种是硬质铺装，另一种是软质景观区域。软质铺装包括草坪、低矮的灌木等，是根据所处的环境而获得各种设计效果。这种软质铺装，具有透水性，而铺装材料必须要具备硬质这一结构要素，所以人们进行道路铺装选用的铺装材料有砖、砂、石头、沥青、木材等。这些材料具备硬质这一特性，所以它们较稳定、耐用，能承受外界物体巨大的重力和摩擦力。铺装材料在室外使用广泛，与植物相比，养护管理方面费用较低，虽然它本身的材料较昂贵，但经久耐用。

1. 铺装材料的选择原则

在选择铺装材料时，一要考虑到因地制宜的原则。充分融合当地的人文理念与审美传统，与周边的环境、风俗、色彩的风格相一致，营造出一种相得益彰的整体设计风格。二要坚持与时俱进的原则。随着现代人们审美和经济条件的提高，人们对道路的设计越来越重视，铺装艺术已经成为空间环境艺术的一项很重要的环节。随着铺装艺术理念的不断发展和变化，铺装的设计和材料的选择要遵循与时俱进、以人为本的原则，体现出铺装材料的适用性与时代感（图6–13）。

图6–13　卵石铺路

2. 铺装材料的功能

与其他的设计要素一样，铺装材料也有许多使用功能，铺装的物质功能是其最主要的功能。

（1）提高承载能力的使用。景观铺装要具备超强的承受力，能经受住物体对其的摩擦和破坏，保护其地面的表层不受到直接的损坏。同时它也必须具备超强的稳定性，能经受住一年四季环境及温度变化的压力，确保在多雨的季节不会像草坪一样变得泥泞，可以让交通工具自由地行走；在夏季可以阻挡风沙，没有尘土飞扬的烦恼。在景观铺装中，不同的铺装材料能承受不同的交通承载力，所以铺装材料设计合理，可以提高其承载能力和使用频率，减轻后期的维护成本压力。

（2）导向功能。铺装材料可以通过色彩、材质等方面的改变，来引导人们和车辆行驶方向，尤其是带状铺装和线性铺装具有鲜明的指向性作用。它可以引导游客的视线转移到其已设好的“轨道上”，特别是在空旷的空间引导人们如何通向幽径的小路，增添了意境和氛围感。但是，这一导向作用必须规划合理，要符合人们行走运动的路线。如果路线较复杂曲折，往往起了“帮倒忙”的作用，会促使人们寻找“捷径”，难以发挥其导向作用。

3.影响行走的速度和节奏

铺装材料不但可以导向，还可以影响行走的速度和节奏。例如，路面越宽行动速度会随之缓慢，而当路面逐渐变窄，路人行走的速度则会随之加快。在羊肠小道上放置汀步时，通过不断地改变铺装材料的宽窄和间隔，带给人们行走不同的节奏和体验，增加游览的趣味。

4.组织空间

铺装材料在室外空间的不同变化，表示不同的用途和功能。常常利用铺装把景观分隔成各种不同功能空间。而各种不同的功能分区又通过铺装联系成一个整体，同时铺装材料及其图案形状往往对空间产生重大的影响。不同铺装的形状能突出所处空间的不同的个性，给人带来丰富的体验。如木质给人一种宁静、回归自然和乡野的亲切感觉，青石板给人轻松自如的气氛感等。在景观营建中，通过不同的铺装材料、形态和摆放方式来增添景观空间感。在广场中铺装材料的横向交错，可以使广场更加宏大、庄严，拉伸整个空间横向视觉效果。

5.注意警示功能

铺装在使用功能上还能起到注意、警示的作用，特别是在繁华、危险地段和学校门口，铺设减速段等方式提醒车辆减速慢行，保证行人的安全。人行道可以通过鲜明的材质改变，来起到对人们的警示作用。

6.造景功能

铺装在满足实用功能的同时，还能与其他功能创造出优美的视觉景观，增添趣味。铺装材料的纹样、色彩、高差和质感的对比，不但能够丰富空间层次，还能使整个空间更具有立体效果。通过独特的图案和造型，来引起人们的注意，给人以美的享受。

7. 提供休憩场所的功能

与导向功能的作用相反，铺装还能给人们提供一个静止的空间，使整个景观空间产生动静结合的效果。当地面的铺装在某处不再出现具有明显导向性的作用时，这就暗示着会出现一个静止的休息空间。它常常在道路的某个停留点或聚集中心空间，铺装的形式往往相对较大、无导向性且具有平衡性。在设计休息场所时，铺装形式要充分区别它和流动空间，特别是在材料和造型的选择上，能确保此空间具有让游客“停驻”之意。

8. 隔离保护功能

在现代城市空间中，有许多景观设施是不允许人们靠近或践踏的，比如草坪或者喷泉，如果利用铺装作为限制的话，可以起到提醒行人绕行的目的，甚至可以配合其他公共设施来起到相应的作用，这样既起到了保护环境的作用，又能使整个城市空间显得更有秩序感。

9. 表示地面用途的功能

在景观空间中，不同地面的材料变化形态可以表示出地面不同的用途和功能。木质材料往往代表人们可以休憩的地方，水泥道则常常表示车行道路。在主道路上需要保证整体和平整，不提倡使用凹凸感较强的材料，常常以花岗岩为主。通过改变铺装材料色彩、质地等来显而易见地向人们表达各个空间的用途和功能。

（二）铺装表现形式

在现代景观中，铺装表现形式多样，主要通过质感、色彩、尺度、造型等相互组合来产生变化。

1. 铺装质感

在景观设计中，地面铺装的质感很重要。质感是由于感触到素材的结构而拥有的材质感。在铺装设计的过程中，往往会依靠材料的质地给人们提供感受。铺装材料的质感、形状和色彩同样会给人们传递出信息，是以触觉和视觉来传达的，当人们触摸材料的时候，质感带给人们的感觉要比一般的感觉传达更加直接。例如，粗糙往往使人感到稳重、沉重、开朗。因此，在景观中构形是十分重要的，构形设计要体现形式美原则，即充分考虑空间的大小，大空间要做得粗犷且有美感，选用质地粗糙、厚实、线条相较明显的材料，使整体的质感朴实而有温度感。

2. 铺装色彩

色彩在景观铺装中是一个很重要的设计元素，能影响铺装在景观设计中的整体效果。铺装色彩的合理运用，不仅能体现人的情感上的寄托，也能体现空间环境的独特魅力。不同明度的色彩变化，能给人带来一种大小感，也会使人产生不同的主观反应。在视觉上运用冷暖变化，将设计师情感深入人们的内心，例如：红色等暖色系，给人热烈、明快、柔软的感觉，而蓝色等冷色调，给人沉静、优雅、朴素之意。在整个铺装色彩中最重要的是做到稳重而不沉闷，鲜明而又不俗气，营造出舒适感与安静感。在大部分的商业步行街和广场常常以暖色调为主，给人一种暖意。特别是在商业活动中，能提供一种气氛吸引人们前来，这也是商家的一种营销手段。而人行道上的铺装往往会选择中性色系，给人更加安全和沉稳的感觉。

3. 铺装尺度

在铺装设计中，对尺度的把控尤为重要。尺度的大小对外部的空间环境产生一定的影响。在进行铺装的过程中，把握好尺度的大小，规划好整体及空间布局，对于形体较大的开敞空间，应采用尺度较大的铺装材料，例如，休闲广场的铺装设计，通常采用大尺寸的花岗岩等材料，营造出宽敞的尺度感。而对于较小的空间，往往采用尺度较小的铺装材料，如玻璃和马赛克等铺装材料。对于较安静的场所可以采取一些规整形的铺装，使人产生一种静止感（图6-14、图6-15）。

图6-14 铺装的尺度（1）

图6-15 铺装的尺度（2）

4. 铺装的造型

在造型铺装设计中，合理运用点、线、面的完美结合，给人的视觉上带来不同的差别，产生无限的遐想。运用“线”进行铺装设计时，会凸显出引导作用。细线给人一种轻松、简洁和愉悦感，水平线给人一种沉静、舒适、和平的气氛。铺装形式设计成向心形，能吸引人的视线，从而构成视觉中心来缓解人们的视觉疲劳。点在铺装设计中出现的不同形式和组合，会使人产生不同的心理反映。地面上许多点的排列，能吸引人们的注意，点的排列的不同方向和远近，能形成安定、简洁、有序的环境，产生稳重、优雅之感。条形面可以产生偶形面和折面等。由于人们视觉能感知不同材料产生的不同质感，在铺装设计中应巧妙地运用材料给空间带来不同的感染力和美的效应。在小空间可以采用细小、精细的材料，从而营造一种巧妙、精致的感觉。在铺装设计中运用规整的图案，可以体现出庄重和高尚的意蕴，而运用不规整的图案，则具有轻巧和活泼的意蕴。通过铺装造型来营造空间的意境，使不同的空间产生不同的意境。

（三）铺装设计原则

在景观中进行地面铺装时应遵循以下几项原则。

1.整体设计的统一性

铺装因具有装饰效果，所以也被称为地面景观。地面材料、图案花纹、颜色变化过多或者烦琐，都会造成人的视觉杂乱无序。在设计中应以一种铺装材料作为主导，与其他材料相辅相成，以便形成视觉对比和变化，使设计的区域具备多样化和整体性。在进行铺装装饰选择时，在平面布局上应注重满足人的视觉性和观赏性，使其和周围的其他要素相互协调和配合，如建筑物、构筑物、树池、座椅等。路面的铺装关键是能融入整个景观设计中，并衬托出景观的意境氛围。

2.色彩与整体相协调

在景观铺装中，较强的颜色和光线都会给游客带来压迫感，而且会导致喧宾夺主，使主次不明，影响整个景观的氛围和观赏性，失去了视觉吸引力。所以铺装材料一般都会采用光滑的材料，这种材料颜色也需沉稳、朴素、大气，不会太引人注意，营造一种心情舒畅、简约的感觉，而且这样的颜色既不会破坏其他设计要素的协调，也保证了景观设计的整体性。

3.注重生态性

在景观设计中，所有的铺装形式和材料的选择都应遵循其生态的平衡性，只有将生态这个理念与设计相融合，利用当下的环保材料来保护景观生态系统，减少浪费，增加材料的循环利用。只有这样，人们才能追求更加幸福美好的生活，才能更加完善景观空间的生态环境。

4.注重个性化

每一个空间都有它的独特性，为每个独特的空间选择的铺装形式应适合它预先推想的用途，遵循它个性化的设计特性，把握好它实际的使用价值，符合空间所需的特性，让游客能够穿梭于各个空间获得不同的观赏性和视觉感受，在游览景观时感受到它独一无二的魅力。

5.注重文化保护

铺装设计能够为景观设计增添亮点和个性，特别是将当地的历史文化和色彩引入设计中，与人们产生了强烈的共鸣。因此，我们要秉承着文化的保护原则，充分考虑当地文化在景观中发挥的重要作用。在将文化运用到景观的基础上，缩小各个设计空间的差异，将空间连接成一个整体，并唤醒人们对当地历史文化的认知与归属感。

综上所述，铺装景观在设计要素上和色彩、质感、造型、尺度等有着密切的联系，只有这些要素相辅相成、融会贯通，才能为室外空间创造出舒适、高尚、动人的铺装景观，并能体现出景观架构中所需要的情感和个性。成功的铺装景观设计，能诠释出设计师的情感和理念，营造出空间环境的情感主题。因此，在景观设计中，设计师合理运用各种手法，最大化地体现出自然景观的生态效应，合理运用空间资源，与周边环境相适应，从而打造出情感与实用性并存的铺装景观设计。此外，铺装景观应以人为本，符合人们的审美标准，崇尚自然的设计理念。营造出一个人与景观，自然与景观，人与自然相互交融的氛围（图6-16、图6-17）。

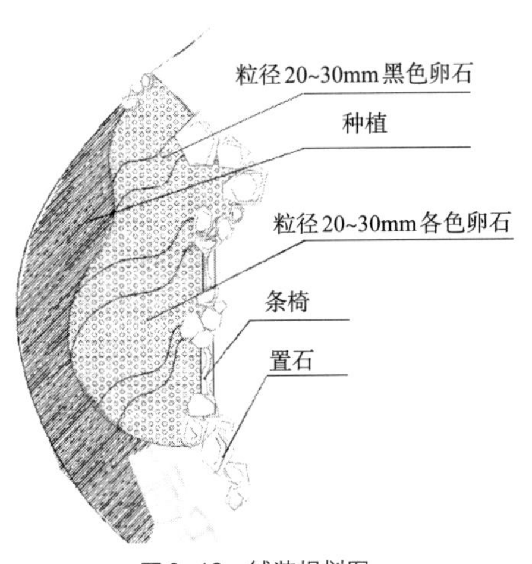

图6-16　铺装规划图

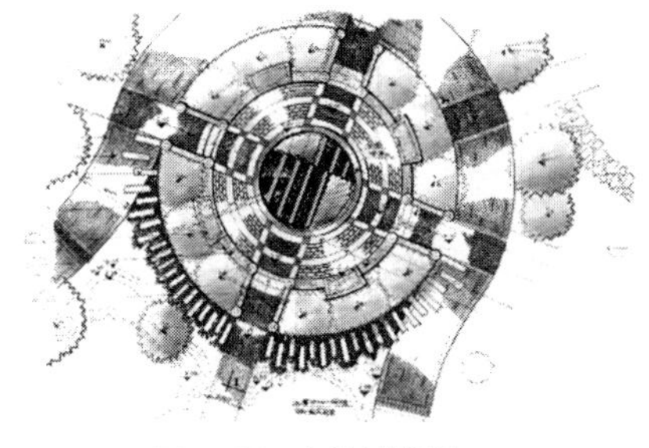
图6-17　广场铺装图

四、植物

植物是有灵性、有生命的。古代风水学认为，在庭院种植适当的花草树木具有“曾吉曾旺、化解煞气、避风藏水、陪荫地脉”的功效。景观设计中必不可少的元素是植物，植物是大自然生态环境的主体，植物不仅可以营造充满生机的美丽景象，也可以改善生态平衡，植物绿化是对人类、对社会、对历史最有利的措施。作为生态循环的重要手段，注重环境效益，强调绿化，以植物造园为主已经成为景观设计的必然趋势。在这个大趋势下，掌握各树种的特性，根据地域特点及设计要求科学地组织城市各类植物绿化，可以达到保护环境、美化环境的目标。所以，植物与景观设计是不可分割的。植物学是生物学的分支学科，是研究植物的形态、分类、生理、生态、分布、发生、遗传、进化的科学。景观设计师学习植物学的目的在于了解植物的形态构造、生长发育规律和适合景观观赏的树种分类方法、分类特征、地理分布、繁殖方法、应用技术等，为景观设计打下良好的基础（图6-18、图6-19）。

图6-18　北京融创　壹号院

图6-19　香港新鸿基山地立体花园

（一）植物种植的基本原则

1. 符合景观用地的性质和功能要求

“草木郁茂、木盛则生、吉气相随”，景观绿地的性质和功能决定了植物的选择和种植形式，首先要确定设计区域的总体景观框架，了解具体某一块用地的性质，如街道绿地主要功能是遮荫、交通，公园绿地主要是观赏、游览。在选择植物上要先考虑满足绿地的功能需要。

2. 满足景观构图美观的需要

景观整体布局安排景观轴线、景观点，根据平面布局形态来配置植物，采用对植、列植、中心植等多种方式。在自然式的景观绿地中多采用不对称的种植方式，如孤植、丛植、群植、林地、花丛、花境、花带等。

3. 满足景观美化观赏的需要

植物种类多种多样，各有特色，在设计的时候要根据其观赏的特性进行合理搭配，表现植物在形、色、味上的综合效果。如金色有栀子花、白玉兰、九里香、荷花玉兰等，木色有绿色牡丹、绿色月季、鸡爪槭、杨树等，水色有桂花、女贞、杜英、广玉兰、杜仲等，火色有石榴、木棉、红桑、杜鹃等，土色有金桂、南迎春、金花茶、连翘、黄金间碧竹等。

4. 满足当地气候、地质和文化特性的需要

我国幅员辽阔，各地区气候差异很大，对植物的生长条件也有很大的限制。比如椰子树、樟树等南方树种对气温湿度要求比较高，不适合在北方栽植；还有一些植物对于土壤的酸碱度要求很高，这些都是限制植物选择的因素。所以植物设计的时候提倡使用乡土树种，这样的植物成活率高，既经济又有地方特色。

5. 以极简色块营造风格

同样是以色块打造空间，不同的种植方法与搭配却会呈现不一样的风格空间。在容积率高的建筑空间内打破惯有思维，营造不一样的花园空间，可以采用非常规整的植物种植手法。植物配置遵循极简主义的原则，首先将小空间分解成不同花园空间。其次在每个小花园充分利用叶片对比的手法，先用不同高低的修剪灌木做植床。再次，将直线条灌木搭配其中拉出强烈的叶片对比，其间配上不同叶片形态的宿根类花卉，丰富颜色对比。最后在中高层空间用丛生小乔木丰富中下层空间。通过植物的高低层次，给观赏者带来不同的竖向景观视觉感受，打造出一片清新的环境。

（二）种植形式的多样性

1.孤植

极简主义景观不仅追求景观中元素的“极简”，对植物品种及数量也力求极简，常运用孤植的种植形式，以一棵形态极佳的大乔木支撑起一整个重要的景观节点。中式园林及日式庭院中就采用这样“小中见大”“以少胜多”的种植形式（图6-20）。

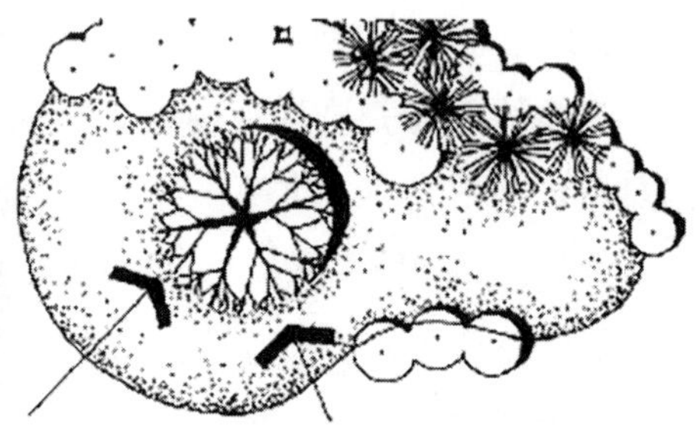

图6-20　孤植示意图

2.列植

列植可以让植物由点成线，极简种植可以是单侧或两侧列植、规则或不规则列植，列植对树种要求较高，要求树的分支点、高度、树冠等都达到完美统一（图6-21）。

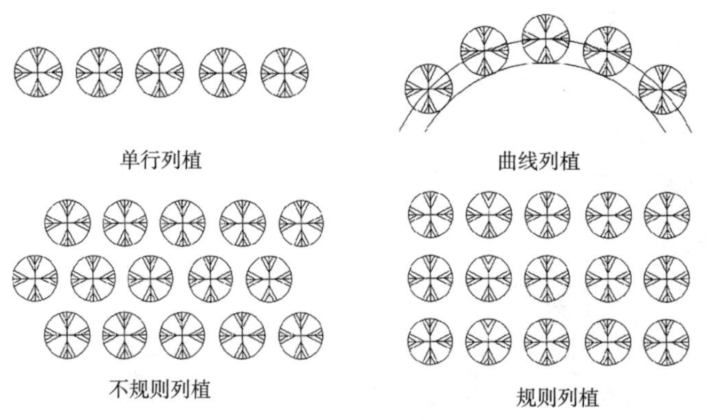

图6-21　不同的列植

3.对植

两株或两丛相同或相似的树，按照一定的轴线关系，使其互相呼应的种植形式，称为对植。对植以常绿树为主，多种在院门、建筑入口处等。

4.篱植

由灌木和小乔木密集种植形成绿篱的种植方式叫篱植，有围合、划分场地、造型的作用。在极简种植中也有运用的案例，通过规则的直线、折线、弧线等来表现一种极简风格。种植形式很纯粹，将绿篱运用到极致，打破传统中绿篱给人的刻板印象，巧妙借用实与虚的完美对比，衍生出与众不同的“新”绿篱种植手法，让人游走其中不禁感叹。

5.地被

设计上利用围墙旁的植物群落，补种乔木挡住围墙，增加背景绿量。而草坪不仅色彩和质地较为单纯均质，还具有将园林不同的空间联系成统一整体的功能。杭州绿地华家池壹号大草坪为了增加大草坪的趣味性，运用了台地花园的处理手法，打造出层次丰富的景观空间。

（三）特种丛生树与软硬景材料的色彩对比

主要节点使用特选丛生树的设计手法，采用了较高美感的树冠、形态、色彩，让植物犹如鲜活的雕塑一样将建筑与环境的空间意境体现得淋漓尽致。利用丛生树与绿篱营造空间关系，丛生树的选择要求分支点要低，且树干挺拔。特选丛生树则在其基础上选择冠幅尽可能大的，且与丛生大树可以被明显区分。另外，还有与金属材质搭配的特色丛生树，挺拔的树干与简约的材质、造型搭配，形成现代简约风格的空间关系。种植色彩极简景观提倡“少即是多”，追求极度简化。对于植物的色彩来说，应该以自然色为主，利用光线形成不同色彩区别，如亮面、背光面，不同植物品种、粗细、肌理呈现出不同的光影色彩（图6-22、图6-23）。

图6-22　特选丛生树设计图

图6-23　特选丛生树与绿篱竖向图

（四）自然生长的景观——植物的色彩对比

季节对植物的影响呈现其本来应有的季节性色彩，生命的齿轮不停息地转动，带来翠绿的春叶、深绿的夏叶、褐红的秋叶、灰白的冬干。尊重自然生长的规律，拥抱季节变换所赐予的美感，极大地提升景观的丰富度，打造多样性的空间。掌握植物特性，选用生长情况类似的季节性植物，以实现随着季节变化呈现多样性却和谐统一的色彩。设计中常见的颜色设计为协调色（接近色）、互补色（对比色）、基本色、柔和色。夏季的宅间绿廊采用深绿、中绿、浅绿的协调色。夏景是不同层次的绿色构成的像素花园，人们的注意力多集中在规整的灌木及点缀其中的花卉，现代中又不失浪漫。秋日的暖阳将秋叶映照得更加金黄。待到秋风起，满园秋色，居者对景色的观赏将更加宏观。灌木翠绿依旧，但乔木已随着季节变换逐渐转黄，满目都是色彩斑斓。

以杭州绿地华家池壹号为例，其售楼处采用莫奈花园的概念，利用互补色（对比色）的植物色彩设计手法，在冬日开盘的时候带来与众不同的效果。售楼处建筑廊下用镜面不锈钢墙面处理，映像外部花园，利用反射增大视觉及花园空间，此处植物采用柔和色及互补色的植物色彩设计手法。与室内相接处采用借景的手法将浙江大学外侧大片树林引入，并使用协调色（接近色）和互补色（对比色）两种色彩设计手法（图6–24）。

图6–24　植物色彩设计

香港新鸿基PeakOne壹号云顶的绿墙设计，是在墙面上运用深棕木色与绿墙形成强烈对比，绿墙采用深绿、中绿、浅绿打底，同时引入鲜明的叶色、叶形和质感；在深棕木色墙前搭配不同塔生树，将整个空间线条往上拉升，底部用粉白、青白、灰色、灰绿色、银色灌木丰富色彩对比。

景观树作为庭院中必不可少的一部分，在庭院中可以营造景观效果。各种独特的造型不仅使庭院更有灵气，而且春可赏花、夏可乘凉、秋赏落叶、冬赏白雪，更蕴含了幸福美好的寓意。

（五）文化庭院中的主景树

天地万物分阴阳，植物也有阴阳之分。植物种植应当充分考虑阴阳法则，阳性植物应当种植在光线充足的地方，阴性植物应当种植在隐蔽之处。我国民间认为吉祥的植物主要有橘树、竹、梅、桂树、槐树、灵芝、枣树、石榴、柿树、海棠等。具体应用在文化庭院景观中用到的主景树有以下几种。

（1）罗汉松。“庭院有松柏，家庭有老翁”。罗汉松是常绿针叶乔木，花期在每年的4～5月，种子在每年的8～9月成熟，四季常绿，造型独特，栽培于庭园常作观赏树。中国传统文化中罗汉松象征着长寿、守财、镇宅，寓意吉祥、家庭和睦健康。在广东民间地区素有“家有罗汉松，世世不受穷”的说法。中国古代官员也喜欢在庭院种植罗汉松，视它为自己官位的守护神。

（2）榕树（景观造型树）。榕树通过不同的手法，可以形成各种优美的造型，花期在每年的5～6月。榕树的适应性强，在潮湿的空气中能发生大气生根，使观赏价值大幅提高，喜充足阳光。榕树不仅具备观赏价值，还有“有容乃大，无欲则刚”之意，居者以此自勉有助于提高涵养。

（3）梧桐树。梧桐树花期在每年的6月，落叶乔木。自古有“栽下梧桐树，引得凤凰来”，是我国神话故事中古代神兽凤凰所属的栖息树木。梧桐树同长同老，同生同死，枝干挺拔，根深树茂。有高洁美好的品格以及忠贞爱情的象征。

（4）小叶女贞。小叶女贞是落叶灌木，花期在每年的5-7月，果期在每年的8-11月，四季常青，寓意青春永驻、步步高升。喜光照，稍耐荫，较耐寒，性刚健，耐修剪。其枝叶紧密、圆整，不仅具备观赏价值，还能抗多种有毒气体，是抗污染良树，庭院中常栽植观赏，主要作绿篱栽植。

（5）映山红。映山红为常绿或平常绿灌木，一般春季开花。性喜凉爽、湿润、通风的半荫环境，既怕酷热又怕严寒，生长适温为12℃～25℃

（6）合欢。合欢树为落叶乔木，高可达16米。合欢树象征着母爱、死而复生，代表着母爱的希望，希望儿女能够平平安安度过一生，也象征着夫妻好合、感情恩爱，同时象征朋友间友谊深厚、长久。同时，合欢具有很高的医疗价值，也是观测地震的首选树种。

（7）三角梅。三角梅花期在冬春间，北方温室栽培，每年3～7月开花。

喜温暖湿润气候，不耐寒，喜充足光照。苞片大，色彩鲜艳如花，且持续时间长。宜庭园种植或盆栽观赏，还可作盆景、绿篱及修剪造型。三角梅源于它盛开时姹紫嫣红，茂密旺盛，具有热情、坚韧不拔、顽强奋进的寓意，另外还表示渴望爱情的到来。也有吉祥、欢庆的寓意，因此观赏价值很高。

（8）红花檵木。红花檵木是常绿灌木或小乔木，花期在每条的4～5月，花期长30～40天。喜光，稍耐荫，适应性强，耐旱。萌芽力和发枝力强，耐修剪，耐瘠薄，适宜在肥沃、湿润的微酸性土壤中生长。红花檵木在花期的时候满树的花儿姹紫嫣红、红红火火，微风吹过细碎的红色花瓣掉落满地，仿佛置身于醉人的晚霞中间。红花檵木寓意着热烈、豪放、红颜如火，它的树干遒劲，骨子里透出来的是它的热烈、豪放。

（9）银杏。银杏“金玉满堂”，属落叶乔木，4月开花，有人称为“公孙树”，由“公种而孙得食”而得名。因秋季银杏叶转为金黄，也被称为“金玉满堂”。据《北窗琐记》记载，山东省郯城县新村中银杏树植于周代，传为郯国国君所种，距今已有三千年历史，是树中老寿星。骆崇泉诗《打银杏》“屋前有棵银杏树，屋后有棵翠竹林，屋后采来一枝竹，屋前树上打银杏。手中翠竹轻轻摇，银杏树下遍地金。屋前有棵摇钱树，屋后有片聚宝林，屋后编成大竹框，屋前树下装笑声。手中竹筐沉甸甸，银杏树下喜盈盈。”银杏是喜光树种，深根性，能在高温多雨及雨量稀少、冬季寒冷的地区生长。因银杏树寿命很长，因此成为健康长寿、幸福吉祥、福运昌盛的象征，且其树叶的奇特形状，又被视作“调和”的象征，寓意着“一和二”“阴和阳”“生和死”“春和秋”等万事万物对立统一的和谐特质，同时也象征爱情美满。

（10）重阳木。重阳木象征品质高洁，落叶乔木，花期在每年的4～5月，果期在每年的10～11月，暖温带树种，喜光，稍耐荫。喜温暖气候，耐寒性较弱。“地上早有千年树，世间难逢百岁人”，明万历《沅州志》中描述的“沅州八景”，千年重阳木就是其中的一景。重阳木虽历经千年雷雨风霜，仍然生机勃勃扎根土地，传说有祛病去灾、增收延年之功效。重阳木树姿优美，防风定沙，是良好的庭荫和行道树种。

（11）无患子。无患子为落叶乔木，每年的5～6月份开白花，果实大如弹丸，状如银杏及苦楝子，其根是中国民间常用药物。喜光，稍耐荫，耐寒能力较强。具有观赏价值，寿命长，各地寺庙、庭园和村边常见栽培。

（12）国槐。国槐属乔木，花期在每年的6～7月，果期在每年的8～10

月。古人把槐树作为崇拜的对象，李时珍《本草纲目》中记载："其木树坚重，有青黄白黑色……中有黑子，以子连多者为好。"国槐具有较高的观赏价值，是庭院常用的特色树种，其枝叶茂密，绿荫如盖，槐树木质坚硬，适作庭荫树。槐树在周时期就被赋予了象征吉祥的特性，古人视槐树为神，常为之造祠立庙供奉，《因话录》说古槐之上仙人出游，常于夜间传出丝竹悦耳之音。槐树在风水上被认为代表禄，古代朝廷种三槐九棘，公卿大夫坐于其下，面对三槐者为三公，因此槐树在众树之中品位最高，可镇宅，有权威性。唐武元衡《酬谈校书》曰："蓬山高价传新韵，槐市芳年记盛名。"书生举子相关联，被视为科第吉兆的象征，常以槐指代科考，考试的年头称槐秋，举子赴考称踏槐，考试的月份称槐黄。

（13）白玉兰。明·睦石《玉兰》："霓裳片片晚妆新，束素亭亭玉殿春。已向丹霞生浅晕，故将清露作芳尘。"白玉兰为玉兰花中开白色花的品种，落叶乔木，花期在每年的4～9月，夏季盛开，代表一种一往无前的孤寒气和决绝的孤勇，优雅而款款大方。适宜生长于气候温暖湿润、土壤肥沃疏松的地方，喜光,不耐干旱，为庭园中名贵的观赏树，象征着一种开路先锋、奋发向上的精神。

（14）紫玉兰。紫玉兰在2009年被列入《世界自然保护联盟》，在《楚辞》中有"朝饮木兰之坠露兮"的描述。紫玉兰花朵艳丽怡人，芳香淡雅，孤植或丛植都很美观，象征着芳香情思，俊郎仪态。树形婀娜，枝繁花茂，是优良的庭园、街道绿化植物，观赏价值极高。花期在每年的3–4月，果期在每年的8–9月。喜温暖湿润和阳光充足的环境，较耐寒，但不耐旱和盐碱，怕水淹，要求肥沃、排水好的沙壤土。

（15）桂花。"桂子月中落，天香云外飘"，桂花是中国传统十大名花之一，其清香浓郁满城可以绝尘。十月丹桂飘香，桂花蜜糖香气沁人心脾。周《客座新闻》："衡神词其径，绵亘四十余里，夹道皆合抱松桂相间，连云遮日，人行空翠中，而秋来香闻十里"。《晋书·郤诜传》："累迁雍州刺史。武帝于东堂会送"，问诜曰："卿自以为何如？"诜对曰："臣举贤良对策，为天下第一，犹桂林之一枝，昆山之片玉。"该对话中用广寒宫中一枝桂、昆仑山上的一片玉形容特异出众的人才。另外，桂花被历代举子视为科举及第的象征，南宋叶梦《避暑录话》卷记载："世以登科为折桂，此谓郗说对策，自谓桂林一枝也，启唐以来用之。"宋代诗词《百字歌·寿张簿》："才华拔萃，早宜仙桂高折。”后来“桂林一枝”被喻为科举考试中人才出众者。古代乡试、会试一般例在农历八月举行，时值桂花盛开季节，八月又称桂月，人们因此将考中喻为“折桂”，并与神话传说挂上钩，美称“月中折桂”“蟾宫折桂”“桂林杏苑”。登科及第者则美其曰：“桂客”。桂花又即木犀，有驱风邪、调和之用。种在住宅门口，家中有富贵之气，后人出贵子、仕途亨达之意。

（16）海棠。陆游有诗赞美海棠；“虽艳无俗姿，太皇真富贵。”2009年中国花卉协会授予山东省临沂市“中国海棠之都”称号。海棠为乔木，花期在每年的4～5月，果期在每年的8～9月，常植人行道两侧、丛林边缘等。“棠”与“堂”谐音，寓意“富贵满堂”。花开鲜艳，素有“花中神仙”“花贵妃”“花尊神”之称。而棠棣之华，象征兄弟和睦，其乐融融，与玉兰、牡丹、桂花相配植从而形成“玉棠富贵”的意境。

（17）梅。梅是小乔木，花期在每年的12月～次年3月，果期在每年的5～6月。梅花与兰花、竹子、菊花一起列为“四君子”，与松、竹并称“岁寒三友”，是中国十大名花之首。《诗·召南·摽有梅》：“摽有梅，其实七兮。”梅以它的高洁、坚强、谦虚的品格，在中国传统文化中给人以立志奋发的激励象征。在严寒中，梅开百花之先，独天下而春。梅树对土壤的适应性强，雪中绽放，花开五瓣，清高富贵，坚贞傲骨，其五片花瓣有“梅开五福”之意，对于家居的福气有提升作用。

（18）紫薇。小乔木，花期在每年的6～9月，果期在每年的9～12月，是徐州市、晋城市、海宁市等的市花。明代薛蕙曰：“紫薇花最久，烂熳十旬期，夏日逾秋序，新花续放枝。”紫薇喜暖湿气候，喜光，略耐荫，喜肥，花期长，有百日红的称号。紫薇花艳丽芬芳，象征着好运，寓意着人们对美好生活的向往。紫薇作为优秀的观花乔木常栽种于公园绿化、庭院绿化、道路绿化、街区城市等。

（19）红枫。红枫是落叶小乔木，其叶形优美，红色鲜艳持久，作为一种非常美丽的观叶树种，树叶错落有致，树姿美观落，花期在每年的4～5月，果熟期在每年10月。红枫春、秋季叶呈红色，夏季叶呈紫红色。

（20）茶梅。小乔木，因叶似茶、花如梅而得名，体态秀丽、叶形雅致、花色艳丽。喜温暖湿润，喜光而稍耐荫，属半阴性植物，花期自11月初开至翌年3月，可于庭院和草坪中孤植或对植。与其他花灌木配置花坛、花境，可盆栽，摆放于书房、会场。宋代刘仕亨《咏茶梅花》：“小院犹寒未暖时，海红花发暮迟迟，半深半浅东风里，好是徐熙带雪枝。”描写了茶梅优雅的形象和超逸的气韵，代表富贵升平、安康吉祥。

（21）香樟。樟科常绿乔木，高可达60m左右，树龄可达上千年，树冠广展，气势雄伟，整树有香气，质地坚韧而且轻柔，是重要的景观观赏树种，可作为行道树、庭荫树、防护林。可用于居住区等建筑物前，在草地中丛植、群植、孤植或作为背景树。香樟有“植物化石”之称，象征盛世太平。樟树是一个古老的树种，有樟必有才，因此为贤才之代称。古代人崇尚樟树，因其木纹美观，雅韵悠远，人们视其为吉祥纹。人们相信樟树能驱赶邪恶，帮助人们逢凶化吉。

（22）柿树。柿树科的一种落叶乔木，它树干直立，树冠庞大、优美，秋季柿树叶子经霜变红，非常美观。柿果成熟期在每年的9~10月，果实外形光滑圆润，颜色金黄。柿树具有抗旱、耐湿、结果早、产量高、寿命长等特点。民间有“柿柿如意”的寓意，杏树寓意幸福，二者合在一起就是幸福吉祥的意思。

（23）石榴。石榴属小乔木，在热带是常绿树，花期在每年的5~6月，果期在每年的9~10月，花朵艳丽，其枝干肌理斑驳苍劲有力，在园林中可做孤植、丛植、盆景等。《博物志》中记载：“汉张骞出使西域，得涂林安石国榴种以归，故名安石榴。”宋代人采用石榴果裂开时内部的种子来占卜预知科考上榜的人数，于是“榴实登科”一词广为流传开来，寓意金榜题名。明清时期，中秋石榴成熟季节，在市井间有了“八月十五月儿圆，石榴月饼拜神仙”的民俗。古人称石榴“千房同膜，千子如一”，所以说石榴也是多子多福的象征。中国人喜欢红色，视石榴为吉祥物，花开鲜艳，很有富贵气息。

（24）枣树。枣为中国原产栽培物种，食用枣历史悠久。《诗经》有“八月剥枣”的记载；《礼记》有“枣栗饴蜜以甘之”；《战国策》有“北有枣栗之利……足食于民”。枣树属落叶小乔木，花期在每年的5~7月，果期在每年的8~9月，属于喜温果树，其树干、树叶、果实、花都具有观赏性，在园林景观可用作孤植和丛植，从而形成特殊的景观树丛和生态群。枣树具有丰富的文化内涵，枣谐音“早”，在庭院中植枣树，喻早得贵子，凡事快人一步。

（25）橘。即橘树，“橘”与“吉”谐音，象征吉祥。果实呈橙红或橙黄色，代表着热情欢乐。橘喜阳光和温暖、湿润的环境，不耐寒，稍耐荫、耐旱，要求排水良好的肥沃、疏松的微酸性砂质壤土。

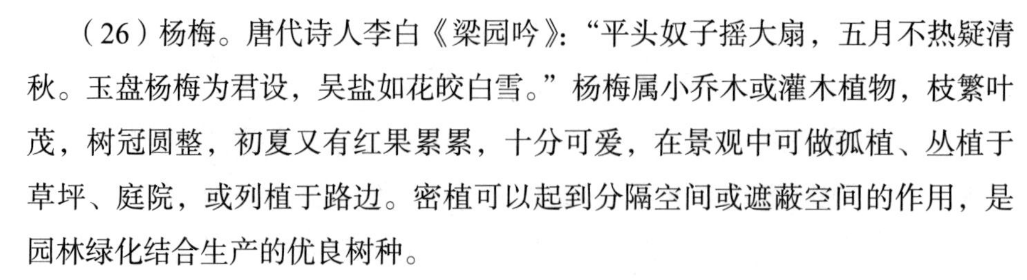

（26）杨梅。唐代诗人李白《梁园吟》：“平头奴子摇大扇，五月不热疑清秋。玉盘杨梅为君设，吴盐如花皎白雪。”杨梅属小乔木或灌木植物，枝繁叶茂，树冠圆整，初夏又有红果累累，十分可爱，在景观中可做孤植、丛植于草坪、庭院，或列植于路边。密植可以起到分隔空间或遮蔽空间的作用，是园林绿化结合生产的优良树种。

（27）枇杷。枇杷树是理想的观赏树木和果树，属常绿乔木，花期在每年10～12月，果期在每年5～6月，原产亚热带。枇杷从唐宋时期起被赋予高贵、美好、吉祥、繁盛的美好象征。枇杷树要求较高的温度，喜阳，耐旱，对土壤要求不高，但最好为肥沃土壤。

（28）竹子。竹子品种繁多，有箭竹、水竹、贵妃竹、刺竹、文竹、紫竹、圣音竹、撑绿竹、龟甲竹、青皮竹、人面竹、墨竹、观音竹等数百种。古人云，宁可食无肉，不可居无竹。竹子与梅花、兰花、菊花并称“四君子”，象征着文人的气节，有高雅脱俗之感，深受人们的喜爱。根据各种竹子的秆形、色彩等方面的不同可用竹子造成主景，如竹林、竹径、竹篱（绿篱）等形式。做配景，如配景树（孤植、片植）、点缀或隐蔽树等形式，另外可以制作盆景或作花坛绿化等。

五、公共艺术元素

我国著名的艺术家、教育家袁运甫先生曾经说过：“公共艺术是艺术家与环境外在形态和风格指向协调一致的艺术语言，是进行综合创作的比较特殊的大型艺术。它包括壁画、雕塑、园林及景观设计内容”。公共艺术在景观设计中具有广泛的应用，主要表现为雕塑、装置设计、公共设施设计、大地设计和光影设计等。

城市公共艺术的出现，促使我们的城市景观环境更具有文化底蕴和审美意识。公共艺术由公共性、艺术性和在地性三个基本要素组成，可定义为公开、宣传。因此，公共艺术作为一种开放性的姿态，用艺术语言表现公众审美情趣，解决社会问题。艺术的介入，使我们能够更有机会打造文化上的一线城市，因为公共艺术的公共性是公众的参与与互动效果的呈现；艺术性是指作品要符合人类的审美要求才有它存在的意义；在地性是指不同的地域文化，根据地域的特殊性，作品存在着与当地文化的关联性（图6-25）。

图6-25　山东济南历下区全福河主题雕塑　赵学强

（一）公共艺术的形成

鉴于公共艺术在景观中的地位以及笔者在公共艺术领域的研究，所以在本书中用多一些的文字对景观中的公共艺术进行更多的解读。公共艺术的形成与后现代主义有着密切联系，后现代主义反对现代主义艺术，反对高雅艺术，提倡大众生活和平民艺术，呼吁人们关注日常生活作为艺术作品来源，最具有代表性的就是杜尚的《泉》，从此西方艺术世界开始了巨大的变化。19世纪60年代，科技发展迅速，欧美国家进入工业浪潮，社会多元呈现，后现代主义脱颖而出，形成一种新的风格，此时公共艺术也逐渐形成，随之而来的便有了现代意义上的公共艺术。此外，西方政府有关公共艺术的机构设立、政策支持、资金保障等，都为其蓬勃发展提供了良好基础。比如美国的"艺术百分比"计划就要求政府在公共建设总经费中划出一定百分比，作为艺术基金用于公共艺术品的创作与建设（政府预算中划拨的用于公共艺术的固定数额通常为1%或更多）。当下，在我们的社区、商场空间、城市公园、城市广场等区域中，公共艺术随处可见。公共艺术处在环境中是为了将环境和艺术结合创造优美动人的风景，是最具有视觉美学导向以及文化精神内涵的艺术形态，所有的公共艺术都是为了大众而存在，公共艺术的核心价值就是服务于大众。

（二）公共艺术的审美导向

公共艺术具有审美导向，不断活跃在人们的日常生活中，使城市空间与公众有了更好的媒介，这种作用在文化景观中非常常见。文化景观设计者需要解决环境、公共艺术与人的互动关系。公共艺术可以通过美化环境空间类型提高人们视觉美的享受，大众通过自身体验与公共艺术作品进行互动进而感受艺术魅力，在当代景观设计中这种互动会产生愉悦感，从而达到改善人们的情绪的设计目的。公共艺术中的这种体验式互动，不仅促进了公共艺术的多方面进步，对其以后的发展有一定的帮助，也直接促进了公共艺术的多元化发展。良性的体验式互动在公共艺术创作中是非常重要的一环，我们应参与其中，感受它的存在，并运用其更好地丰富人们的生活和精神世界，以体验它带来的与众不同的美感。这种体验互动同时能够更好地把体验者与公共艺术作品、景观联系起来，这种联系是符合当前大众心理的一种行为互动，也表现了设计师对公共艺术创作的一种新的尝试和新的思想。

公共艺术概念的提出时间不长，民众对公共艺术的认知还存在不足，关于公共艺术相关的界定特别是公共艺术包含哪些内容仍存在争议，但其物质本体一直存在。在部分公众意识中，所谓的公共艺术指的是墙绘、雕塑、艺术装饰、景观设施等相对传统具体的一些表达形式。当下，公共艺术表现形式多样，多种材料、多种设计理念、多种技术手法等激发了公共艺术设计与创作的无限可能。

抽象与具体是景观中的公共艺术的具体表现形式，设计师对抽象与具体的多样化解读及方法的多样化运用为公共艺术的设计提供了多种实践路径。抽象是科学地抽取出共同的、本质的东西的思维过程，是从许多具体表象中舍弃个体的、非本质的东西。这里要说明的是，公共艺术的抽象只是形成概念而不是目的本身。设计有其独特性，在设计中抽象形式一般表现为本质符号、元素、结构图案等。文化景观中的公共艺术有其特殊性，一件高品质的作品往往是多种因素组合的结果，因此对符号、元素、结构图案等抽取的过程同样也属于抽象方法的运用范畴，对设计的整体是至关重要的。公共艺术的表达具体有两种完全不同的形式，一是感性具体，二是理性具体。感性是对客观事物的生动的、具体的完整形象，理性是对客观事物的多种本质规定的综合。理性是诸如材料与质感、材料与造型、色彩与灯光等事物内部不同具体要素之间的联系。感性具体更多是视觉的呈现，人眼通过视觉观察到一件作品或物体的具体的完整形象，这种具体的完整形象包括客观事物（形状、色彩、动态、材质、结构等）的诸多客观因素。整个人类认识过程包括两个阶段：从具体到抽象的运动阶段和从抽象到具体的运动阶段。一件公共艺术作品同样是抽象与具体的统一，从设计到落地的过程也是一次抽象与具体的辩证统一。客观事物既是具体的、抽象的，也从具体到抽象再到具体的运动过程，这种统一构成了人类认识的基础。

（三）公共艺术的景观形式表达

1.公共艺术的景观形式表达概述

从广义上和形式上界定，公共艺术形式可分为抽象形态和具体形态两种。具体形态包含两层含义，一是形式的具体，二是介质的具体，形式是抽象的，介质是具体的。抽象形态的特征是简练、简约，它是对物体本质的抽离，通过设计将提炼出来的语言符号或元素以主体或装饰的形式呈现出来，形式的具体是无须对事物抽离本质进行抽象加工的直观表达。从狭义上（类型的）界定，可分为雕塑、壁画、艺术装置、景观小品等不同形式，其中每一种又都可以进行细分，因此公共艺术是一种交叉性的专业，只要能体现"景观的公共性"且具有观赏功能、实用功能、交互功能的艺术和设计作品，均可视为公共艺术。

2.当下景观公共艺术发展存在的问题

对于现存景观中的公共艺术来说，存在的并不都是对的、好的，抽象不都是美的，具体也不尽是丑的。我们生存的景观环境中已存在的大量抽象形态的公共艺术作品质量良莠不齐，理论水平以及实践经验的不足，包括错误的理念往往导致设计者出现偏执。一件能够落地的优秀公共艺术作品在方案生成中需要不断地推敲打磨，提取最优质的符号和元素，深入思考表达形式的美感以及社会影响。同时，优秀的作品需要从业者具备良好的审美及艺术素养，还要深度地了解公共艺术的各种影响因素。公共艺术作品从设计到落地过程中一个环节或多个环节出现问题，对作品的呈现均有较大的影响，如生产过程中材料运用不合理导致作品质感达不到预期等。具体形态的公共艺术作品，诸如人物雕塑、动植物雕塑、仿生公共艺术作品等，对艺术家技术的要求较高，如何灵动地表达出作品所独有的特质就越发重要。从设计尺度角度考量，公共艺术作品的体量要根据所在环境空间设置适当的尺寸，同时要考虑环境的融合性、地域文化等问题，尺度不合适通常会表现出与环境的格格不入，超出人们心理建设，甚至破坏地域风貌，造成不必要的生态破坏。

3.公共艺术的景观文化优势

公共艺术以不同形态进入民众的视野，全方位地融入人们生活。在全球文化融合、科技迅速进步的环境下，公共艺术呈现多元化发展，以不同文化为依据呈现出具有不同地域特色的公共艺术作品。随着科学技术的高速发展，公共艺术的材质表达、造型等更加丰富多变、呈现出多样的表现效果。多维化、智能化、互动式公共艺术拉近了作品与观众的距离。随着大众审美水平的提高，对公共艺术品质的要求也随之提高，这就要求从业者不断探索符合大众审美的设计方向。

4.公共艺术设计中的宏观与微观运用

在景观设计中，公共艺术作品通过微观和宏观的相互配合产生效果。宏观运用是基于创作的大方向与整体的视角，微观的运用是针对整体过程的某一部分或作品的某一装饰的实践过程。宏观运用是指创作整体从设计到落地的过程，历经事物从本体到感性具体再到思维抽象的过程，宏观手法从整体方案入手，把握公共艺术各个元素的本质之间的联系，分析元素之间的组合方式、融合方式等，达到对各元素质的理解，从而实现从思维抽象到理性具体、从草图到概念模型再到整体方案，最后落地完成的设计过程。在改造过程中掌握各要素的本质，组织各要素之间的过程所经历的，也同样是从具体到抽象再到具体。如在一个公共艺术作品上装饰陶瓷符号，过程为感性具体的瓷瓶通过思维抽象进行理性具体的瓷瓶分析，最后提取抽象的形，通过几何变形寻求具有美感的且能表现出陶瓷本质的形状的具体呈现形态。抽象与具体的运用也贯穿其中，无论最后呈现的作品形态是具体的还是抽象的，它都是抽象与具体的统一，必然经历从具体到抽象再到具体的过程，如法国Wicher pavilion装置设计（图6-26、图6-27）。

图6-26 法国 Wicker pavilion 装置设计DJA（1）

图6-27　法国 Wicker pavilion 装置设计DJA（2）

第二节　文化景观表现方法

文化景观表现方法千姿百态，通过艺术、文化、景观设计间的相互融合，来创造优美的居住环境，有效提升城市的整体面貌。

一、充分调研

景观设计之初首先需要进行充分地调研，研究好地形、植被、水文等自然地理条件后，也需要充分挖掘人文地理特点，将艺术化设计和地域文化相结合，使设计风格与周围环境相互协调，在满足居民日常生活需求等基本价值的同时，兼具提升美学欣赏的价值功能。例如，在做乡村景观设计时，首先对周边的地理环境与建筑风格进行调查与分析，运用多样化和系统性的艺术设计方式结合当地乡村景观风貌，使其与周边环境相互融合、确保协调与统一。假设项目坐落在现代化的城市位置，可以设计现代化的音乐喷泉，使其与周边广场等场所能相互融为一体，配合现代风格的音乐、灯光、水形的艺术设计以及科技互动装置等内容，增强艺术视觉、听觉、触觉的艺术化呈现。如果项目设定在住宅楼附近，则可以选用绿树成荫、溪水环绕的主题化设计，营造一种静谧、悠然的环境氛围，给城市居民增添舒适、休闲放松的空间场所。另外，如果项目建设位置处于天然水域区，应尽可能利用好周边的资源条件，在设计建设时，可以将主要道路与水域相分离，以支路形式接近水域，合理配置土地与水利等资源。以苏州园林景观的艺术化设计为例，由于苏州是典型的江南风格，水系环绕，有秀丽悠闲的居住环境和清新淡雅的生活方式。因此，在苏州园林景观设计中，充分尊重区域的江南文化特点，以古典风格进行园林艺术设计，使园林设计以曲径、绿植、回廊等为主，与周边房屋建设保持一致性，多采用自然景观、植被，园林内水系设计以潺潺流水、假山叠石等方式呈现，通过“筑山理水”打造“师法自然”的独特意境。此外，园林内的叠山也是充分利用自然山石进行艺术加工而成，取之自然，用之自然，使其保持与周围浑然一体的艺术美感。

二、有效设计空间布局

景观设计中的艺术美感借助于空间布局的变化得以实现，是以植物、水体、铺装、雕塑以及构筑物等构成游览空间，经过艺术性的表现方式处理，使其显得相互流通、有效分隔，能使人在所处环境中享受一种视觉美感。为了增强景观的艺术美感，使其能虚实结合、层次分明、结构适当、功能区分合理，通常会借助借景、对景、框镜、添景、漏景等设计表现手法。将园林中的地、墙、顶、绿植、山石、构筑物等进行艺术化分隔布置，这不仅能充分满足景观的功能性需求，还能提升景观设计的视觉审美水平。

要达到景观的审美和功能需求需注意以下几点：第一，营造移步移景的效果。设计师结合园林景观的实际环境，根据不同时间的环境特征，使园林景观中的小径、树木、廊亭等能跟随时间的变化、脚步的转移，拓宽视觉空间，达到一步一景又或者是移步异景的效果。第二，注重留白设计。可以借助虚实结合的空间设计在园林中的部分空间做一定的留白设计，使其边界模糊化，通过水面、植被枝叶以及晨暮雾气的相互作用，形成半透明的视觉景象，增添园林景观的游园不尽之意境。

苏州园林多以私家园林为主，所占面积不大，通常处于半封闭状态，有些由于城墙门落等建筑封闭，使其形成狭长的空间，因此通常采用虚实结合的艺术空间处理法，挖土形成一定区域的水面，将水景作为园林中的主要景观。水景的设计通常为荷塘、柳堤，使其尺度适宜，碧波荡漾与绿荫交相辉映，登楼眺望满眼皆是江南风格的柔美风景，能拥有充分亲近自然的舒适感，使人心情愉悦。与此同时，水中的倒影可以很好地起到衬托作用，给人视觉上一种拓延了整个园林景观空间的感觉，流动着通透且具有灵动的艺术气息。苏州园林在设计过程中，突出了轴线感，将园林空间方向和运动效果相互结合，使平面内的各种活动区域以轴线方向为参照，主次有序。同时通过纵向范围内各个景物高度的变化，丰富了园林的层次感。通过空间的艺术化设计，使园林景观在空间上形成连续性和流动感，形成层叠有序、变换纷呈的艺术美感。

三、合理搭配园林元素，打造生态化系统

当下景观设计逐渐向绿色、生态、文化方向发展，在进行艺术设计处理时，需要按照生态学的基本原则，通过合理构建植物群落，使园林增强生态艺术美，在发挥日常休闲等基本功能的基础上，起到气候调节的作用。利用人工艺术设计和自然美的结合，充分发挥园林景观在城市建设中的积极作用，更好地满足城市居民的审美艺术需求。例如，可以结合园林本体特点和本土资源特征，利用原生态的植被、土石等作为园林建设资源，以生态设计美学概念对园林景观的植物进行设计。可以根据植物的品种、大小、形态等进行合理化配置，在平面和立体效果的呈现上，突出园林设计的主题。对于植物的品种选择，要采用对比协调、多样统一的方式进行科学配比，优化艺术构图结构。对于山石等景观的设计，也需要借助树木、花卉等植物的种植加以点缀，增添艺术色彩。

四、将客观生活和主观的理念结合

在进行景观设计时，满足人们正常的生活需求是基础，在健全功能设施的基础上进行艺术性设计，才能使观赏者真正融入景观设计中，并丰富观赏者的休闲生活。例如，在居住区景观设计中，规划儿童游乐区，为不同年龄段人群服务；在庭院景观设计中，要调研人群对庭院的功能需求，合理安排座椅的数量；在康养景观设计中，充分利用植物配置净化环境，利用植物的色彩和功能使景观空间既满足一定的功能性又富有空间审美特点。

在文化景观设计表现中，应根据具体的环境情况、所在区域等进行分析，对生态学及生物多样性进行充分的利用，通过合理的表现形式，来使环境得

到进一步美化和改善，使之成为有记忆点的城市景观空间，为广大市民提供一个良好的休闲娱乐场所。

第七章　文化景观设计方法论

7

第一节　设计方法论概述

设计创作的方法有规律可循，经验丰富的设计师基本都会形成自己独有的设计方法，虽然可能会在创新上有所限制，但却能为设计师在没有创新思路的时候提供一个有依据的操作流程，从而进行自己的设计思考，输出自己的设计方案。当然，一切有效的方法论都是建立在实践的基础上，没有实践就没有发言权，实事求是为设计的第一目标，规避问题只能导致设计的失败。本书中的实事求是包括以实现目标为主要方向，以建立目标系统作为定位和评价的依据，以研究影响目标实现的外部因素为结构，然后选择、组织、整合内部因素。实践是检验一切理论的基础，实践是以解决问题的模式来构建的。这里说的“问题”是指设计方案中各要素交织在一起时产生的关系或矛盾。这就要通过运用专业知识技巧积累设计经验，不断地总结有效的设计实践规律，在观察问题、分析问题、归纳问题、联想问题到创造作品的全过程中掌握创新能力，最终设计完成高质量的设计方案。

一、方法论的意义

设计方法论是对设计方法的研究，也是设计学科的科学方法论，是设计领域的一般规律的学科。赫伯特·亚历山大·西蒙（Herbert A.Simon，1916—2001）认为“关于认识和改造广义设计的根本科学方法的学说，是设计领域最一般规律的科学”。科学的设计方法论是多学科的交叉、分析与综合，于20世纪60年代兴起并发展起来，可分为萌芽设计阶段、经验设计阶段、实验设计阶段以及科学设计阶段。

第一，方法论是可以为设计者提供有规律可循的实用途径之一。

第二，掌握一个简捷、实用、连贯可行的有效的设计方法，是一个优秀的景观设计师应该必备的基本素质，这是每一个具有实践经验的设计者在具体实践项目时，任务紧急缺乏足够时间和思路时的共同体会。

第三，富有逻辑和成效、结构清晰的设计方法将设计过程分解为不同阶段，可以为景观设计师提供一个尽快实现设计目的的新途径。

当然，景观设计方法不是一成不变的，一位优秀的设计师不能拘泥于某一种设计方法，因为，每一位设计者对于材质语言、形式形态有着不同的理解，对于景观的地域性、文化性以及功能性的了解程度都是限制景观品质的重要因素。任何设计方法都不能保证景观设计的卓越，设计师应在提高综合艺术素质上下功夫。

二、设计思维方法

设计是一种手段，是现代分工中一门独立的专业，是达到目的的方法。现代文化景观设计的趋势是向个性化、多元化的方向发展，其设计方法多种多样，主要有突变论方法、系统论方法、艺术论方法、功能论方法、信息论方法、优化论方法、控制论方法、对应论方法、离散论方法、智能论方法、模糊论方法。以下重点介绍突变论方法、系统论方法、艺术论方法以及功能论方法。

（一）突变论方法

突变论方法是景观设计的重要方法，是基于一种开发创新型的设计方法，设计需要不断地推陈出新，突变论方法就强调发展、开拓、创新与突破。

（二）系统论方法

系统论方法是以整体分析及系统观点来解决景观设计中的具体问题的科学方法。亚里士多德说“整体大于部分之和”，这至今仍是系统论的一个基本思想。将系统论方法用于设计之中就不再将景观作为孤立的对象来看待，而是把它放在“人—城市—环境”的整体系统中来认识，在设计时不仅要考虑文化景观的功能、形态、色彩、肌理等，而且要考虑城市整体的系统关系。

（三）艺术论方法

科技进步与社会发展是相辅相成的，自从人类有了审美意识以后，在设计中就必须考虑景观设计的精神性和艺术性。文化景观应当从艺术美学出发，不断地使技术与艺术、传统与创新紧密联系。

（四）功能论方法

功能论方法就是将文化景观的功能放在设计活动的重要位置，在功能分析中排除一切多余的成分，从而达到降低成本的目的，有助于提高景观的适用性，有利于提高设计的艺术水平。

三、景观设计的基本原则与规律

1.基本原则

景观设计的基本原则包括统一与变化、对比和相似、均衡、比例与尺度、韵律与节奏。

2.基本规律

（1）宏观把握：采用大视角审视设计对象。

（2）确定理念：表达设计项目的独特理念。

（3）孕育创意：追求非常卓越的创意表现。

（4）图解思考：用图解方式不断深化思考。从迷茫→朦胧→逐渐清晰→比较清晰→形成雏形→比较选择→最后确立，否则就会产生如下模式：迷茫→朦胧→逐渐清晰→偏离主题→方案确立→遭到否定→重新寻找（图7-1）。

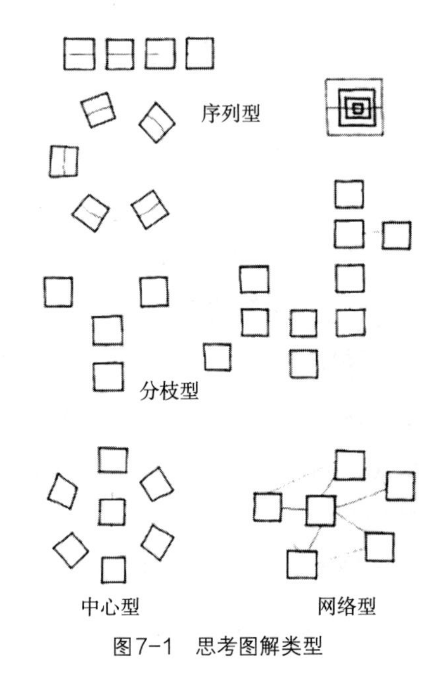

图7-1　思考图解类型

（5）选择语言：运用恰当的视觉造型、元素。景观造型美的构成、景观人工美的构成、景观工艺美的构成、景观自然美的构成、景观艺术美的构成、景观意境美的创造。

（6）巧妙借景：将现有景观纳入设计视野。用空间大小巧妙借景，运用景物的层次巧妙借景，选择理想的形式巧妙借景，如远借、近借、仰借、俯借等。

（7）设置碍景：隔离遮挡乱象的不良景物：运用树木设置碍景；运用墙面设置碍景；运用广告设置碍景，如景观的线路图、名人介绍、温馨提示、壁画、雕塑；运用假山设置碍景。

（8）引导暗示：有效引导人的去处与方向。运用墙体的变化，运用道路的变化，运用水体的变化，运用铺地元素，运用列柱元素。

（9）讲求韵律：营造扣人心弦的视觉美感。节奏与韵律，如重复韵律、间隔韵律、渐变韵律、起伏曲折韵律、整体布局的韵律。

（10）注重情调：着重烘托人性化的审美情趣。清澈而宁静的情调，高品位的文化情调，高雅的超脱情调，怀旧的文化情调，民俗传统文化情调，异国风情的文化情调。

（11）丰富景素：充分运用不同肌理的景素。碎质覆盖景素，木制平台景素，围合肌理景素，排水设施景素，栈桥景点景素，照明设计景素，流水景观景素。

第二节　文化景观设计步骤

本节主要介绍景观设计专业的设计方法与步骤，先对景观设计流程进行总体概述，然后通过景观资料收集、景观概念方案设计、景观方案设计、景观扩大初步方案设计、景观施工图设计等步骤分节进行详细讲解。通过学习，逐步了解景观设计专业的设计方法与步骤，并掌握景观设计方法与步骤的要点，力求与市场上本专业的设计流程紧密结合，并综合相关各专业基础知识，强化学科专业性向市场职业性的过渡（图7–2）。

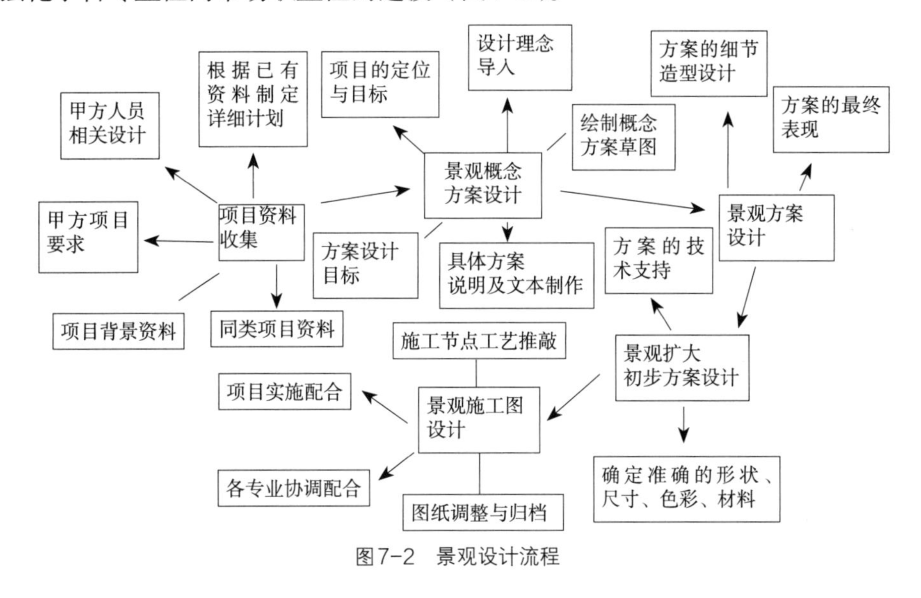

图7–2　景观设计流程

一、景观设计流程概述

理解景观设计流程概述的主要内容和景观设计的每一个步骤环节，注重流程的整体性和完整性。一般来说，景观是指在大地及地表的空间物质要素与人类活动形成的可识别和感知的系统复合体，它所包含的范围很广，既有微观层面的，如庭院、花园、建筑周围的外部空间等；又有宏观的，如城市绿地系统、风景名胜区等环境空间。

要创作优秀的景观作品，除了设计者的专业素质、创造力和经验以外，还要借助科学的设计程序。设计过程有时也称为“课题解决的过程”，它包括按照一般设计过程的若干设计步骤。这些步骤是设计工作者长期实践的总结，被国内外建筑师、规划师、景观建筑师用来解决设计问题。它的特点和作用包括以下几点：

（1）为创作设计方案提供一个合乎逻辑的、条理井然的设计过程。

（2）提供一个具有分析性和创造性的思维方式和顺序。

（3）有利于保证方案的形成与所在地点的情况和条件，如基地条件、各种需求和要求、预算等相适应。

（4）便于评价和比较方案使其得到最有效的利用。

（5）便于听取使用单位和使用者的意见，为使用者参加讨论方案创造条件。

二、景观资料收集

在一个方案设计的过程中，提出设计要求的一方称为甲方，有意向承担设计任务的一方称为乙方，一般设计者就是所谓的乙方。通常来说，有意向接受设计任务的一方可以根据甲方提出的资格要求，参加甲方举办的方案招标会议，在会议上应该充分了解甲方对于设计任务的具体要求，与甲方进行沟通，对甲方的要求进行合理分析，然后开始进行后面的工作。接受设计任务，了解甲方对于方案设计的要求和意向后，便可以展开设计前的准备和调研工作了。这一步工作对整个景观设计过程所起的作用是具有指导性的，是一项相当重要的工作。它包括：熟悉设计任务书；进行调研、分析和评价；走访使用单位和使用者；拟定设计纲要等。

（一）设计任务书的熟悉和消化

设计过程的第一步是熟悉设计任务书。设计任务书由甲方提供，是设计的主要依据，一般包括设计规模，项目要求（如景观的使用性质、功能特点等），建设条件，基地面积（通常有由城建部门所划定的地界红线），建设投资额度，设计与建设进度以及风景名胜资源等。

（二）调研、掌握相关资料

基地资料的收集与分析。在场地内进行实地勘查工作，无论是场地的大小，还是设计项目的重要性、难易程度，设计者都必须认真反复地到现场进行勘查。一方面要核对、补充前期收集的资料，另一方面要熟悉场地的潜在可能设计性，分析场地特征、存在问题和发展潜力。初步在现场构思设计方式以适应现有场地，做到尽可能对场地的“适应”，发挥场地的优势，改善场地的不利因素。在场地实地调查工作中，要随时记录勘查到的内容和现场分析所得到的资料。为直观起见，通常需要将这些资料徒手绘在基地原地形图上，这项工作非常重要，对后面场地的深入研究分析和价值评价能起到重要的判断作用。同时，还可以拍摄一定的环境现状照片，以便进行总体设计思考。熟悉项目的设计任务书后，收集有关图纸现状资料及有关分析资料。

1.图纸资料

（1）基地平面图，即地形图。根据面积大小，提供1：2000、1：1000、1：500场地范围内总平面地形图，包括：①基地界限（地界红线），即设计范围；②地形、标高；③房屋（要表明内部房屋布置、房屋层数和高度、门窗位置等）；④其他现状物，如构筑物、山体、水系、植物、水井位置及其范围等，并且要分别注明要保留利用的、要改造的和要拆迁的构筑物分别是哪些；⑤户外公用设施（水落管及给水、排水管线，室外输电线、空调和室外标灯的位置）；⑥与市政交通相联系的主要毗邻街道（名称、宽度、标高点数字、排水及走向）；⑦周围机关、单位、居住区的名称、范围，以及今后的发展情况（图7-3）。

（2）局部放大图。主要为提供局部详细设计之用，为建筑单体设计、景观小品及园路布局的详细布局而准备。

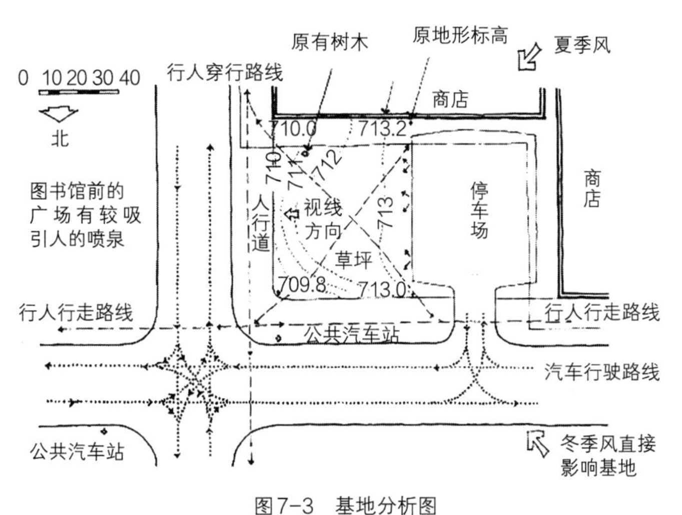

图7-3 基地分析图

（3）要保留的图片主要为构筑物的平、立面图，注明室内外标高，外形尺寸、颜色等。

（4）现有绿化情况，特别是需要保留的植物或植物区域的位置、面积、品种、大小、生长情况等。有观赏价值的树木最好附上参考照片。

（5）地下管线图。一般要求与施工图比例相同，包括现有地上、地下管线的种类、走向、管径、埋置深度、标高和柱杆的位置和高度等。

2.掌握场地相关分析资料

（1）场地设计在大环境规划中所处的地位。例如，如果是公园，要了解城市绿地总体规划对其在设计上有何要求，因此需要收集城市绿地总体规划图。

（2）场地内外环境历史、人文情况，如当地风俗民情、民间故事、风俗习惯等。

（3）场地周围景观情况，例如周围建筑和构筑物的立面形式、平面形状、质量、色彩、体量、基地标高、使用情况、建筑风格等。

（4）场地周围的使用人群情况，如使用者的类型、社会关系、社会结构等基本情况。

（5）周围道路系统分析，主要是车流、人流分析。

（6）能源情况，如电源、水源以及排污、排水等，特别要留意周围是否有污染源。

（7）场地的水文、地质、地形、气候等方面的资料。现有水面及水系的范围，水底标高、河床情况，常水位、最高及最低水位的标高，地下水的水质情况，现有地形的形状、坡度、位置、高度及土石的情况。地貌、地质及土壤情况的分析评定，地基承载力，内摩擦角度、滑动系数、土壤坡度的自然稳定角度。地下水位，年降水量，月降水量，年最高温度、最低温度分布时间，年最高湿度、最低湿度分布时间。年季风风向、最大风力、风速，每月阴天日数，在寒冷的地方还要了解冰冻线深度等。大型重要的风景区规划尤其需要掌握地质勘察资料（图7–4、图7–5）。

（8）植物情况，包括植物种类、生态、群落组成。保留植物的生长情况、姿态及观赏价值的评定等。

（9）视线与视距。视线分析是园林设计中处理景物和空间关系的有效方法，为了获得较清晰的景物形象和相对完整的静态构图，应尽量使视角与视

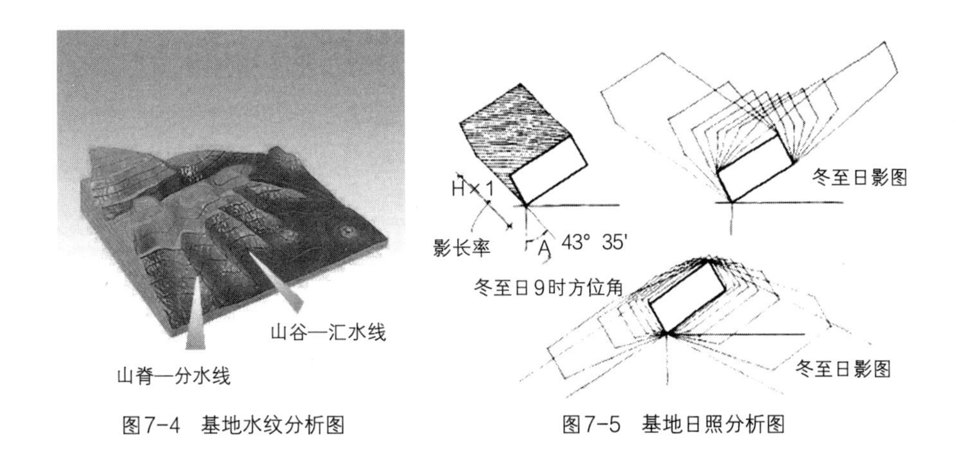

图7-4 基地水纹分析图

图7-5 基地日照分析图

距处于最佳位置。植物最佳观赏点确定各个景点之间的构图关系，当设计静态观赏景物时，可用视线法调整所安排的空间中的景物之间的关系，使前后、主衬各景之间相互协调，增加空间的层次感，并以最佳视觉确定景观的高度（图7-6~图7-9）。

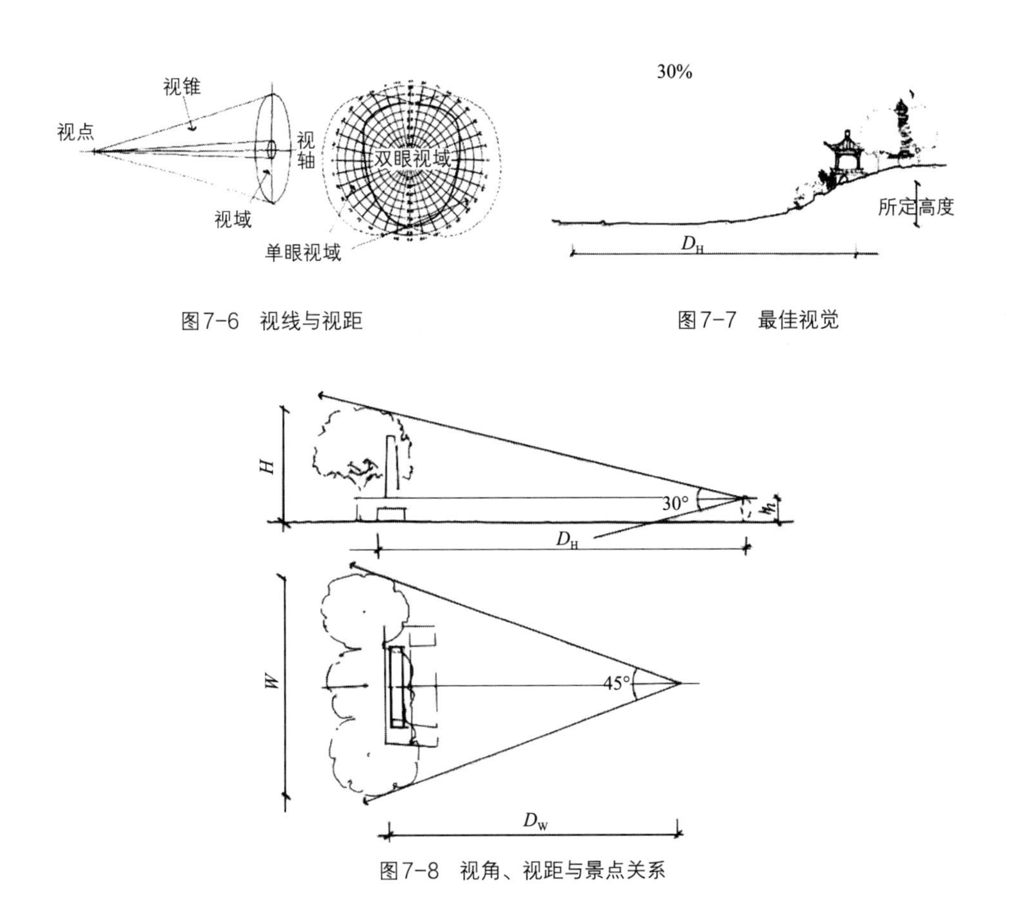

图7-6 视线与视距

图7-7 最佳视觉

图7-8 视角、视距与景点关系

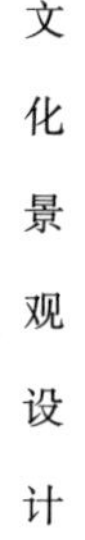

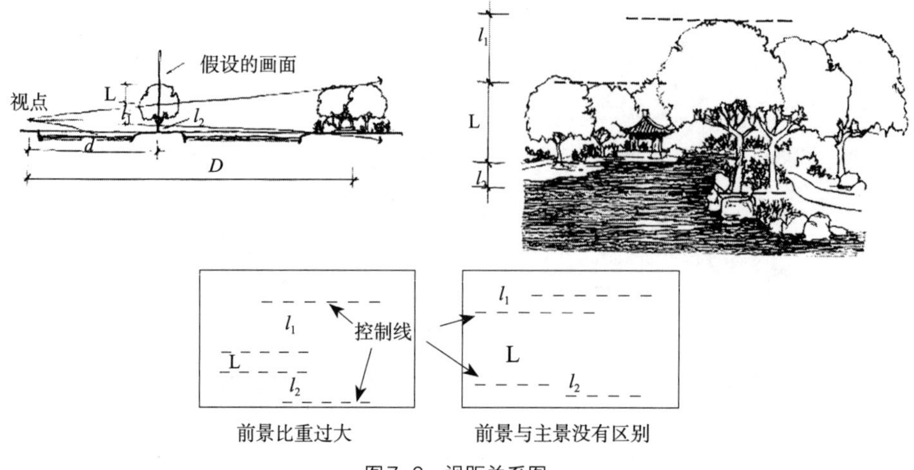

图7-9　视距关系图

三、概念设计阶段

（一）功能分区分析

功能分区分析阶段要采用图析的方式，着手研究设计的各种可能性，这是进行设计的起始点。要根据研究和分析阶段所形成的结论和建议，将其与设计功能分区结合起来。先从初步的布置方案进行研究，继而转入更为深入的具体思考。通常运用“泡泡图”，以抽象的图解方式，安排设计功能区域和空间。根据设计纲要、现状分析，以及使用者的年龄、兴趣等确定不同分区，通过不同空间的划分，使不同的区域满足不同人的需要，并且可以初步设想以下内容（图7-10）：各分区的空间范围和形式及连接形式；各分区景观的出入点、视域；建筑空间功能。

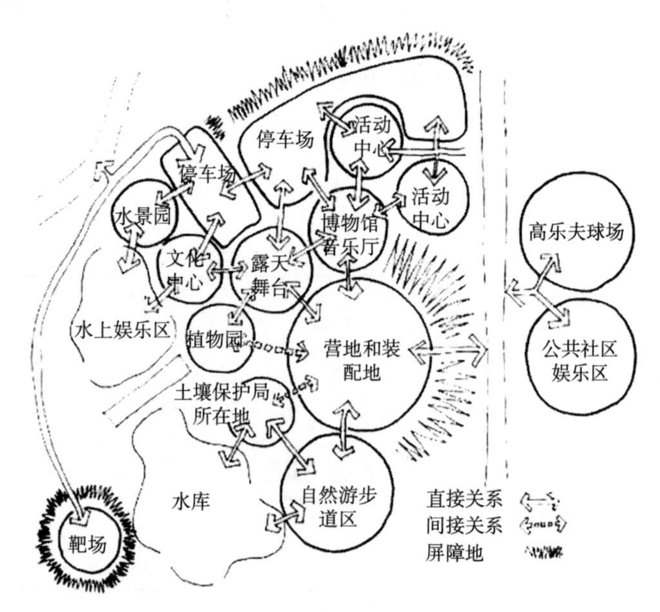

图7-10　功能分区“泡泡图”

（二）设计立意

设计立意即景观设计主题思想的确定，主题必须适应所处的环境。

（三）方案构思

方案构思是使功能分区与设计立意相结合的设计阶段，在设计内容和图像上更为深化，如将功能分区中所划分的区域再划分成若干较小的特定用途空间。所有空间的面积、组成的轮廓草图按一定比例绘出，但不必仔细推敲其具体形式和形状，要注释出空间的组成部分。

（四）形式构图研究

在进行这一步工作之前，设计者已经合理、实际地考虑了功能和布局的问题，接下来要转而关注设计的外观和直觉了。以方案构思来说，设计者可以根据相同的基本功能区做出一系列不同的方案，每个方案可以有相同的主题或者不同的主题，但要求设计与功能要尽可能统一。

形成方案构图可以在方案构思图的重叠基础上进行，遵循构思的功能和空间组织，但也要注意努力创造视觉变化。

（五）初步总平面布置

初步总平面布置是将设计中所有组成部分进行合理安排和处理的一个步骤（结合实际情况，使各组成部分基本安排就绪）。研究设计的所有组成部分的配置，以及单个组成部分在总体中的位置。在方案构思和形式构图研究中对初步总平面布置作进一步的考虑和研究，包括所有组成部分和区域所用的材料，如建筑、植物的色彩、质地、图案等；各个组成部分所栽种的植物景观预想；三维景观空间的特性、效果、形式；室外设施如坐凳、景石等。

初步总平面图要求反复进行可行性研究和推敲，直到设计者认为所有设计问题都得到了完满的解决为止。初步总平面图以直观的方式表示设计的组成部分，以说明问题为主。

四、总体方案设计阶段

总体方案设计阶段，主要为设计图纸，包括以下内容。

1. 位置图

示意性图纸，表明场地所处位置，要求简洁明了。

2. 现状分析图

根据掌握的所有资料分析总结以后，分成若干空间进行综合评述。可用圆形或抽象图形将其概括表现出来。

3.分区图

将主要功能分区用抽象图形或圆形等图案予以表示。

4.总体设计平面图

总体设计平面图必须要标明以下内容：

（1）场地与周围环境的关系，如街道、毗邻的主要单位或居民区的位置、面积、出入口等。

（2）场地设计后的主要出入口位置、面积、形式等。

（3）场地内总体规划设计内容。

（4）场地内的道路布局规划。

（5）植物设计，反映密林、疏林、草坪、花坛等植物景观形式即可。

（6）指北针、比例尺、图例。

（7）地形设计图。反映场地设计后的地形结构。标明水面最高、最低水位及常水位，标明地形制高点。确定广场、建筑所在地坪标高以及道路变坡点标高。还要注明场地周围市政设施、马路、人行道以及邻近单位的地坪标高，以确定场地内和场地与周围环境的排水关系。

（8）道路总体设计图。确定主要出入口、次要出入口及专用出入口位置；主要广场位置及环路位置、消防通道位置、主干道、次干道、游步道等。可用不同粗细的线标明不同级别的道路和广场。

（9）植物种植设计图。标明植物品种，按照乔木树冠5～6m、灌木2～3m的植物中、壮年冠幅绘制。

（10）管线总体设计图。标明水源引进方式、水的总用量、管网大致分布、管径大小及水压高低等。还要标明雨水、污水的水量，排放方式，管网大体分布，管径大小及水的去处等。

（11）电气规划图。标明供电设施、电缆敷设以及各区各点用电照明方式，广播、通讯位置等。

（12）景观建筑布局图。在平面图上反映建筑在场地内的总体布局。

五、景观扩大初步方案图设计

扩大初步设计是设计流程中初步设计和施工图设计之间的一个环节。

（一）初步（扩初）图设计要点

初步图设计要点主要包括细化景观层次；合理调整景观布局；重要节点

和难点设计分析；景观建筑设计及风格细化；景观小品设计及风格细化。

（二）扩初阶段设计任务

在多个方案中选出最优方案，做下一步的扩初方案设计，扩初设计阶段内容包括：

（1）总平面详图（分区平面范围、主要剖面位置、主要景点名称、功能区、文体设施名称）。

（2）植物配置图、种植图，树木品种与数量的统计表。

（3）景观的管线布置图（灯光、给排水等）。

（4）地形图（等高线、地形排水、道路坡度、标高、小品标高等）。

（5）主要建筑物（亭架廊、水景、花坛、景墙、花台、喷水池等）的平、立、剖面图和特殊做法（图7-11、图7-12）。

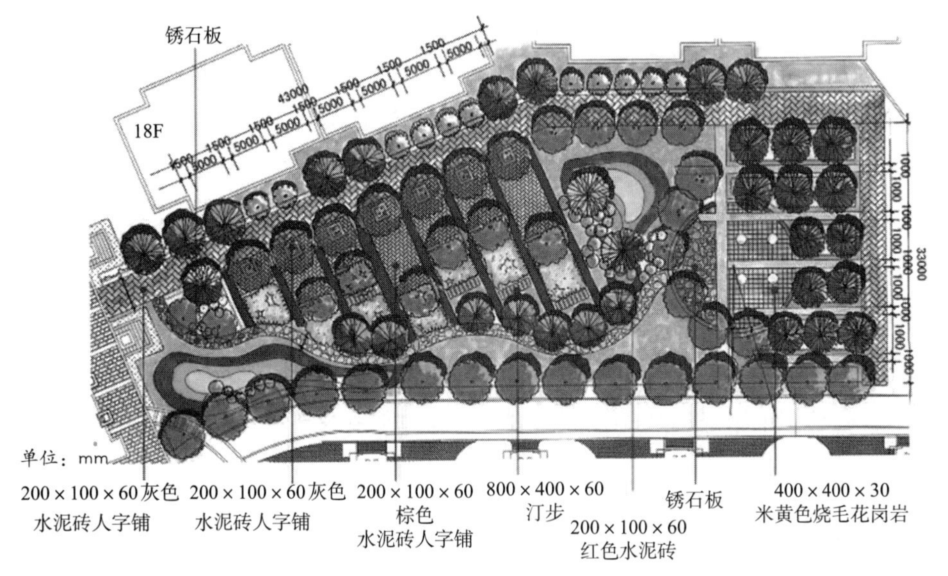

图7-11　铺装施工图

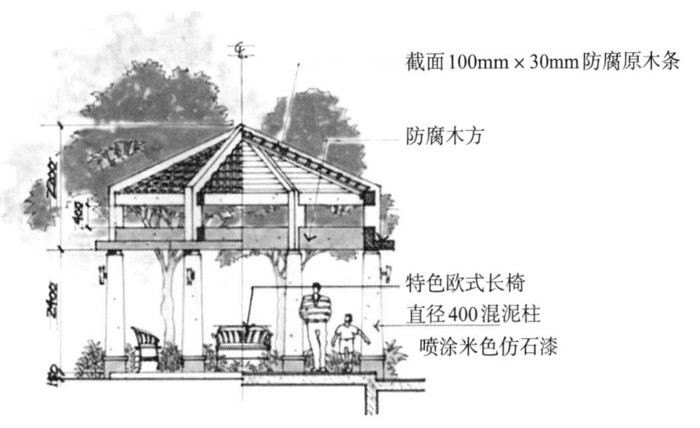

图7-12　景观亭施工图

六、景观施工图设计

（一）施工图的定义

施工图设计是景观设计的最后阶段。

（二）施工图设计的最终目的与要求

（1）确定工程数量（工作量）。

（2）提供施工、生产所需的图纸、表格。

（3）必要的文字说明。

（4）编制施工图预算。

（三）施工图设计流程

（1）接受设计任务，基地实际勘查，同时收集有关资料。

（2）初步的总体构思及修改。

（3）方案的再次修改，文本的制作包装。

（4）业主的信息反馈。

（5）方案设计评审会。

（6）施工图的设计。

（7）施工图预算编制。

（8）施工图的交底。

（9）设计师的施工配合。

（四）景观施工图组成

景观施工图组成中的内容可根据具体项目删减或增加。

1. 封皮

内容包括工程名称、建设单位、施工单位、施工时间、工程项目编号等。

2. 目录

（1）文字或图纸的名称、图别、图号、图幅、基本内容、张数。

（2）图纸编号以专业为单位，各专业各自编排各专业的图号。

（3）对于大、中型项目，应按照景观、建筑、结构、给排水、电气、材料附图等进行图纸编号。对于小型项目，可以按照景观、建筑及结构、给排水、电气等进行图纸编号。

（4）每一张图纸应该对图号加以统一标示，以方便查找，如：建筑结构施工可以缩写为“建施（JS）”，给排水施工可以缩写为“水施（SS）”，种植施工图可以缩写为“绿施（LS）”。

3.说明

针对整个工程需要说明的问题，如设计依据、施工工艺、材料数量、规格及其他要求等。具体内容包括：

（1）设计依据及设计要求。应注明采用的标准图集及依据的法律规范。

（2）设计范围。

（3）标高及标注单位。应说明图纸文件中采用的标注单位，采用的是相对坐标还是绝对坐标，如为相对坐标，需说明采用的依据以及与绝对坐标的关系。

（4）材料选择及要求。对各部分材料的材质要求及建议。一般应说明的材料包括饰面材料、木材、钢材、防水疏水材料、种植土及铺装材料等。

（5）施工要求。强调需注意工种配合及对气候有要求的施工部分。

（6）经济技术指标。施工区域总的占地面积，绿地、水体、道路、铺地等的面积及占地百分比、绿化率及工程总造价等。

（7）除了总的说明之外，在各专业图纸之前还应该配备专门的说明，有时施工图纸中还应该配有适当的文字说明。

4.总平面图

（1）指北针（或风玫瑰图），绘图比例（比例尺），文字说明，景点、建筑物或者构筑物的名称标注，图例表。

（2）道路铺装的位置、尺度，主要点的坐标、标高以及定位尺寸。

（3）小品主要控制点坐标及小品的定位、定形尺寸。

（4）地形、水体的主要控制点坐标、标高及控制尺寸。

（5）植物种植区域轮廓、位置点。

（6）对无法用标注尺寸准确定位的自由曲线园路、广场、水体等，应给出该部分局部放线详图，用放线网表示，并标注控制点坐标。

5.施工放线图

施工放线是通过对建设工程定位放样的事先检查，以确保建设工程按照要求安全顺利地进行。

6.竖向设计施工图

各分区的地形图、户外标高图（土方平衡表）。

7.植物配置图

植物种植设计说明、植物材料表、种植施工图、局部施工放线图、剖面图等。如果采用乔、灌、草多层组合，分层种植设计较为复杂，应该绘制分层种植施工图。

8.照明电气图

各种室外家具、电器、照明的布置图，施工大样图、型号的选择。

9.给排水、喷灌施工图

给排水设计说明，给排水系统总平面图、详图，给水、消防、排水、雨水系统图，喷灌系统施工图。

10.景观小品施工详图

各种景观建筑小品的定位图、平立剖面图、结构图、节点大样图。

11.铺装施工图

园路、广场的放线图，铺装大样图、结构图，铺装材料的名称、型号、颜色。

12.水体施工图

水体的平立剖面图、放线图及施工大样图。

13.材料明细表及施工说明

环境设计与地下室如何交接，素土夯实的要求，木材的防腐处理，乔木树池要求，钢构架的焊接、涂装要求，建筑物、构筑物的抗冻设施，挡土墙、独立墙说明，地面铺装要求。

（五）施工图设计深度要求

施工图设计深度应满足以下要求：

（1）能够根据施工图编制施工预算。

（2）能够根据施工图安排材料、预订设备及加工非标准材料。

（3）能够根据施工图进行施工和安装。

（4）能够根据施工图进行工程验收。

虽然对景观设计的步骤做了较为详细的制定，但是实际上有很多大工程的施工周期都比较紧凑，使设计与施工各自周期的划分已变得模糊不清。往往先确定最后竣工期，然后从后向前倒排施工进度。这就要求设计人员打乱常规的出图程序，采用“先要先出图”的出图方式。一般来说，在大型景观绿地的施工图设计中，施工方急需的图纸有总平面放样定位图（俗称方格网图）；竖向设计图（俗称土方地形图）；一些主要的大剖面图；土方平衡表（包含总进、出土方量）；水的总体上水、下水、管网布置图；主要材料表；电的总平面布置图、系统图等。这些较早完成的图纸要做到两个结合：一是各专业图纸之间要相互一致；二是每一种专业图纸与今后陆续完成的图纸之间要有准确的衔接和连续关系。

第八章　文化要素在景观设计中的应用案例分析

8

第一节　逯家岭传统文化村落景观更新项目

据《逯氏家谱》记载，明永乐末年逯姓族群迁此建村，因址在岭顶上，故名逯家岭。随着社会发展，有的古村整体搬迁，有的只剩老人，特别是随着城镇化发展的提速，越来越多的人离开乡村，走进城市，越来越多的古村落、老建筑、老手艺在逐渐消失。每个古村，都是一座活着的乡愁博物馆。保护古村，留住乡愁，定格那些即将消失或已经消失的古村，让它们重新绽放魅力。乡村旅游度假区的建设对该村浓厚传统文化的传承和乡村产业的发展起到重要的推动作用，尤其表现在满足游客的精神需求、满足当地居民物质需求方面。因此，此次对逯家岭的改造设计要顺应时代的潮流，设计出符合现代人们审美的景观环境。而对逯家岭村的改造升级，首先要做到保护该地区原有的文化底蕴和原始景观环境，不要将村落进行改造后丢失了其原有的特色。每个乡村都有属于自己的独特样貌，不要因为想要进步反而丢失了自己的特色、自己的初心。在设计上注重考虑是否对于村中及周边居民有亲近感和认同感，是否满足当地居民和城市游客的审美体验，从以上几个问题出发，解决实际问题，从而营造出一个人文景观与文化底蕴兼具的新型乡村度假区（图8-1、图8-2）。

图8-1　悬崖上的村庄逯家岭　马安民摄

图8-2　逯家岭现状　马安民摄

一、设计目的与意义

逯家岭村历史悠久、风景秀丽，位于山东省济南市莱芜区茶业口镇，距莱城东北55km，镇政府驻地东北12km处是莱芜、章丘、博山三地交界处，村北山岭上还有一段齐长城蜿蜒延伸，目前还保留有著名的齐长城遗址“风门道关”。东界博山，西临上法山，北靠卧铺村，南接双山泉、东圈村，海拔高度约为820m，为境内海拔最高的村庄。村北侧设有101乡道，交通相对便利。而村南侧紧挨悬崖，悬崖最高处的垂直高度有一百多米。因此又被称为“悬崖上的村庄”。“绿水青山就是金山银山”的目标要求我们用全力保护我们赖以生存的家园，以此来实现社会的可持续发展。而此方案旨在逯家岭村现存样貌的基础上进行保护并加以改造，通过改善村落的自然景观、完善村民的生活环境、保护村落的文化底蕴，将其打造成独具本村特色的乡村旅游度假区，以此来实现本村景观环境的可持续发展。

（一）设计目的

为改善当地村民的居住环境、增加当地居民的收入、增加乡村度假村的多样性、展现该农村丰富的文化底蕴、实现城市人口想要享受田园生活的美好愿景进行了设计。方案设计前期经过对逯家岭村的深度调研与现场勘查，发现分现场问题、获得现场数据，以此条件为基础对逯家岭村的改造确定具体设计方案，以解决该村落所存在的现有问题。设计方案通过改造村落现有问题，使逯家岭村成为生态环保、生机盎然、满足当地居民与游客需要的现代化乡村旅游度假村。逯家岭需要拥有带给游客更加舒适体验的能力，拥有满足人们感官需求的能力。改造后可以成为一个自然野趣与现代审美并存的乡村景观空间，并与该村落浓厚的文化内涵保有一致性。通过对逯家岭村的实地考察，深入了解逯家岭村的现状。通过对该地区的实际分析，总结出了该地区的地形地貌、植被状况、交通状况、气候环境、人流特点等，并依据以上结论提出了对该地区的设计思路。重点放到对该地区的改造，通过改造给当地居民和游客带来更加舒适的旅游体验和更加美好的生活环境。

（1）结合当地生态环境，在当地所有的植被类型的基础上添加新的植被类型，提高当地植被的多样性。

（2）完善村落的道路系统，设计两条横穿场地东西便于消防车、救护车、私家车通过的主干道。

（3）合理运用建筑群落，根据当地院落所在的不同位置，打造出各具特色、符合当代人类审美的庭院景观。

（4）合理划分空间、规划地形，整合废旧建筑，打造中心景观，利用景观带串联景观节点打造出一个自然生动独具特色的乡村旅游度假村。

（二）面临的问题

运用乡村改造规律、景观设计手法和保护原有生态环境的原则，对逯家岭村进行改造。改造需解决的问题主要有以下几个。

（1）改善当地居民的居住环境、提高居民收入。逯家岭村环境优美，有自己独具特色的地形地貌，通过对当地建筑的合理规划，突出当地文化特色、产业特色。如何通过设计改造当地生态环境、提高居民收入是此次设计改造最需要解决的问题。

（2）解决道路复杂、狭窄的问题，完善道路系统。逯家岭村地形起伏大，道路复杂，缺乏引导游客以最正确的路线进行游览的标识，游客经常迷路。树木杂乱无章、村民随意堆放干柴堆、道路年久失修起伏较多。所以如何解决村中道路不畅通的问题也是此次设计关注的重点问题。

（3）保护村中古槐，保护村民的“精神信仰”。经过现场实地调研，逯家岭村本来有四棵古槐树，但缺乏必要的保护，现只剩下这一棵，而这一棵古槐也成了村民生活中不可或缺的一部分，所以怎么去保护这唯一的一棵古槐，保护人们的精神信仰，也是设计重点关注的问题（图8-3）。

图8-3 村庄中的古树

（4）打造特色乡村旅游度假区，打造符合逯家岭村的特色民宿。城市人群的工作、生活压力越来越大，对乡村生活的向往也越发浓烈，大部分人已不满足只在农村生活一天，这就需要为游客提供休息住宿的地方。所以，如何打造既符合当地特色，又吸引游客的民宿也是这次方案设计的重点问题之一。

二、设计分析

（一）乡村旅游空间功能的复合与多样性对景观环境的重要性

乡村旅游度假区中，每个乡村空间的功能都具有多样性与复合性。与城市的单一化的空间不同，乡村空间具有不同的功能性和充足的文化底蕴。城市中，道路分明，场地功能分明，道路就是道路，商场就是商场，空间的功能性过于单一化，而乡村空间都具有多元化和复合性功能。比如逯家岭村的老槐树，这个小空间它不仅是生产生活空间，而且是交流空间，还是一个精神信仰的空间。乡村空间的功能之所以多元化，实质就是以乡村的生产生活为核心，以当地居民和外来游客的需求为核心，而不是以空间的功能属性为核心。多样性的景观环境可以使乡村空间充满更多的层次，给予游客更多的选择，不同的景观环境带来不同的附属功能，为乡村居民带来不同的经济效益。多样性的景观环境对乡村振兴的发展起到重要作用。

（二）乡村景观环境可持续更新的重要性与可持续更新的推动力

乡村旅游景观环境，一方面可以展示乡村的整体形象，另一方面可以展现村落独有的特色。乡村景观环境的更新升级使该村的旅游产业不断升级，对于发展当地经济起到重要作用。而乡村景观环境的持续更新离不开以下两点推动力：

1. 审美提升的推动

在新时代的审美下，我国的艺术家、社会群体以及新农村人，对乡村元素有了新的认识，通过艺术化的处理，形成了既具乡村纯朴氛围，又不失现代时尚气息的乡村景观，比如莫干山的Anadu，杭州西湖边的安缦法云，已经成为国际知名的乡村景观，随着人们审美的提升，使乡村的一草一木散发出新的魅力。

2. 文化保护的推动

近年来，我国对于乡村文化的保护意识逐步增强，各界人士也纷纷投入保护传统文化的热潮中，对传统文化、传统手工业的保护不断增强，使乡村环境可以不断进步，不断更新。

三、设计内容

对逯家岭村的改造，力求突出逯家岭村丰富的文化内涵的同时，根据时代要求，对其进行更新改造。要求保存该村原汁原味的风格（如石砌房、石板路等），突出该村的文化底蕴，并在现有的基础上进行合理的升级改造。

（1）将场地在原有地形的基础上进行稍许的变动，使整个场地成为一个梯田式的地形，呈北高南低的整体地势。

（2）道路方面将依据现状，对逯家岭村村内现有的石板路、石砌房和原始景观进行整合。设置两条消防主干道从村中穿过，将一些废旧建筑、占道植物等进行移除，改善道路状况。对现存景观根据设计方案的需求在一定程度上进行保留与删除。以此解决村中道路复杂不畅通的现状问题。

（3）在建筑上对部分破损的建筑进行改造、拆除，大部分建筑保留原貌，靠近悬崖的建筑进行改造升级。

（4）保留村中现存的植物种植状态，添加新的植物种类，使整个村落的植物分布呈现北高南低的势态。场地北侧种植高大乔木，起到防护风沙的作用，进一步保护当地生态环境。

四、场地及景观节点分析

在对逯家岭改造的过程中，应从场地区位、场地功能、景观节点、场地流线等方面进行全面分析。

（一）场地区位分析

设计场地位于山东省济南市莱芜区茶业口镇，距莱城东北55km、镇政府驻地东北12km处，东界博山，西临上法山，北靠卧铺村，南接双山泉，东圈村，为境内海拔最高的村庄。村落的南侧紧挨悬崖使该村落形成了独具特色的自然景观，乡道101从村落的北方经过，这是该村落唯一一条与外界联系的主干道。村北山岭上还有一段齐长城蜿蜒延伸，目前还保留有著名的齐长城遗址“风门道关”。而逯家岭村位于莱芜、章丘、博山三地交界处，多地游客汇集于此，游客较多。希望此次对逯家岭村的改造，可以改善当地居民的生活环境，保护当地自然面貌，激发游客对该地区的游览兴趣，从而提高当地居民的经济收入。

（二）场地功能分析

本案的设计大概分为九个功能区：停车区、中心景观区、民宿区①、民宿区②、娱乐运动区、居民区、耕种区、观赏草坪区、文化产业区，九个区域相互连接相辅相成（图8-4、图8-5）。

图8-4 平面图

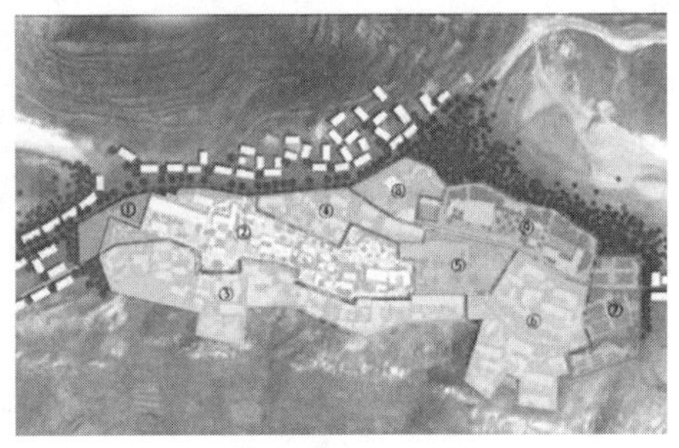

图8-5 功能分区图

（三）景观节点分析

1.入口景观

入口景观节点为村落主入口处和入口广场，入口景观墙刻有“美丽乡村——逯家岭”的字样，起到引导人流的作用。入口广场整体呈圆形，中心设有圆形水池与一棵孤植，圆形水池周围设有座椅，为人们提供一个休闲交流的场所。该场地铺装主要使用与村落风格相符的青石板，提升其透水性能，整体风格与周边场地相融合。场地内植物则围绕着圆形的边界进行种植，起到对场地的围合作用（图8-6）。

图8-6 入口处景观

2.古村记忆

古槐景观节点为“古村记忆——古槐下”，该区域主要围绕村中唯一存活的古槐树进行设计改造，古槐底部使用白色花岗岩进行围合保护，四周放置供人们休息的曲线型木质座椅，底部铺装使用菠萝格防腐木与古槐相呼应。图8-7中古槐左侧为村庄中的一个供游客休憩的咖啡厅，此建筑使用落地窗可以使游客在室内休息的同时观赏到窗外的古槐所带来的美景。

图8-7 古村记忆

3.公共交流区

公共交流区为整个场地的中心景观，所以这个节点首当其冲的是它的观赏性，然后才是它的功能性。场地中央放置三个圆形链接形成的亭子，亭子的中间掏空种植比较笔直的植物，亭子上方放置水池，可以使水从亭子前方流下形成小瀑布，亭子的中心圆放置水池，水也可以在亭子的上方流下，形成一个可循环的水域。人们可以在此场地交流、放松、运动。该场地主要种植有白玉兰、银杏、黄栌、紫叶李等有色树种（图8-8）。

4. 特色文化庭院

此节点为具有代表性的庭院景观，该庭院是村落中最大的一个民宿庭院，庭院大部分面积使用鹅卵石进行铺装，不规则形状的青石板放置在其上面供人们行走。庭院中心种植一棵槐树，后面放置假山，右侧种植黄栌、白玉兰，当人在庭院中休息时可以观山、赏花、看树，别有一番趣味（图8-9）。

图8-8　公共交流空间

图8-9　特色文化庭院

5. 观光区

此节点为休憩草坪与观光塔，因为该场地中大部分都是硬质铺装，而人们又需要一个在室外可以交流、玩闹、聚会的场所，所以在场地的西北方圈出一片区域种植休憩草坪，可供人们使用。因为此片区域在村子的西北方，地处位置较高，所以在此设计放置高10m的观光塔可以让人们在观光塔上一览村落的风貌。该区域植物种类较为丰富，北侧以大、中、小乔、灌木、地被的顺序进行种植，既起到防风固沙的作用，又对该场地起到围合作用（图8-10）。

图8-10　观光塔

6.主题文化庭院

此节点为逯家大院，保存着院落的原始面貌。作为一个“忆古村”的主题，院落对外开放，游客可以在此体验乡村特有的劳动，四周的房间则作为展示功能区，用来展示该村的特色产品，可对游客进行售卖（图8-11）。

图8-11　主题文化庭院

（四）场地流线分析

场地道路主要分为行车主干道、人行路两部分。两条行车主干道与一条游览主干道横穿场地东西两端，在此三条道路上，生成多条分支道路连接各个景观节点。在每个上下台阶处设置无障碍设施，方便行动不便的游客进行游览观光。景观节点选择了相对独立的设计，每个景观节点都与游客主要的游览路线保持一定的距离，这样可以避免正在游览中的游客对正在休憩观景的游客产生干扰。整个场地大致设置了两个出入口，场地西侧入口为主入口，北侧入口为次入口，也用作消防入口（图8-12）。

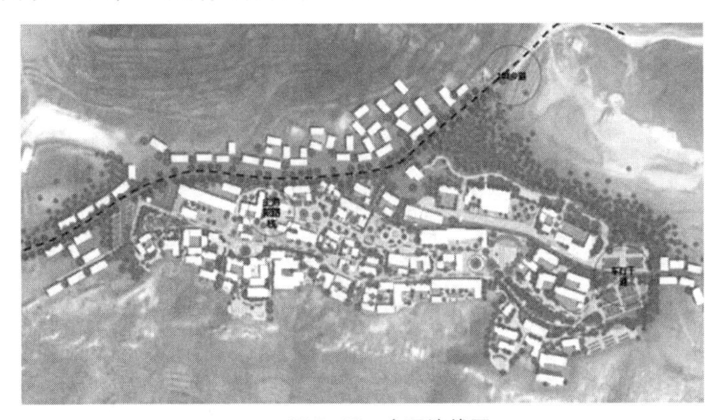

图8-12　交通流线图

第二节　山东临清中洲悦府中式住宅景观设计项目

一、前期分析

临清市位于山东省西北部漳卫河与古运河交汇处，与河北省隔河相望，是山东西进、晋冀东出的重要门户，是京九铁路自北向南进入山东省的第一站，举世闻名的京杭大运河从这里流过，市区临清历史悠久，是省级历史文化名城。明清时期，临清凭借大运河漕运兴盛而迅速崛起，成为当时中国30个大城市之一，素有“富庶甲齐郡”“繁华压两京”“南有苏杭，北有临张”的美誉。2006年，被联合国地名专家组认定为中国地名文化遗产——千年古县。该项目自起秀路以西，永兴街以北，占地面积40348平方米，为临清市高端住宅区。

（一）建筑风格分析

临清中洲悦府建筑设计风格为新中式，是中式建筑元素和现代建筑手法的结合，该建筑形式在沿袭中国传统建筑精粹的同时，更加注重对现代生活价值的精雕细刻。新中式建筑采用柔和的中国红、长城灰、羊脂玉等中性色彩，给人优雅温馨、自然脱俗的感觉，搭配景观设计营造一种祥和、宁静、内敛的环境氛围。新中式在外观材质上参考北方合院派建筑，采用了北京四合院的灰色坡屋顶、筒瓦和具有地域特色的灰砖，形成雄浑、宏大的气势。依据建筑风格，景观也具有新中式的特点，在外观风格、形式及特征上与建筑相匹配，形成质朴与人文气息交融、浓郁的休闲氛围，力求建筑独具一格的现代新中式禅居，引领一种引人入胜的生活（图8-13、图8-14）。

图8-13　入口处效果图

图8-14　建筑效果图

（二）案例借鉴

汉阳正荣府项目首创“景观配套化”理念，注重次序感，以山、水、石、月打造四重庭院景观组团，打造“小面积、大体验”的自然中式生活，通过现代技艺展现传统文化，引领城市新生活方式。南京旭辉铂悦秦淮项目在景观设计中融合南京历史人文情怀，突破冰冷的现代设计手法，强调丰富的空间层次和中式意境。

综合分析，景观设计除了具有城市公园的绿化功能，也融合了地域文化特色进行宅院间的文化联系，结合案例分析临清中洲悦府利用宅院内向围合空间，打造多进制礼序院落（图8-15）。

图8-15　设计理念探索

二、设计构思

中国的府院文化已有上千年历史，一直是诸侯王公的私邸豪宅专有称号、尊贵生活的符号象征，历经数个朝代更迭，地位之尊贵从未被动摇。从等级规制上来讲，住宅分为宫、府、邸、宅四种。在古时，“府”即是王公贵族的邸宅，建筑规制仅次于皇宫，从北京恭王府到桂林靖江王府，无不体现出尊贵之风范。临清中洲悦府就是要打造观礼制之府，身临贵族礼序的“气势”，同时也构造于山水之间，畅想雅致生活的“格局”。中洲悦府以古州文韵为底、中国传统文化为根、古代东方美学为魂，重塑礼序府院，演绎东方人居典范（图8-16、图8-17）。

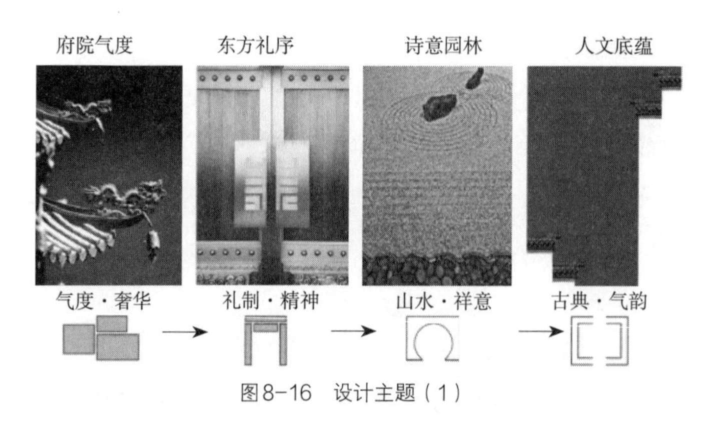

图8-16　设计主题（1）

传承千年礼序，重现当代府院生活。中洲悦府以古州文韵为底，中国传统文化为根，古代东方美学为魂，重塑礼序府院，演绎东方人居典范。

图8-17　设计主题（2）

三、总体设计

该案例建筑由路则鹏主创，景观由山东建筑大学赵学强、韩建设设计。该设计根据建筑和场地特点，分配相应的功能与活动空间，分别设置亲子活动空间、休闲空间、儿童活动空间、礼仪空间、观赏空间、老人活动空间、入口空间，全方面满足生活娱乐所需。场地平面结合建筑布局布置，铺装采用与建筑立面相符的造型线条，丰富场地铺装形式。交通路线设计围绕主线营造便捷归家景观路线，并通过铺装材质和空间划分以增加景观空间进深感和层次感，达到移步换景的效果。中洲悦府景观结构按照一府一门户，一环七卷图的理念进行设计。一府指的是中洲悦府，一门户指的是入口会所，一环是在住宅楼设置500m健康环路，七卷图分别是知春卷、揽胜卷、景明卷、见山卷、悦动卷、乐享卷、乐行卷（图8-18~图8-22）。

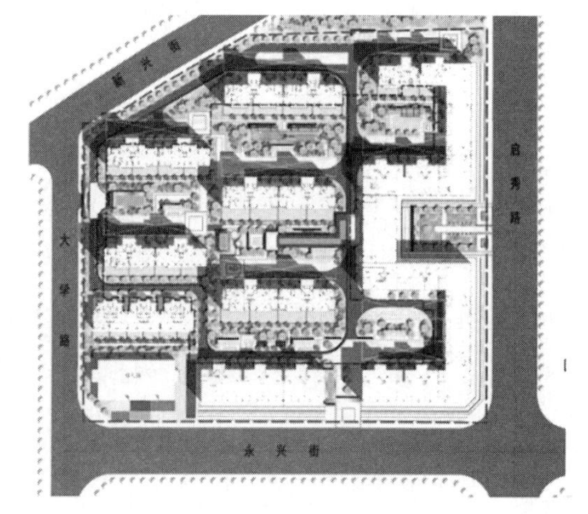

图8-18　总平图

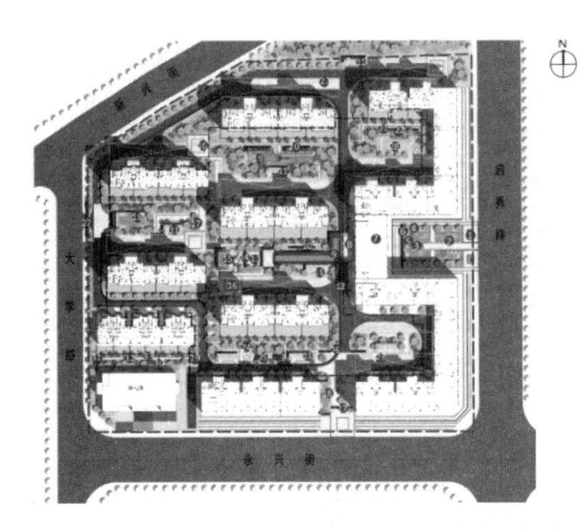

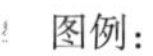

图例：

❶人口水景
❷景观灯柱
❸“缸”雕塑
❹对景绿化
❺拴马桩
❻景观墙
❼会所
❽特色铺装
❾景观廊架
❿山水景墙
⓫自行车棚
⓬健康漫跑步
⓭特色种植
⓮云纹景墙
⓯会客厅
⓰消防回车场
⓱景观树池
⓲车库车人口
⓳儿童活动区
⓴对景廊架
㉑景观片石
㉒景观园路
㉓消防登高面
㉔背景墙
㉕框景廊架
㉖对景墙
㉗园区人口
㉘阳光草坪
㉙景观门
㉚景观围墙
㉛景观墙
㉜景观水系
㉝景观拱

图8-19　总平面索引

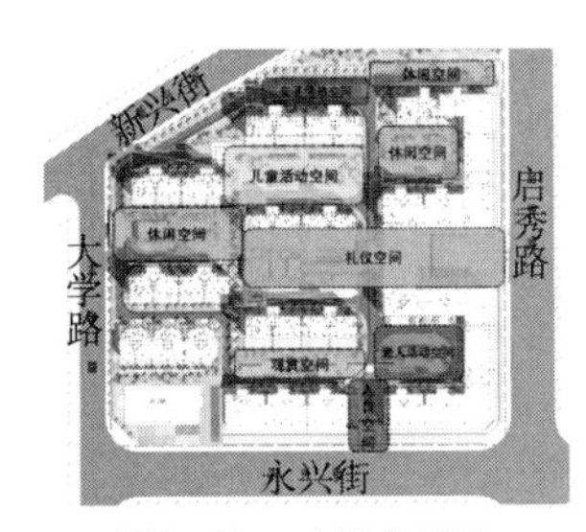

图8-20　功能分区图

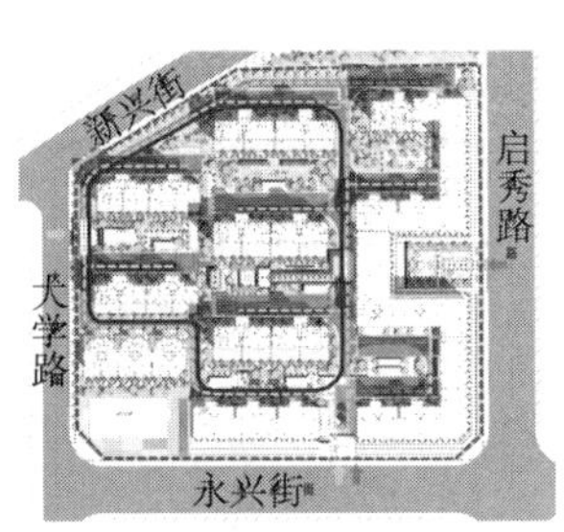

图8-21　交通流线图

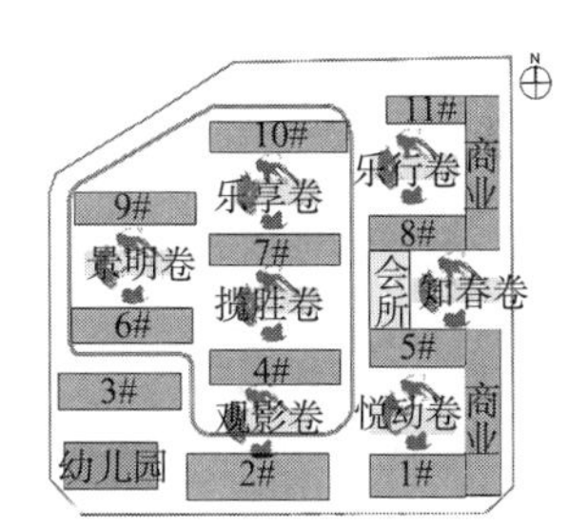

图8-22　景观结构图

四、详细设计

以下主要对七卷图的设计进行详细讲述。

（一）知春卷

该区域作为人行主要出入口，是最重要的形象展示空间，同时前期也作为售楼处使用，景观设计中通过大面积的浅水水景以及规则的种植形式，营造开场大气的景观氛围，增加入口区域的仪式感和体验感。水景深度为5～10cm，在无水时可作为活动广场，满足售楼处的使用需求（图8-23~图8-26）。

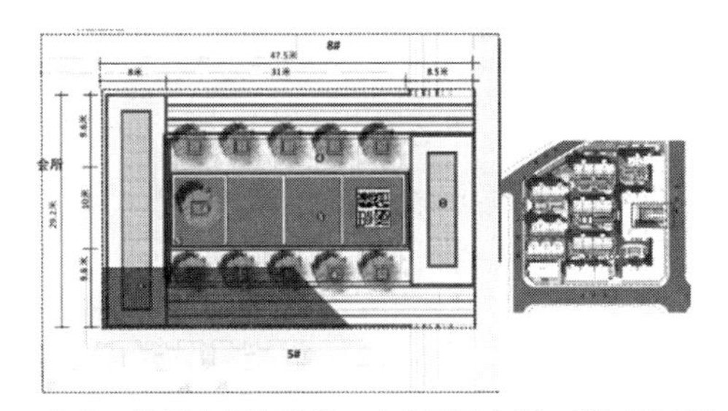

主入口设置中国印雕塑，点名园区主题，增加场地引导；将条形绿化带改为景观树池，增加场地间；将水景做成动态叠水景观，寓意“拾级而上，步步高”

❶入口　❷中国印雕塑
❸景观时池坐景　❹景观时池坐景
❺景观墙　❻造型松

图8-23　知春卷平面图

图8-24　知春卷俯视效果图

图8-25　知春卷中国印雕塑

图8-26　知春卷座椅

（二）揽胜卷

揽胜卷位于场地的中心位置，是场地核心景观展示区，景观设计中通过运用景观连廊景墙等不同的组合营造不同的景观空间，并且解决了建筑冲角问题。连廊内设置隐藏式自行车棚，增加居民归家的幸福感和景观效果（图8-27~图8-32）。

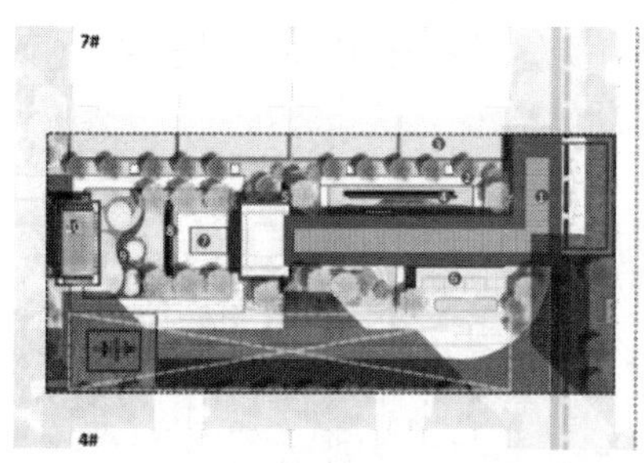

揽胜卷位于场地的中心位置，是场地核心景观展示区，景观设计中通过运用景观花卉，景墙等不同的组合营造不同的景观空间，增加居民归属的幸福感

❶景观五廷　❻自行车棚
❷景观西路　❼特色种植池
❸景观庭院　❽云纹墙
❹山水景墙　❾一池三山
❺树景墙　❿揽胜亭

图8-27　揽胜卷平面图

图8-28　揽胜卷连廊俯视效果图

图8-29　揽胜卷连廊与建筑冲角关系效果图

图8-30　揽胜卷连廊内部效果图

图8-31　揽胜卷内雕塑小品

图8-32　揽胜卷节点景观“一池三山”效果图

（三）景明卷

景明卷位于6号楼和9号楼之间，景观设计中利用该区域的景观绿地设计晨练广场，满足居民晨练健身的需求（图8-33~图8-36）。

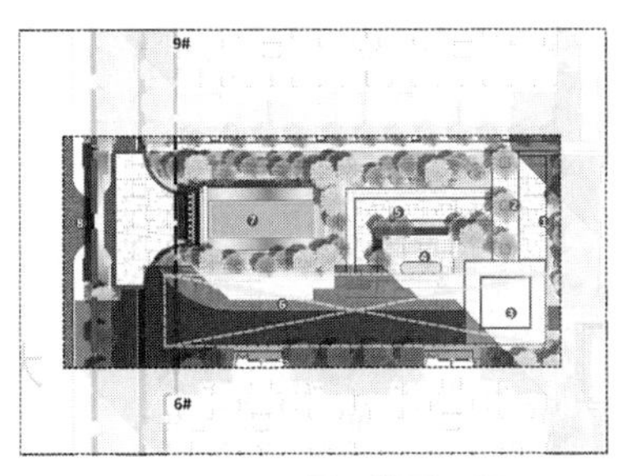

图8-33　景明卷平面图

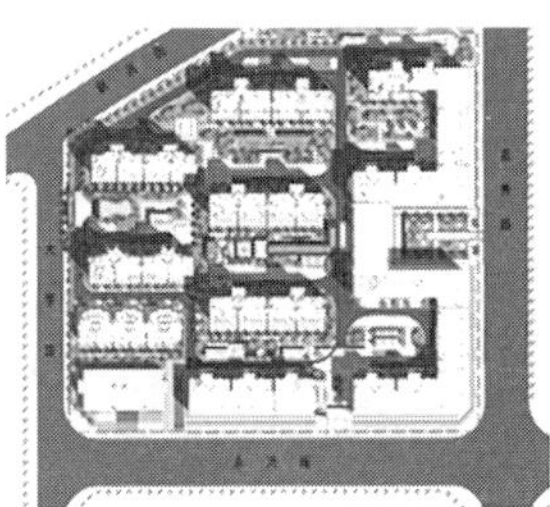

❶健身广场　❺晨练广场
❷景观树池　❻消防登高面
❸消防回车场　❼车库出入口
❹自行车棚　❽车行入口

图8-34　景明卷节点图

图8-35　车库出入口

图8-36　景观树池

（四）见山卷

南侧的消防入口平时可作为人行入口使用，景观设计在保证功能的前提下尽可能将景观最大化处理，入门后两侧的对景墙犹如两座山型雕塑，寓意开门见山。在入口的西侧结合场地设计景观步道及小品，增加该区域的景观性（图8-37~图8-41）。

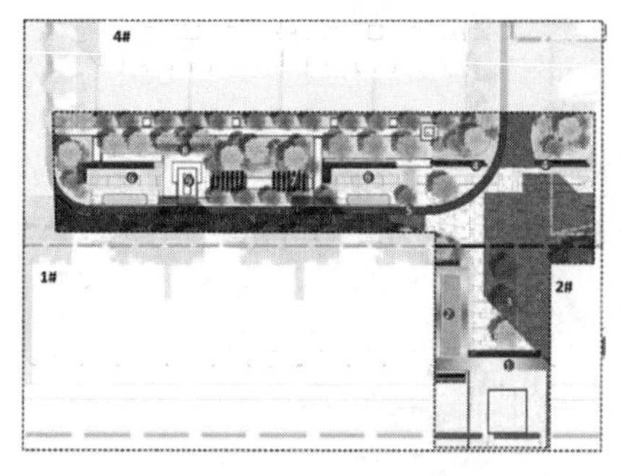

图8-37　见山卷平面图

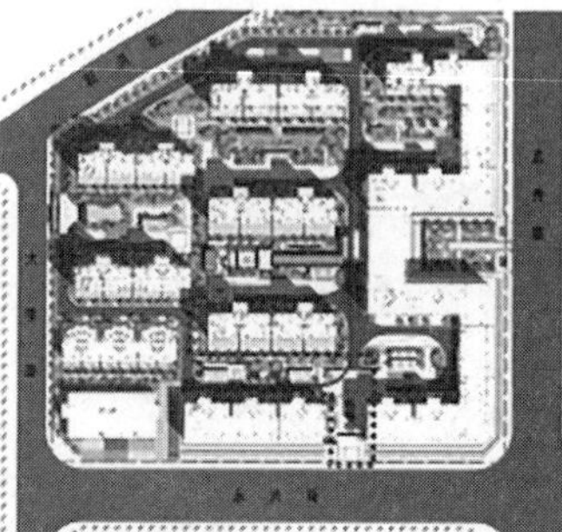

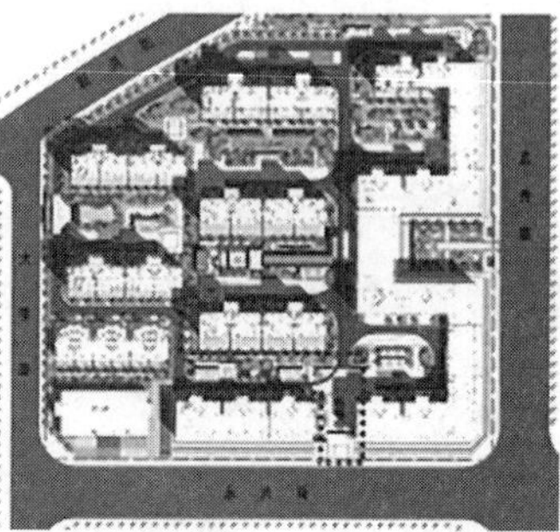

图8-38　见山卷景观结构

图8-39　见山卷廊架

图8-40　见山卷健身步道

图8-41　见山卷背景墙

（五）悦动卷

该区域被消防登高场地完全占据，景观设计在满足消防要求的前提下设计为老年活动场地，并且通过不同的材质拼接增加场地趣味性（图8-42、图8-43）。

图8-42　隐藏式自行车棚

图8-43　消防登高面铺装

（六）乐享卷

景观设计中结合规划中的日照分析，拢到阳光较充足的区域设置儿童活动区，为儿童提供一处阳光温暖的场地。儿童活动区的四周尽可能采用隔音、降噪、无刺、无毒的植物，减少该区域对居民的影响（图8-44~图8-47）。

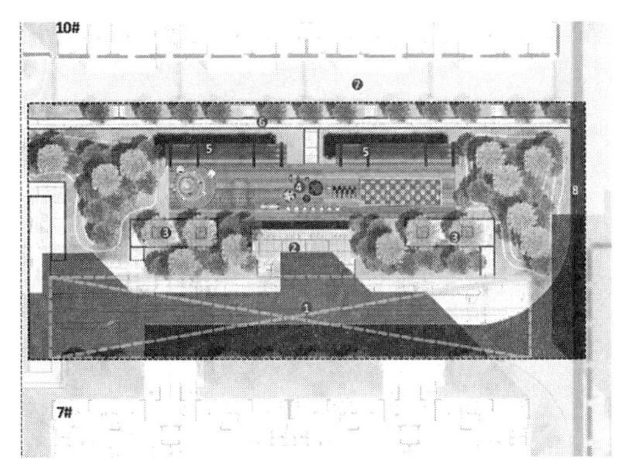

图8-44　乐享卷平面图

图8-45　乐享卷儿童活动区（1）

图8-46　乐享卷儿童活动区（2）

图8-47　乐享卷儿童活动区（3）

（七）乐行卷

知之无形，乐行千里。景观设计中结合场地的性质，在场地东北角设置一处可以观赏、游览的小空间，增添场地灵性，给居民提供一处静谧悠闲的景观空间。园区设计了一处景观节点——叠墅。叠墅售价最高，也是景观品质最高的位置，景观设计中将叠墅南侧单独考虑，通过运用水景、景墙以及拱桥为景观元素，营造不同感受的景观场景（图8-48、图8-49）。

图8-48　消防登高面

图8-49　景观廊架

五、专项设计

（一）种植搭配

种植搭配营造“三季有花，四季常绿”的景观效果。植物配置以山东西北部地区树种为主，根据搭配原则将乔木、灌木、地被植物进行搭配种植，形成疏密适当、高低错落、有一定的层次感的植物配置景观；在色彩搭配上，以常绿树种为“背景”，选取四季不同花色的花灌木进行搭配；在地被植物的搭配上尽量避免裸露地面，合理进行垂直绿化以及各种灌木和草木类花卉加以点缀，打造四季常绿、三季有花的舒适环境，与自然一起生活。小乔木选用白玉兰、紫薇、山楂、西府海棠、红枫等开花色彩艳丽的植物进行色彩点缀，灌木采用连翘、小叶黄杨、金银木、大叶女贞等四季常绿的植物，地被植物采用广玉兰、早熟禾、萱草等耐阴且常绿的植物配置（图8-50）。

（二）灯光设计

（1）灯具设置。以庭院灯、草坪灯基础照明设施为主，辅以大树射灯、地灯、带状灯等装饰性照明灯具。

（2）照明的强度。控制照明强度使小区内整体氛围温馨和谐，强调得当（主景点适当加强），避免区内光污染。

入口轴线种植意向

阳光草坪种植意向

微地形种植意向

组团搭配种植意向

图8-50　植物种植意向图

（3）照明的光色。选用以黄色为主色调的暖光源灯具进行布置，形成温暖的光色，使空间温暖而舒适。

（4）节能光源的使用。装饰光源选用LED等节能光源，既能节约能源消耗又能使小区拥有丰富的色彩变化，同时最大程度降低小区后期维护成本。

（5）照明的控制。照明系统采用分回路及分时开启装置，可以更好地控制区内照明强度，同时更经济地利用能源。

（三）铺装

铺地采用中国传统纹样，在突出的景观节点凸显中国文化特点，比如五福捧寿、汉代瓦当等，纹理大气而富于细节，色彩上注重古朴素雅干净。在小区设置彩色沥青慢跑道，满足住户休闲漫步的需求（图8-51、图8-52）。

路缘铺装

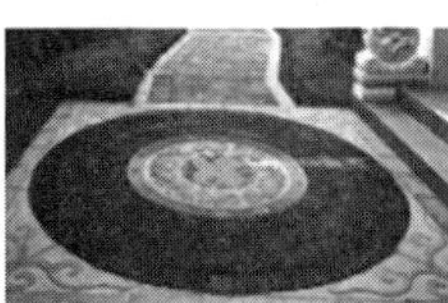

传统铺地

木铺装

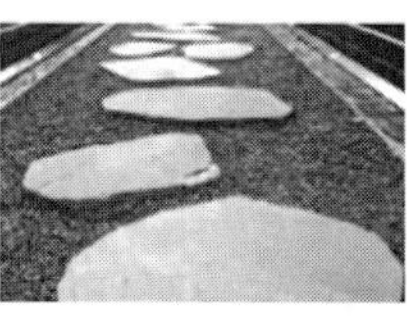

汀步

砂石铺装

传统铺地

嵌草砖

彩色沥青慢跑道

图8-51　铺装示意图

图8-52　文化景观小品示意图

第三节　山东邹城鲁信文化生态健康园设计项目

一、前期分析

（一）背景分析

随着人们的健康意识增强，精神需求不断提高，健康战略成为当下社会焦点，康复治疗、休闲养生、康养文旅等健康产业发展不断受到国家重视，人口老龄化已经给中国带来不可避免的挑战。随着人口老龄化的趋势日益明显，建筑适老化设施变得越来越重要，其中室外景观作为重要的一环，不仅能提供适宜老年人的户外空间，同时也对提升老年人幸福感有着重要作用。适老化景观不仅能改善环境，更重要的是已经参与到生命的拓展方面。

（二）区位分析

项目所在区域位于邹城田黄镇尼山水库附近，小沂河与拐子河交汇处，紧邻尼山水库，旁边是尼山圣境旅游区，景观资源丰富（图8-53）。

项目所在地交通便利，尧王线贯穿南北，尚崇线横贯西东；周边有多个火车枢纽；距离曲阜东站19km，距离邹城站28km，距离兖州站46km；同时京台高速、日兰高速也途经该区域。项目潜力巨大（图8-54）。项目建成后从山东辐射到全国，打造文化体验、生态养生、休闲度假为一体的乡村旅游景观，最终打造成全省乃至全国的文化康养示范区。

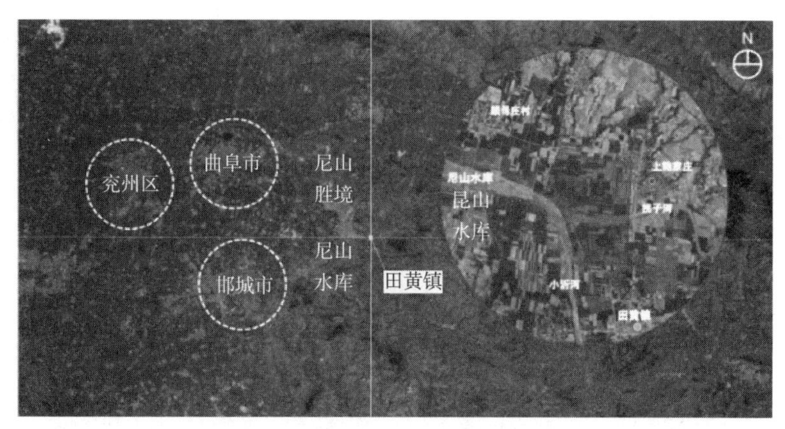

图8-53　区位分析图

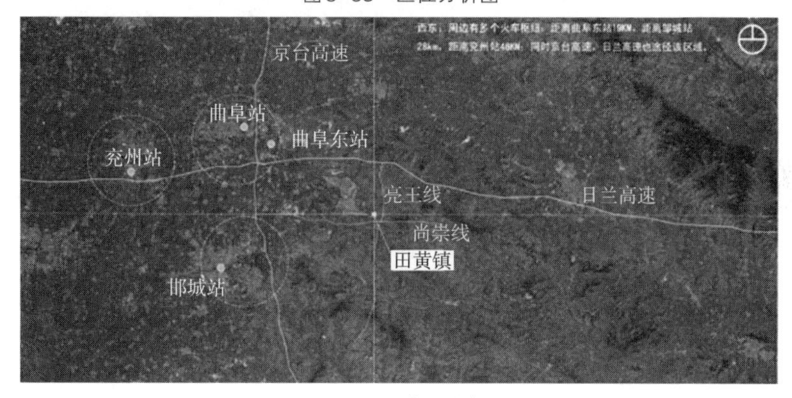

图8-54　交通分析图

（三）文化资源分析

项目所在地是邹鲁文化的发祥地以及孟子的故里，得天独厚的历史文化资源具有不可复制的唯一性，项目彰显孔子以及儒学的历史文化内涵，满足休闲特色农业、文化旅游以及康养度假的需要。田黄镇位于邹城市东北部，为亚圣孟子故里，是至圣孔子的诞生地和著名的革命老区。该镇自古即为里、社、区、乡、镇建制，县东北境重镇，因地势险要为历代官府所重视。作为地处曲阜与邹城交界的一个行政区的乡村聚落，其得天独厚的历史文化传承，作为儒学的发祥地，起源于先秦时期并延绵至今的儒家学说，是华夏民族固有价值系统的一种表现，影响了中华民族的千年文化。作为儒学创始人孔子的诞生地，其儒学文化的参照、运用以及体验在文化旅游的价值方面具有资源的不可复制性。隶属邹鲁文化的发祥地，以及儒家学派的代表人物之一孟子故里的文化旅游范畴之内。作为孔子诞生地，尼山旅游风景区域被誉为曲阜三孔之外排第四位的孔子文化游览胜地（第四孔）。周边的历史文化遗存主要有孔子庙、尼山神庙、尼山书院、观川亭、夫子洞、颜母祠、白莲教遗址和扳倒井。自然景观有尼山水库、小沂河，以及尼山八景、十八盘森林公园、八里碑水库和十八趟大峡谷等（图8-55）。

图8-55　文化资源分析

二、概念设计

（一）项目定位

项目定位以文化颐养健康小镇为主题，打造和春净土、颐寿乐园，能够实现文化与活力共存，度假与生活共享以及亲子与康养共荣。生态健康产业园最终建成一个不只是舒适更是一种境界的康养胜地，带给银发者丰富的休闲娱乐、私密静谧的度假感受和现代智能的文化康养体验。

（二）景观规划结构

1.一心：湖心岛

湖心岛景观意在打造一个以善为主题的景观公园。体现出“上善若水——水善利万物而不争”的景观意境。通过湖心岛的景观设计表现出“善”在滨水景观中的特点。让观光者能够体会到“居善地，心善渊，与善仁，言善信，政善治，事善能，动善时。夫唯不争，故无尤”的景观设计特点。湖心岛景观设计规划遵循儒家“善”的文化特点，在湖心岛规划设计近尼广场，充分体现田黄镇康养产业园和儒家文化紧密结合的特点。湖心岛中央规划了一个孔尼楼，与近尼广场和儒风问泮在一条景观轴上，通过景观路径引导观光者进行儒家文化的洗礼。在湖心岛的湖畔四周分别规划设计了观尼台、泮沂广场、林岸移步和湿地峡谷，充分利用湖心岛的地理优势融入儒家文化，形成独具特色的文化景观。

2.两圣：孔子、孟子

依据当地孔子和孟子的两大儒家文化典型代表，规划设计一系列孔子和孟子主题的儒家文化广场。儒家文化与景观的结合不是单纯地将文化生搬硬套到景观规划中，而是依据当地地形特点和地域文化优势，充分挖掘文化中具有代表性的东西进行艺术化地设计规划，最终形成具有地方特色的文化景观。例如，在田黄镇康养产业园中的尼山广场、观尼台、近尼广场、儒风问泮等。

3. 三享：享于儒、享于食、享于憩

三享文化景观规划依据儒、食、憩三个主题进行设计。主要为了表现儒家文化特点。流曲穿廊汲取流水曲觞的特点，设计一段较长的步道廊架，融合儒家文化特点，形成一个具有休憩和儒风特点的文化景观。在三享规划中，设计了景观挑台、运动场、沙滩体验场三大板块满足居住区的休憩需要。居住区设计按照康养小镇的建筑特点进行规划，既满足居住需要又满足审美要求。在康养小镇入口处设计一个入口门楼，贴合当地儒家文化特点。康养小镇内规划喷泉水池、落日台、亲水栈道等文化景观，提高居住体验感，使居民在日常的生活中能够感受到儒家文化的特点。

4. 五行：金、木、水、火、土五大主题

五行属土规划休憩之所，五行属水规划修灵之处，五行属木规划养生之林，五行属金规划学习之院，五行属火规划优雅之园。集齐金、木、水、火、土的特点，建设环湖人行步道、生态过滤系统、生态河道、石韵广场、观沂广场、微型高尔夫场、沂曲广场、林岸移步、生态岛、丛林穿梭等景观小品，突出文化景观的特点。

5. 九养：善、逸、儒、真、安、合、本、静、乐九种养生之道

田黄镇康养产业园将善、逸、儒、真、安、合、本、静、乐演变成修心之道、生态之境、儒学之地、活力之域、休憩之所、修灵之处、养生之林、学习之院、优雅之园（图8-56~图8-60）。

❶喷泉水池
❷落日台
❸亲水拽道
❹林岸移步
❺生态岛
❻崖地峡谷
❼生态河道
❽生态过滤系统
❾环境人行步道
❿石韵广场
⓫观析广场
⓬微型高尔夫场
⓭济曲广场
⓮近尼广场
⓯孔尼楼
⓰尼台
⓱丛林穿梭
⓲泮沂广场
⓳雪风问泮
⓴林岸移步
㉑豪水游船码头
㉒尼山广场
㉓景观挑台
㉔运动场
㉕沙滩体验场
㉖流曲穿高
㉗入口门楼
㉘康养服务中心
㉙康养小镇
㉚主入口

图8-56　整体设计平面图

图8-57 湿地步道设计

图8-58 湿地设计

图8-59 康养小镇设计（1）

图8-60 康养小镇设计（2）

三、专项设计

（一）铺装

庭院铺装多样，以透水砖、碎石，鹅卵石为主。透水砖质感多种，颜色种类繁多，小碎石能够营造出极其自然、质朴的效果，使地面干爽、稳固、坚实，并且还有很强的透水性。鹅卵石具有很强的亲和力，纹理清晰，千姿百态，同时也能够美化道路。道路铺装以地砖、混凝土、塑胶道路为主。多种多样的地砖进行拼接，营造不一样的视觉效果，同时铺装的样式也起到了引导人流的作用。混凝土道路稳固、耐久性好，经济效益高。塑胶道路整体美观，有较好的弹性和防滑性，可以有效地保护运动者的腿部关节，防止意外受伤（图8-61）。

图8-61 铺装示意图

（二）植物配置

以中医五经为植物设计理念，选择有益于人体五经的植物搭配栽植，营造养生康体的氛围和以人为本的绿化环境。例如：有益于肝经的菊花、薄荷、山楂、木瓜等；有益于心经的莲花、枣树、樱桃等；有益于脾经的柠檬、柿子、夏橘等；有益于肺经的百合、梨树等；有益于肾经的核桃等。通过这些植物的种植搭配高低有秩的乔木和灌木，形成一个集养生和美观于一体的景观种植搭配。在进行植物种植时采取植物多样性原则、生态适应性原则、观赏期延续性原则、经济性原则等。本方案种植设计因地制宜，适地适树，以乡土树种为主。选用朴树、梧桐、栾树、白蜡、银杏、金叶榆、红叶碧桃、紫叶李、海棠、榆叶梅、大叶女贞、红花刺槐、垂丝海棠、木槿、柿树、石榴等，达到“四季常青，三季有花，两季有果”的景观效果。同时按照速生树与慢生树种植相结合的方法，大、中、小规格苗木按比例搭配，根据植物形态学特性以科学的密度进行栽植（图8-62）。

图8-62　植物配置图

（三）灯光

针对老年人在弱光环境下辨识能力降低，强光下对物体敏感度提高，从而产生眩光，短时间无法从失能性眩光中恢复过来等特征，园区灯光设计适当提高照度，尽量不留照明死角。根据功能布局，园区采用暖黄色灯光设计，既可以在夜景中照亮人群前行的道路，又可以形成良好的路线引导作用，同时也能突出景观夜间效果，连续排列的灯光也能增强景观的节奏感（图8-63）。

（1）庭院灯：布置在园路和广场周边的绿地，间距为8m，为康养中心提供良好的亮化。

（2）草坪灯：布置在草坪、停车场等周边，间距在6m为宜。草坪灯具有标识和提示的作用，特定的灯光可提示处于的位置，即使是在白天，具有艺术感的灯具也有很高的观赏价值。

（3）地埋灯：布置在广场、花园、雕塑、特殊园路处，起到灯光装饰作用，间距在1.2～2m。

（4）射灯：布置在草坪上和植物下，投射植物形成良好的景观。

（5）音响：布置在草坪中，营造优雅和欢快的气氛。

（四）标识及设施设计

根据老年人生活特点设计了部分标识、路灯、座椅、垃圾桶等标识以及设施系统。设计采用暖木色材质加金属相结合的材料，满足老年人寻求温暖

图8-63　灯光示意图

的同时又注意产品的使用寿命的需要。以公共坐凳为例，将坐凳设计成正方体外形，同时配合设计照明灯光，解决老年人由于视力降低带来的行动困扰（图8-64）。

图8-64　视觉导视设计

（五）无障碍设计

在户外景观设计中，行动障碍者利用轮椅出行的比例较大。为了防止轮椅在坡面上因重心产生倾斜而发生摔倒的危险，将坡道设计为直线型、直角型、折返型，尽量减少圆形或者弧形设计。轮椅坡道的最大高度和水平长度也有规定（表8-1）。其中不同位置的坡道也有一定的要求。为了满足建筑景观的适老化需求，建筑入口及室内走道的地面有高差和台阶时，应设置符合轮椅通行的坡道，在坡道两侧及超过两级台阶的两侧设计扶手，体现适老化设计。

表8-1　轮椅坡道高度和长度设置

坡度	1：20	1：16	1：12	1：10	1：8
最大高度（m）	1.2	0.9	0.75	0.6	0.3
水平长度（m）	24	14.4	9	6	2.4

参考文献

[1] 王爱芬. 中、日与西方园林造景艺术的比较及应用实例的分析[D].咸阳：西北农林科技大学，2010：17–21.

[2] 聂民玉，段红智. 中国“文化”之“特质”及对待不同“文化”之态度——从《周易》谈起[J]. 东岳论丛，2016，37（4）：143–150.

[3] 吴小华. 村落文化景观遗产的概念、构成及其影响[J]. 中国乡镇企业，2010（9）：84–93.

[4] 李微妙. 浅议自然人文景观与绘画创作的关系[J]. 广西教育，2009（9）：114–115.

[5] 乔立，齐冠宏. 中西古典园林艺术审美特征简述[J]. 价值工程，2010（11）：242–243.

[6] 张莉. 浅谈文化景观的内涵和现实意义[J]. 长春理工大学学报，2012（7）：240–241.

[7] 陈敏南. 人文地理纪录片艺术创作[J]. 文艺争鸣，2011（4X）：3.

[8] 吴义曲. 现代景园对传统景园的继承与拓展[D].武汉：武汉理工大学，2006：20–30.

[9] 梁思成. 中国建筑史[M]. 天津：百花文艺出版社，2005：15–28.

[10] 方海川. 景观及旅游景观特征探讨[J]. 乐山师范学院学报，2002，17（3）：4.

[11] 张丽萍. 中西古典园林艺术审美特征简述[J]. 考试周刊，2011（32）：2.

[12] 徐春茂. 博览世界遗产 相约中国沈阳——首届世界文化与自然遗产博览会将在沈阳举行[J]. 中国地名，2007（5）：44–51.

[13] 杨钧. 中国建筑艺术的春天[J]. 中国建设信息，2004（8）：4.

[14] 黄宛峰. 秦汉园林的主要特征及其影响[J]. 杭州师范学院学报：社会科学版，2007，29（3）：5.

[15] 沈坤. 中国四大古建筑群巡礼[J]. 科学大观园，2014（1）：70–73.

[16] 丙安. “人类口头和非物质遗产保护”的由来和发展[J]. 广西师范学院学报，2004（3）：10–16.

[17] 王琴. 基于文景融合理念的城市规划研究[D]. 成都：成都理工大学，2016：15.

[18] 刘智磊. 当代园林与景观设计的一些思考[J]. 山西建筑，2008（9）：352–353.

[19] 毕晋锋.生态哲学视阈下的五台山文化景观可持续发展研究[D].太原：山西大学，2013.

[20] 王露. 村落文化景观的东西方审美认知差异[J]. 中国名城，2015（8）：5.

[21] 叶玉瑶，张虹鸥，周春山，等. “生态导向”的城市空间结构研究综述[J].城市规划，2008（5）：69–74.

[22] 黄春雨. 中国生态博物馆生存与发展思考[J]. 中国博物馆，2001（3）：9.

[23] 梁保尔，张朝枝. “世界遗产”与“非物质文化遗产”两种遗产类型的特征研究[J]. 旅游科学，2010，24（6）：9–21.

[24] 钱永平. 从保护世界遗产到保护非物质文化遗产[J]. 文化遗产，2013（3）：7.

[25] 赵学强，宋伯宁，孔进.曲阜孔庙景观环境演变与历史的共生关系及现世价值研究[C]//2017年山东社科论坛——首届“传统建筑与非遗传承”学术研讨会. 2017.

[26] 汤茂林. 文化景观的内涵及其研究进展[J]. 地理科学进展，2000.

[27] 罗娟. 浅论20世纪法国现代风景园林[D]. 北京：北京林业大学，2005：8.

[28] 刘跃军，杨明珠.中国传统龙舟文化遗产保护现状审视与考辨[J].成都体育学院学报，2010，36（5）：5.

[29] 王元，艾冬梅.从中国大运河历史看大运河遗产突出的普遍价值[J].中国名城，2010（9）：5.

[30] 康雨磐. 银川永宁三沙源沙漠生态旅游景观营造研究[D]. 保定：河北农业大学，2011：11.

[31] 王燕燕.基于专业素养的风景园林基础课程教学思考[J]. 城市建筑，2021，18（19）：4.

[32] 刘莹. 丹噶尔古城景观整体性保护设计研究[D]. 西安：西安建筑科技大学，2013：12.

[33] 周华春. 浅谈人文景观在风景名胜区规划中的作用[D]. 天津：天津农学院，2002：2.

[34] 李树华. 中国盆景的形成与起源的研究[J]. 农业科技与信息：现代园林，2007，（10）：22–31.

[35] 金纹青. 西方现代景观设计理论研究[D]. 天津：天津大学，2004：35–36.

[36] 何爱平. 东西方园林差异[J]. 四川建筑，2016，36（4）：2.

[37] 邹锋. 博物馆展陈设计与博物馆建筑两者关系的考量与启示[J]. 美苑，2013（1）：3.

[38] 陈晨，王雪霏. 中国文化景观遗产的空间形态及其象征符号表意[J]. 当代建筑，2020（11）：3.

[39] 河合洋尚，蔡金栋，凯瑟琳·德·阿尔梅达.作为“调解人”的景观设计师——文化人类学视角的解读[J]. 景观设计学，2017，5（2）：56-61.

[40] 柳淳风. 一种“中间性”的文化景观：新现实主义的回归——观第十三届全国美展实验艺术作品有感[J]. 美术，2020（3）：3.

[41] 朱祥贵. 文化遗产保护立法基础理论研究[D]. 北京：中央民族大学，2006：117-119.

[42] 漆晓颖. 东西方传统园林的空间形态分析[J]. 艺海，2012（4）：85-87.

[43] 张宏钢. 中西方古典园林审美比较[J]. 吉林省教育学院学报，2012，28（11）：117-119.

[44] 刘朦. 阿诗玛口传叙事诗在石林景观中的当代呈现[J]. 楚雄师范学院学报，2014，29（2）：22-26.

[45] 姚亦锋. 以文化地理学视角探寻中国风景园林源流脉络[J]. 中国园林，2013，29（8）：3.

[46] 曹象明. 山西省明长城沿线军事堡寨的演化及其保护与利用模式[D].西安：西安建筑科技大学，2014：85-87.

[47] 曹磊. 基于文化传承的园林景观设计理论[J]. 艺术评论，2018（5）：5.

[48] 许静波. 论文化景观的特性[J]. 云南地理环境研究，2007（4）：73-77.

[49] 单霁翔. 实现文化景观遗产保护理念的进步（一）[J]. 北京规划建设，2008（5）：1-6.

[50] 蒋小兮. 中国古代建筑美学话语中的审美逻辑心理与理性文化传统[J]. 湖北社会科学，2004（11）：115-116.

[51] 单霁翔. 文化景观遗产的提出与国际共识（一）[J]. 建筑创作，2009（6）：140-144.

[52] 王金黄，丁萌. 人文地理学的跨学科互动：“文化景观”与“文学景观”[J]. 南华大学学报：社会科学版，2019（1）：27-33.

[53] 单霁翔. 文化景观遗产的提出与国际共识（二）[J]. 建筑创作，2009（7）：184-191.

[54] 刘雨晴. 文化景观视域中的历史地段设计策略研究——以沁阳老城区更新设计为例[D]. 郑州：郑州大学，2020：117-119.

[55] 单霁翔. 从“文化景观”到“文化景观遗产”（下）[J]. 东南文化，2010（2）：12.

[56] 赵夏. 文化遗产保护的区域视角[J]. 中国文物科学研究，2008，1（1）：14-19.

[57] 付蓉. 世界文化遗产框架下大明宫国家考古遗址公园保护与运营现状研究[D].上海：复旦大学，2014：89-90.

[58] 童明康. 世界遗产发展趋势与挑战应对[J]. 中国名城，2009（10）：7.

[59] 侯雨萌. 符号学视角下的现代景观传统文化传承[J]. 美与时代：城市，2015（8）：2.

[60] 邱琪，宫艺兵. 苏州园林中传统装饰元素的应用研究[J]. 大众文艺：学术版，2018（23）：3.

[61] 赵燕青. 浅析博物学图谱在花鸟画写生与创作中的作用[J]. 大众文艺：学术版，2018（23）：2.

[62] 殷洁. 西南地区非物质文化景观在乡村景观规划中的保护研究[D].重庆：西南大学，2009：28.

[63] 朱怀军. 浅析文化与文化景观的相关概念[J]. 地理教育，2002（6）：1.

[64] 康国珍. 基于地域文化特性的景观设计研究[J]. 艺术与设计：理论版，2019（10）：32-34.

[65] 万蕾. 论人文景观的地域文化特性在现代景观设计中的体现[J]. 创新创业理论研究与实践，2019，2（19）：2.

[66] 李晓敏，钟训正. 绿色景观与建筑环境——现代建筑环境设计思想发展例证[J]. 新建筑，2004（3）：40-43.

[67] 胡凡，刘晓杰. 民间美术在现代景观设计中的应用与创新[J]. 中国园艺文摘，2013，29（7）：3.

[68] 刘婵. 园林景观设计中的地域文化解析[J]. 建筑与装饰，2017（8）：2.

[69] 王栋才，江瑞泽. 现代园林景观设计中传统文化元素应用探讨[J]. 装备维修技术，2021（26）：1.

[70] 罗尉峰. 地形设计在园林景观设计中的运用[J]. 建材与装饰，2019（3）：2.

[71] 全利，李丽华. 探析现代园林景观中的地形规划设计[J]. 美与时代：城市，2020（8）：2.

[72] 周剑文. 景观园林设计中空间艺术的应用研究[J]. 花卉，2019（6）：2.

[73] 金琼. 植物空间设计的艺术营造[J]. 现代园艺，2015（4）：1.
[74] 王英惠. 浅析公共艺术设计中的艺术美学[J]. 美术教育研究，2018（9）：1.
[75] 冯丽莎. 园林景观工程设计中艺术性的表现方法分析[J]. 住宅与房地产，2020（4）.
[76] 梁进宇. 景观工程设计前期的工作策略[J]. 艺海，2018（5）：3.
[77] 包青. 园林施工设计图概述[J]. 民营科技，2011（5）：1.
[78] 李振鹏，刘黎明，张虹波，等. 景观生态分类的研究现状及其发展趋势[J]. 生态学杂志，2004，23（4）：7.
[79] 单霁翔. 文化景观遗产保护的相关理论探索[J]. 南方文物，2010（1）：12.
[80] 朱莹，张向宁. 进化的遗产——东北地区工业遗产群落活化研究[J]. 城市建筑，2013（5）：3.
[81] 戴楚洲. 武陵源风景名胜区历史考述[J]. 武陵学刊，1997（4）：52–55.
[82] 盛世兰. 保护旅游景观质量的几个问题[J]. 创造，1997（5）：19–20.

后 记

这些年来，笔者一直在高校从事景观设计与城市雕塑的教学与实践活动，时刻关注并思考城市空间内的景观设计的发展方向等问题，始终着眼于公共艺术的本体语言以及历史语境、文化内涵，由此带动了对文化景观环境空间方面的探索。深深地感受到中国城市建设带给文化景观的发展机遇，也带给我们无尽的思考和研究课题。本书讨论了景观的本质问题、人与自然的关系、人与社会的关系、物质文化与非物质文化的关系、物质文明与精神文明的关系等，一切有助于帮助理解文化景观的要素。讨论了什么是设计、设计的方法论以及设计程序，一切有助于了解景观工程的相关问题。当前城市和农村的环境正在发生着较大的变化，在变化中存在机遇与挑战，新时代的文化景观该走向何处，这对于设计师来说是一项使命性的工作。

艺术与科技是推动人类不断前进的两架马车，艺术不断产生梦想，科技正是实现梦想的有效手段。而文化景观的出现与发展以及兴盛正是人类物质文明、精神文明提升发展和需求以及科技不断进步的必然结果，为世界不同文化背景和不同文化环境的人所欣赏、接受和理解。在这个崭新的信息时代，科技突飞猛进的后工业化时期，景观环境的建设速度态势展现了人类城市化进程的辉煌成就。文化景观属性也在逐渐进化为“关系艺术”，即多学科、多因制的综合艺术形式。社会经济的高速发展给人类带来了一定的负面效应，如过度拥挤的城市人口密度过大、环境大气污染、生态失衡等；当代城市居民生活的快节奏，压抑的城市环境空间，这一切都让人们希望拥抱自然、拥抱艺术；人们渴望着更美好的生态绿色的文化家园，渴望受到精神上的抚慰，希望压力得到舒解。

冯骥才先生在《思想者独行》中说：“城市和人一样，也有记忆，因为它有完整的生命历史。从胚胎、童年、兴旺的青年到成熟的今天——这个丰富、坎坷而独特的过程全部默默地记忆在它巨大的城市肌体里。一代代人创造了它之后纷纷离去，却把记忆留在了城市中。”优秀的景观设计应该标识出一个地域的文化内涵，承载起一个地域的历史与未来的对接，凝聚起一个地域的精神和品位，这也是笔者从业二十年来的孜孜追求。每一次接到设计任务都难以入眠，深感责任重大，力图使民众置身于景观时，能够从中解读出这个地域的历史、现在和未来，品味出这个城市的风土人情、世态民风，并将这种印象深深地留在脑海，力求做到具备文化内涵，具备独创精神，不留遗憾。笔者的研究生宋泽华、王云飞、林玫伶、胡贞贞、颜婕童、崔汇、付晓雨在学习科研之余为本书的编写工作提供了很大的帮助，他们做了大量的调研与文字性工作。朋友与学生韩建设、马安民提供了大量实践资料，本书成果属于笔者的团体。由于笔者和研究生精力及学识有限，很多观点多有偏差，文中引用朋友及同行的作品图片，讲述不到之处请多批评。

再次感谢笔者的朋友、同学、学生以及中国纺织出版社有限公司的编辑的鼎力相助，使得本书顺利出版。谢谢！

赵学强

2021年11月30日